U0003479

財報就像一本故事書

作者—劉順仁

BIG (Business, Idea & Growth) 系列希望與讀者共享的是：
●商業社會的動感●工作與生活的創意與突破●成長與成熟的借鏡

目錄 Contents

3 進階篇

〈推薦序〉

從數字中透視經營精髓
——觀點嶄新、定位獨特的財報書

柯承恩

哈佛商學院波特教授（Michael Porter）強調，策略的重點是找到獨特的定位。我相信，我的同事劉順仁教授，根據他多年來在台大 EMBA 學程豐富、精彩的教學經驗，與他長期致力於學術研究的創新精神，已經為這本新書找到一個獨特且有價值的定位。

雖然坊間存在許多討論財務報表的書籍，但是它們大多陷入兩種極端。一種是典型的財報分析教科書，主要目的是讓會計或財金領域的學生及專業人士，了解會計資訊產生的細部過程。對一般經理人而言，這種書籍太過艱澀，討論的範圍也比較狹隘。另一種是強調淺顯易懂的財報入門書，它們雖然有幫助讀者速成的用處，卻往往只停留在會計名詞解釋的層面，無法幫助經理人思考及因應複雜的管理問題。然而，《財報就像一本故事書》克服了這些缺點，創造出以下的特色：

- **獨特的定位**：本書強調以經理人的角度看待財務報表，幫助讀者由財報數字進入企業價值創造的管理活動中。無論是經理人或投資人，都可藉此更深入地了解企業。
- **嶄新的觀點**：本書將財報和競爭力聯結，這在會計學的教學及研究領域都是嶄新且重要的觀點。作者重新詮釋部分傳統的財務比率，並賦予它們「競爭力」的意涵。在當前無時、無處不競爭的經濟社會中，這些討論十分發人深省。

- **豐富的例證**：本書引用的例證包括美、歐、日的世界級公司與台灣的知名企業。作者也利用公司長期間實際的財務數字，進行比較分析，對拓展讀者的管理視野有極大幫助。
- **實用的建議**：本書清楚地指出，一個企業如果出現扭曲財報資訊、資產品質不佳、獲利不持續、營運活動現金淨流出等現象，通常都不具備競爭力，也沒有投資價值。對經理人與投資人來說，這些都是很實用的建議與提醒。
- **人文的精神**：一般財報分析的書籍，行文往往失之生硬。相較之下，本書有不少描寫細膩、優美且充滿濃厚人文精神的例子（如莎士比亞的《威尼斯商人》，米開朗基羅的雕像等），既能生動地點出主題，也增加不少閱讀樂趣。

這幾年來，我在台大 EMBA 班上教授「公司治理」與「領導統御」課程，因此對書中所討論的議題特別心有同感——如何以財報啓迪經理人的「課責性」（accountability）及「領導力」。一般人往往把財務報表想像成會計規則的產物，但財報顯現的並不是死板的數字，它其實是經理人遵循企業倫理、執行有效管理、並與資本市場進行坦誠溝通的成果。欲落實公司治理，眞實而不被操縱的財報是最起碼條件。公司治理的積極意義是增加企業結構性的競爭力，不只是防止舞弊而已，而本書就是協助經理人了解公司相對競爭力非常好的入門書。

此外，財務報表與會計資訊的運用，一般都被認爲是幕僚工作，本書特別強調它是企業經營團隊領導能力中不可或缺的一環，我個人也深表贊同。企業的經營策略與績效，最後都反映在財務報表上，一個對財務報表了解不夠充分的經理人，無法掌握企業全盤的狀況，很難清楚地在風險與報酬間進行取捨，甚至會落入數字所呈現的錯覺。《財報就像一本故事書》能讓讀者理解，如何從生硬的數字中透視經營的精髓，因此特爲之序，與讀者共享一本好書！

（本文作者爲台灣大學管理學院教授、
中華經濟研究院董事長）

〈推薦序〉

溫故知新，創新思維

馬玉山

現在，我們正處於一個急遽變化的時代。由於大環境充滿了許多不確定因素，使得目前投入營運工作的企業經營者及經理人，面臨了極大的挑戰。今天成功的商業模式（Business Model）不一定保證明天仍然可用，經理人與經營者必須持續地學習與創新。但是，學習貴在能完整、有系統地進行，而非片斷地閱讀。要能如此系統性地學習，便必須仰賴專家。由良師傳授理論，讓學生從實務經驗中印證，才能達到有效的學習目的。

在幾經思考後，我個人決定再回到學校當「老學生」。這次重返校園，志在求知與學習，不在於追求學位。1999 年，我如願地考入台大管理學院 EMBA 班級就讀，實現再當學生、讓自己充電的願望。記得在正式上課之前，學校爲新進同學開了「財務報表概論」及「管理經濟」兩門課，爲我們這群「失學」多年的「老學生」做學前的熱身教育。「財務報表概論」課程由劉順仁教授執教，順仁老師的教學深入淺出，舉出企業經營的成功個案和同學討論，並分享他個人的研究心得。對於具有實務經驗的 EMBA 同學而言，可以把學術理論與實務經驗結合一體、融會貫通，對管理的創新更能彰顯效益。順仁老師博學多聞，上課時妙語如珠，超級幽默，常常讓課堂充滿了笑聲，令人印象深刻。在嚴肅的學術殿堂中，順仁老師以他幽默風趣的教學方式，引領同學們進入專業領域研修，眞是受益良多！能上他的課，眞是一件快樂的事！

最近接到順仁老師的電子郵件，囑我爲新著《財報就像一本故事書》寫篇〈推薦序〉，個人實在感到誠惶誠恐。本書所提及的精華個案，即使我已在「財務報表概論」課程裡聽過順仁老師解說，但在此書中，順仁老師對這些個案有深一層的分析與評論。拜讀本書後，更使我溫故知新，創新思維。

全書分成 3 大篇章：第 1 篇是「心法篇」，主要介紹財務報表的基本觀念，協助企業領袖們鍛鍊 5 種核心能力，以提升企業經營績效；第 2 篇是「招式篇」，依序說明資產負債表、損益表、現金流量表與股東權益變動表的基本概念，期待經理人能善用這 4 大財務報表，進而評估企業競爭力的優劣勢；第 3 篇是「進階篇」，旨在勉勵企業領袖們用心分析並善用財務報表，爲企業建立競爭力，亦即運用「聚焦」之策，稱雄武林。

《財報就像一本故事書》是順仁老師的精心著作，也將是管理書籍的經典作品。本書結合了會計理論、財務報表及優質企業的個案分析，藉以檢視企業的體質與競爭力，實爲企業經理人及經營者必讀的好書，特爲文推薦。

（本文作者爲冠德建設董事長）

〈推薦序〉

耳目一新的財報入門書

賴春田

《財報就像一本故事書》是有關企業管理及經營範疇的好書，近年來難得一見。劉順仁教授以沃爾瑪（Wal- Mart）、Kmart、戴爾與惠普等公司為範例，深入淺出地分析它們企業財報所吐露的訊息，並從中解析其競爭力。為了解財報數字背後的意涵，不只是非會計專業人士必須詳讀本書，即使是會計專業人士——尤其是會計師——更應該仔細閱讀。讀完本書後，會計師就可以進一步判讀您的審計客戶（Audit Clients）是不是地雷股？會不會變成水餃股？對一般的投資大眾來說，它更是一本指引正確投資選股的入門書，因為它清晰地告訴您如何從財報看出公司的競爭力！

作者劉順仁教授與柯承恩教授、哈佛大學波特教授合作規畫了「競爭力的個體經濟基礎」課程，劉教授將會計學與競爭力評量的概念結合，寫出了這本令人拍案叫絕的好書，眞是後生可畏！劉教授也將古今中外耳熟能詳的典故，貼切地引用於財務報表的個案分析，讓讀者能深入了解財報所呈現的資訊，藉此了解該公司未來的走向。這是會計學界及業界過去幾十年追求的目標，劉教授運用自身專業與豐富學養所撰寫的《財報就像一本故事書》，非常令人震撼，讓會計學界及業界耳目一新，值得一讀再讀！

本書的另一特色是內容緊湊、沒有贅言，更沒有艱澀難懂的理論，讀來像看武俠小說一般，沒有負擔，又能讓人了解書中所要傳達的道理。此外，作者下筆如行雲流水，讓人有一口氣讀完的欲望，加上引人入勝的歷史事例，對於未曾接觸會計學的企業領袖們，它的確是本絕佳的會計學入門書。《財報就像一本故事書》不但言之有物，也讓讀者知其然，更知其所以然。

本書的出版，讓我對會計學者走出「象牙塔」、進入實務界深感慶幸。本書除了對會計學界有很大的啓發，也將在呆板的會計界產生很大的漣漪。就如劉教授分析財報時的生動與風趣，未來的會計學研究與實務，將會更活潑、更有朝氣！

本人投入會計界近 40 年，有幸在大眾之前閱讀本書，眞的有先「讀」爲快的感受。我國會計學界的精英能結合國外企管巨擘的理論，體悟出由財報檢視企業競爭力的道理，可見我國的會計學界人才輩出，前途一片光明！此外，本書也將直接、間接地提升我國企業的國際競爭力，值得大家鼓勵！

（本文作者當時爲資誠會計師事務所所長，
現爲亞太固網寬頻公司董事長）

〈再版自序〉

輕鬆讀懂財務報表，快樂創造豐厚財富

財報就像一本故事書，經理人寫它，投資人讀它。它吐露企業的競爭力，也刻畫企業的興衰。不論您的背景爲何，本書請您以經理人及投資人雙重的角度看待財務報表。唯有如此，您才能正確的評估企業的投資價值與可能風險，進而創造豐厚的財富。

創造財富要「鬥智」「爭時」

中國最偉大的故事書是《史記》。在〈史記．貨殖列傳〉中，司馬遷對如何創造財富一針見血地說：「無財作力，少有鬥智，既饒爭時（沒錢靠體力，錢少靠智力，錢多靠掌握時機）。」台灣早已經跨過「無財作力」的階段，因爲憑藉著體力只能造就個人的溫飽而已。2001 年，美國著名企管暢銷書作家柯林斯（Jim Collins）在《從 A 到 A+》一書中強調，「讓對的人上車」，並且擁有「態度謙遜但專業堅持」的經理人，是使企業績效起飛的最重要關鍵。2006 年，世界最大的人力資源管理顧問公司萬寶盛華（Manpower）在「中國人才的矛盾」研究報告中指出，儘管有 13 億人口，但中國未來經濟成長最大的阻力，將是中、高階經理人的缺乏。可見人口再多，優秀的人才依舊是嚴重不足，這種矛盾古今中外皆然。因此「投資自己」，使自己成爲奇貨可居的企業經理人，是「少有鬥智」的好策略。但能夠產生更巨大財富的是「既饒爭時」，也就是創造或投資有高度競爭力的企業，進而利用股市資金潮水的力道，創造更高倍數的財富。我期待這本書幫助讀者培養「鬥智」與「爭時」的能力。

教您輕鬆讀懂財務報表

執全球企管教育牛耳的哈佛商學院，堅信人才對組織的重要性，其使命即是「教育能對這個世界做出貢獻的領導者」！身爲教育工作者，我也分享哈佛這個「人才至上」的理念，深信企業競爭力主要來自經理人的品質。因此，自 1997 年參與台灣大學第 1 屆 EMBA 教學以來，如何透過會計課程提升經理人競爭力與決策品質，一直是我努力的重點。

如何由財務報表判斷企業競爭力高低，幫助經理人管好公司、幫助投資人選對標的？本書呈現了過去 10 年來，我與台大 EMBA 同學教學相長的成果。

透過本書，我希望達到兩個目標：

- 教會未來企業、政府、非營利組織的領袖看懂基本的財務報表。並且幫助這些領袖活用財務報表，做出正確決策，以增加組織競爭力。
- 幫助一般投資人由財報看出企業的報酬與風險，快樂輕鬆地創造財富。

*

由於許多 EMBA 的同學並沒有任何會計學背景，如何利用非技術性的語言、生動活潑的例子，引導同學親近令大多數人「望之生畏」的財務報表，是我在會計教學中最大的挑戰。本書希望重現我教授課程時輕鬆、互動的氣氛，又能保持財務報表分析的精華。

來念 EMBA 的同學，都想學會一身上乘的管理功夫，我常和他們分享這句口訣：「欲練神功，內外貫通；聚焦聯結，武林稱雄。」（此句出自金庸《笑傲江湖》的「葵花寶典」。）如果以武功來比喻，「管理會計學」課程屬於內功，「財務報表概論」課程則屬於外功。關於內功的部分，著重於執行創造企業價值的各種管理活動；至於外功，則關注如何藉財務報表檢視企業競爭力的強弱，並向資本市場溝通企業的價值。此外，當我教授 EMBA 會計課程時，也著重於討論企業應如何找到正確聚焦點，並將資源聯結在此聚焦點之上。

本書除了介紹編製財報的會計學基本原理，也重視會計數字背後的管理意涵，並討論活用財務報表的方法，引導企業走向對的方向。為了提升讀者的管理視野，我將利用許多世界級企業的財務報表為例，說明它們相對的競爭優勢及劣勢。

投資人也該了解企業競爭力

投資大師巴菲特（Warren Buffett）主張，投資人應把自己當成經理人，深入了解企業創造財富的活動。經理人是企業成功的關鍵因素，因此當本書討論經理人的角色時，投資人應思考其對投資決策的意義。簡單地說，投資企業其實就是投資企業的經理人；而財報分析其實就是經理人的競爭能力分析。

讀完本書之後，我期待投資人能清楚地分辨，哪些企業經理人是在做「對」的事，可以增加企業的價值；哪些企業經理人是在做「錯」的事，會降低或摧毀企業的價值。若能活用財務報表、藉此分辨企業競爭力的強弱，投資人不僅可以避免誤踏地雷股，對眞正的好公司，更能產生長期持股的信心。

再版3大特色

1. **更新財報數字，檢視競爭力消長**：由第1版迄今的2年期間，本書中所討論企業的競爭力有不少變化。例如，不少優質企業（如沃爾瑪、戴爾電腦），雖然仍是該行業的佼佼者，但紛紛遇上成長瓶頸，遭遇招式已老、風華不再的窘境。而不少原本一路挨打的較弱勢企業（如Kmart、惠普電腦）卻透過企業重整或更換執行長，找到扭轉頹勢的契機。因此，本書在第2版中，將全面更新所有相關公司的財報資訊，並且進一步討論其競爭力變化的可能原因。
2. **正視中國經濟崛起，學習知己知彼**：2006年2月15日，中國財政部宣布與國際會計制度接軌的重大政策，由原本16項具體會計準則，擴展到1項基本原則和38項會計準則，並規定2007年1月1日起，由中國上市公司開始優先適用。這項波瀾壯闊的會計政策，宣示中國在追求經濟成長時，深刻了解企業語

言國際化的重要性。我認爲台灣的經理人及投資人，應該透過財報，更進一步瞭解中國企業的競爭策略以及營運特色。因爲這些新興的中國企業，極可能是經理人未來競合的對象，或投資人可能的投資標的。因此，本書第 2 版中，將討論部分著名中國企業的財報。

3. **規避成長風險，學會保護自己**：爲追求企業的成長，台灣的公司普遍積極地進行長期投資，而這也對經理人與投資人帶來相當大的風險。本書第 2 版中，特別增加專章（即第 11 章），討論企業與投資人如何保護自己、規避風險。

本書架構

本書共分成 3 篇。第 1 篇是「心法篇」，包括第 1 章到第 3 章，以介紹財務報表背後的基本觀念爲主。第 1 章將企業財務資訊視爲商業競爭活動的「密碼」，這些密碼將挑戰經理人解碼的智慧、誠信和勇氣。第 2 章說明財務報表可幫助經理人鍛鍊出擔任企業領袖的 5 種核心能力。第 3 章則以儀表板爲例，討論如何自財務報表吸收歷史教訓的精華，提升經理人的管理效能及投資人的決策品質。

第 2 篇是「招式篇」，包括第 4 章到第 7 章，依序說明企業的資產負債表、損益表、現金流量表、股東權益變動表等 4 大報表的基本概念，並進一步討論它們在企業管理上的應用。想以最快速度了解這 4 大報表的讀者，可直接閱讀本書的第 2 篇。在介紹這 4 大財務報表時，我將以許多世界級企業及大中國地區的實例，說明如何活用財務比率分析，清楚地看出企業競爭力的強與弱。

第 3 篇是「進階篇」，包括第 8 章到第 12 章。第 8 章討論資產品質與競爭力的關係，說明無形資產對企業經營的重要性。第 9 章討論決定盈餘品質的 5 大要素，強調盈餘品質可作爲衡量競爭力的重要指標。第 10 章則使用實例，討論如何用股東權益報酬率來分析企業競爭力。第 11 章強調風險管理的重要性，幫助經理人及投資人避開地雷股，保護公司及自身的財富。最後，第 12 章以〈聚焦聯結，武林稱雄〉總結財務報表與提升競爭力的邏輯，也討論如何由財務報表分析跨入「管理會計學」領域。

致謝

2005 年 9 月（初版問世 3 個月後），我收到台大 EMBA 同學傳來一封電子郵件。

劉老師：

您好！

9 月 3 日凌晨，我在安徽的一供應廠因颱風豪雨，廠區遭淹水達 2 米損失慘重。這位工廠的 owner 在描述受損情形時語帶哽咽，直到最後天候稍微平穩時才告訴我，因事情太突然，他只拿了幾個隨身碟及《財報就像一本故事書》逃離現場，因這本書他雖未看完，但已獲益匪淺，所以在慌忙中仍能記得搶帶這本書，謹此告知。

對一位作者而言，友人的推薦（特別是台大 EMBA 的諸多同學，恕無法一一具名）與不知名讀者的肯定與指正，令我感到十分溫暖，也鼓舞自己要與時俱進，讓這本「故事書」能充分反映企業競爭的現況。

本書能夠再版，我要感謝許多長輩的推薦與指導（特別是台大管理學院柯承恩教授、冠德建設馬玉山董事長、資誠會計師事務所賴春田所長），時報文化編輯部同仁的努力與敬業（特別是總經理莫昭平女士、主編陳旭華先生、執行編輯吳瑞淑小姐），以及研究助理們收集資料的用心（俊杰、瑩杰、俐君、建婷及青倫）。

最後，謹把這本書獻給我的妻子婉菁。我原本是片枯乾的茶葉，因爲有她化做沸騰的水，完全包容浸潤，才能使我放心地展開舒散。如果我會計的專業知識，能夠替讀者帶來一丁點香郁，一小口甘甜，那麼我所依靠的，全是因她歡喜無悔，甘願做無味的水。

1 心法篇

第 1 章

死了都要愛
——解讀波切歐里的財富密碼

「死了都要愛，不淋漓盡致不痛快。」2002 年，當台灣著名的信樂團激情地唱出這首歌名叫〈死了都要愛〉的暢銷曲時，他們作夢也沒想到這歌詞中的每個字，5 年後竟深深地震撼著大陸的股民，因爲他們正在經歷中國股市前所未有的刺激與驚悚。由 2006 年 5 月到 2007 年 6 月初，上海 A 股上漲約 1.75 倍（1,600 點漲到 4,400 點左右），中國大陸開戶的股民人數正式突破 1 億人，他們大聲地唱出：「死了都不賣，不給我翻倍不痛快。」股市的初生之犢，果眞充滿了自信與勇氣，當信樂團唱道：「愛不用刻意安排，憑感覺去親吻，相擁就會很愉快。」中國股民大聲回應：「我不聽別人安排，憑感覺就買入，賺錢就會很愉快。」最後，信樂團以這樣的高潮結尾：「到絕路都要愛，不天荒地老不痛快，不怕熱愛變大海，愛到沸騰才精彩。」中國股民毫不示弱的宣誓：「到頂都不賣，做股民就要不搖擺，不怕套牢或摘牌（指下市），股票終究有未來。」這種極度樂觀的投資情緒，也激起不少人對中國股市泡沫化的焦慮，於是著名的抗日歌曲〈保衛黃河〉這下子就變了調。原本熱血沸騰的文句「保衛家鄉，保衛黃河，保衛華北，保衛全中國」，這下子竟變成了「套牢散戶，套牢基金，套牢券商，套牢全中國」。

貪婪與恐懼，本來就是資本市場中兩股最大的力量，而「憑感覺就買入」，也不只是散戶特有的行爲。不少高階經理人的決策，往往也會過分依賴經驗及直覺，缺乏更深一層的分析與反省。本書將介紹什麼是通往創造財富之路的關鍵資訊？以下請跟著我一起來解讀波切歐里密碼——財務報表。

達文西的老師也有密碼

2003 年，美國懸疑小說家丹．布朗（Dan Brown）出版了《達文西密碼》一書，歷經 3 年多時間，全球暢銷超過 4,000 多萬冊。經由作者豐富的想像力，達文西的不朽傑作「最後的晚餐」和「蒙娜麗莎的微笑」，居然不是純粹的藝術創作。這些畫作裡隱含了密碼，藉此傳遞可動搖基督教信仰基礎的天大秘密。

如果也容我發揮一下天馬行空的想像力，那麼我想說，在《最後的晚餐》畫作中，布朗指證歷歷的那個隱藏之「M」，並不是抹大拉的瑪麗亞（Mary Magdalene），而是「Money」（財富）。這個推測可不是毫無根據，因爲達文西一直深受會計學之父波切歐里（Luca Pacioli, 1445-1517）的影響。

根據歷史記載，自 1496 年起，達文西跟著義大利修士波切歐里在米蘭學了 3 年幾何學，據說他還因爲太過沉迷，耽誤了藝術創作。在達文西遺留的手稿中，他多次提到如何把學來的透視法及比例學，運用在繪畫創作中。爲了答謝恩師，達文西替波切歐里 1509 年的著作《神聖比例學》（討論幾何學所謂的「黃金比例」），畫了 60 幾幅精美的插圖。

1494 年，波切歐里在威尼斯出版了會計學的鼻祖之作《算術、幾何及比例學彙總》，有系統地介紹「威尼斯會計方法」，亦即所謂的「複式會計」(double entry bookkeeping)。正因爲波切歐里的貢獻，一切商業活動都可轉換成以「Money」爲符號來表達。下次當你欣賞達文西的作品時，別忘了其中隱藏的M字，可能深具會計學意涵，也是創造財富的關鍵密碼！

除了介紹會計方法，波切歐里還在書中大力宣揚商業經營成功的3大法寶：**充足的現金或信用、優良的會計人員與卓越的會計資訊系統**，以便商人可一眼看清企業的財務狀況，他的建議到目前爲止仍大體適用。例如，台塑集團的王永慶董事長，他認爲企業經營的兩大支柱是「電腦系統」及「會計制度」，其中電腦系統其實有相當大部分是用來支援會計制度。

波切歐里所提倡的會計方法，可以把複雜的經濟活動及企業競爭的結果，轉換成以貨幣爲表達單位的會計數字，這就是筆者所謂的「**波切歐里密碼**」。這些密碼擁有極強大的壓縮威力，即使再大型的公司（如奇異公司、微軟），它們在市場上競爭的結果，都能壓縮彙總成薄薄幾張財務報表。這些財務報表透露的訊息必須豐富、充足，否則投資人或銀行不願意提供公司資金。但是，這些財務報表又不能過分透明，否則競爭對手會輕易地學走公司的經營方法。因此，波切歐里密碼所隱含的訊息往往不易了解。而本書最主要的目的，就是幫助大家活用波切歐里密碼，進而培養個人及組織高度的競爭力；對於投資者來說，也能透過薄薄的幾張財務報表，充分解讀企業透露的訊息，提升投資報酬率。

首先，面對波切歐里密碼，管理者與投資人要能解讀其中「**智、誠、勇**」3種意涵。

達文西為波切歐里所繪製的插圖

以智慧解讀波切歐里密碼

波切歐里密碼對管理的最大貢獻，不只是幫助經理人了解過去，更在於啓發未來。事實上，一個傑出企業的發展，經常奠基於看到簡單會計數字後所產生的智慧，而這些智慧開創了新的競爭模式。

麥當勞為什麼愛賣漢堡？

1937 年，麥當勞兄弟（Dick and Mac）在美國加州巴賽迪那（Pasadena）販賣漢堡、熱狗、奶昔等 25 項產品。1940 年左右，他們做了個簡單的財務報表分析，意外地發現 80% 的生意竟然來自漢堡。雖然三明治或豬排等產品味道很好，但銷售平平。麥當勞兄弟於是決定簡化產品線，專攻低價且銷售量大的產品。他們將產品由 25 項減少爲 9 項，並將漢堡價格由 30 美分降低到 15 美分。從此之後，麥當勞的銷售及獲利激增，爲後來發展成世界級企業奠定了基礎。

沃爾瑪的低價策略

沃爾瑪（Wal-Mart）的創辦人沃爾頓（Sam Walton, 1918 ～ 1992），在自傳中提到他從財務報表分析體會的簡單算術：「如果某個貨品的進價是 8 角，我發現定價 1 元時比定價 1 元 2 角時銷售量大約多了 3 倍，所以總獲利還是增加了。眞是簡單，這就是折價促銷的基本原理！」在沃爾瑪 1971 年上市後的第一份財務報表中，沃爾頓就清楚地說：「我們要持續保持眞正低價的政策，並確定我們的毛利率是全國任何通路業者中最低之一。」由於堅持這個低價策略，沃爾瑪的營收由

1971年的7,800萬美元，成長到2007年的3,450億美元；獲利則由290萬美元成長到122億美元。

因此，智者可以把波切歐里密碼當成是「望遠鏡」，協助企業形成長期的競爭策略。

除了閱讀財務報表以激發有關競爭模式的創意外，透過波切歐里密碼，經理人也可學習著名鑑識專家李昌鈺博士觀察微細證據的本領。李博士累積了超過6,000個刑事案件的處理經驗，他提出鑑識學的3大關鍵要素：**培養科學的態度、敏銳的觀察力及邏輯推理能力**。如果從鑑識學的角度來看，財務報表上的每個波切歐里密碼，都是競爭與管理活動所留下的證據。一個有智慧的經理人，應該像李昌鈺博士所說的，必須「讓證據說話」，體認「任何不合理、不尋常的地方，就隱藏著解決問題的關鍵」。例如，當營收下降時，經理人必須深入思考，到底是因爲總體經濟的衰退所致，或是因爲競爭對手侵蝕了自己的市場占有率，還是產品或服務品質出了問題等各種可能原因。

在後續的章節中，讀者將發現有些看來正常、穩定的財務比率，原來是正反兩股力量互相抵消的結果。經理人若不及早正視這股負面力量的殺傷力，企業會在未來遭遇困難。這些見微知著的本領，很像是現代警察以科學態度辦案。當然，我們並不是要用會計數字來緝拿「兇手」，而是希望藉由波切歐里密碼透露的細微證據，改善企業的競爭能力及管理績效。在拆解波切歐里密碼的過程中，我們將知道要找哪一個人、做哪一種活動，才能創造營收及獲利成長。因此，智者也可以把波切歐里密碼當成是「顯微鏡」，協助企業產生改善管理活動的細膩作爲，或培養投資決策中見人之所不能見的分析批判能力。

以誠信編製波切歐里密碼

企業倫理是編製波切歐里密碼的基礎。簡單地說，不談**「課責性」**（accountability，指的是處於「負責」的狀態），就沒有會計（accounting）；不談誠信原則，財務報表就失去靈魂。對企業經理人來說，在編製財務報表的過程中，正確的價值觀與態度，遠比會計的專業知識重要。

*

1993年，我自美國匹茲堡大學畢業，第一份工作是擔任馬里蘭州立大學的助理教授。週末時，我最愛駕車由喬治·華盛頓紀念大道沿波多馬克河而下，參觀華盛頓特區著名的史密森博物館群（Smithsonian museums）。該博物館群以捐贈者史密森（James Smithson）命名，包括17座大型博物館，每年吸引了全球超過3,000萬名訪客前來，是全世界規模最大的博物館群及研究機構。很多周遭的朋友都參觀過史密森博物館，卻很少有人知道它背後有段根植於課責性的感人故事。

史密森1765年出生於英國，是貴族階層的私生子。1826年，他寫下一份奇特的遺囑。他將遺產留給唯一的姪子，但註明倘若姪子死亡且沒有後代，遺產將贈與美國政府，並利用這筆資金在華盛頓特區成立以「致力於知識創造與傳播」為宗旨的研究組織。史密森終其一生沒去過美國，遺囑中這神來一筆，恐怕是千古懸案了。

1829年，史密森死於義大利。他的姪子21歲英年早逝，沒留下子嗣。經過與史密森親屬的訴訟後，美國政府順利取得這筆贈與，並將遺產變賣，換成約值50萬美元的金幣載運回美國。1846年，美國國會通過「史密森組織法」，準備執行設立研究組織的贈予條件。不料美國政府後來將這筆捐款用來購買各州發行的債券，結果慘遭倒債，血本無歸。所幸當時的參議員亞當斯（John Quincy Adams，曾任美國第6任總統）仗義執言，痛批這種不負責任的行爲，之後國會除了立法恢復本金50萬美元之外，更加計該期間發生的利息。

1903年，義大利政府準備夷平史密森安葬的墓園。美國聯邦政府得知消息後，1904年派出特使到義大利迎靈。在一個細雨綿綿的午後，海軍儀隊由馬德蘭州港口護送史密森的骸骨上岸。史密森的最後一趟旅行，棺木上覆蓋的是美國國旗。從此以後，他安息於華盛頓特區的史密森博物館總部，不再流浪。

我時常想，史密森的遺產若捐贈給沒有誠信的國家，50萬美元恐怕早已煙消雲散。然而，組織的發展不能只靠高尚的道德情操，還必須搭配良好的治理機制。今天，史密森博物館的董事會由17人組成，美國副總統是法定成員之一。它的年度財務報表，由全球四大會計師事務所之一的KPMG查核，以昭公信。這種公開透明的營運方式，確保史密森博物館在不收門票的情形下，聯邦政府願意持續給予每年約5億美元的預算及專案補助，民間也始終樂於捐贈，每年捐款約達2億美元。有時候，我踏進史密森博物館只想看一幅畫，前後不到10分鐘，因爲它不收門票，讓人一點壓力也沒有。若史密森地下有知，一定樂於看見200年後的人們，依然分享他對創造及傳播知識的熱愛。課責性的實踐，賦予史密森博物館優美的靈魂，也賦予它高度成功的經營能力。

*

在公司的經營上，身爲投資大師、同時也是波克夏·哈薩威公司（Berkshire Hathaway Inc.）董事長的巴菲特（Warren Buffett），針對課責性做了如下說明：「波克夏旗下的執行長們是他們各自行業的大師，他們把公司當成是自己擁有般來經營。」巴菲特更在每年波克夏的財務報表後面，附上親手撰寫的《股東手冊》（An Owner's Manual）。他明確地告訴股東：「雖然我們的組織型態是公司，但我們的經營態度是合夥事業。……我們不能擔保經營的成果，但不論你們在何時成爲股東，你們財富的變動會與我們一致（因爲巴菲特 99% 的財富集中於波克夏的股票）。當我做了愚蠢的決策，我希望股東們能因爲我的財務損失比你們更慘重，而得到一定的安慰。」巴菲特對欺騙股東以自肥的管理階層深惡痛絕，他也鐵口直斷，那些愛欺騙投資人的經理人，一定無法眞正管理好一家公司，因爲「公開欺人者，必定也會自欺」。

在台灣的企業界，王永慶先生因擔任台塑董事長不支薪而廣受好評。2006 年王永慶先生正式宣布交棒，在辭去台塑董事長職務前，王永慶先生個人擁有的台塑股票約 14 萬張，市值約新台幣 78 億元（換算成 2007 年 5 月的市值約 91 億新台幣）；他擁有的其他台塑集團公司股票，例如南亞、台化等市值共約 360 億元（根據美國《富比士》雜誌 2007 年 3 月之調查，王永慶先生之財富高達美金 51 億，位列全球億萬富豪排行榜的 157 名）。

事實上，台塑集團各個公司的經營成果，反映在股價上升及股利的分配上，就等於是王永慶先生的薪水。在2004年的一次媒體專訪中，王先生對台灣部分電子業公司提出嚴正的批評：「員工配股那麼高，結果小股東都因此破產，哪有這款道理……。」「我都買了（指台塑集團庫藏股），其實也沒有什麼特殊考量，純粹是資金運用。簡單來說，我們都經過分析，覺得投資台塑集團，報酬率比定存高，公司一定要對自己有信心，這樣對股東和社會大眾才有交代。我純粹就事論事，向股東搶錢，實在是……對社會不老實啊！」在2005年鴻海董事長郭台銘的首次電視專訪中，郭董事長透露王先生曾送給他公子兩個字──信用──作爲勉勵。這種傳統的價值觀，現在聽來格外珍貴。

講究課責性的公司，也會替股東省錢。例如匯豐銀行規定，出差在3小時內可飛達的航程，一律坐經濟艙，連集團的執行長都奉行不渝。從進銀行的第一天起，匯豐銀行的員工就被不斷地被提醒，他們管理的是股東的錢，不是自己的錢。花旗集團在年報中則清楚地告訴股東：「我們把你們的錢當自己的用。」更以年度費用成長率顯著低於年度營收成長率的事實，證明管理階層對費用控制的努力。

從企業經營的歷史來看，不講究誠信原則的企業，雖然可能暫時成功，但是無法長期地保持競爭力。因此，編製財務報表便是企業實踐誠信原則的第一塊試金石。

用勇氣面對波切歐里密碼

柯林斯在暢銷書《從A到A+》中提出所謂的「史托達弔

詭」（Stockdale paradox），頗値得經理人深入思考。史托達將軍是美國的越戰英雄，他被越共俘虜了 8 年（1965-1973），即使歷經 20 餘次慘無人道的淩虐及威逼，他仍然保持戰俘營最高階軍官的尊嚴，並持續鼓舞其他年輕戰俘的生存意志。在漫長的囚禁歲月中，史托達賴以存活的心法是「絕不放棄希望，但必須勇於面對最嚴酷的事實」。企業的創業家或執行長，通常樂觀且充滿冒險精神，但往往缺乏面對嚴酷事實的心態與資訊。2004 年 7 月 28 日下市的衛道科技（後來在經過減資及私募增資後，2005 年時，衛道已恢復股票交易，但目前仍被列爲全額交割股，亦即買進時須先繳交全額股款，賣出時也要先繳交股票），前董事長張泰銘先生曾說：「好大喜功，沒有財務觀念，是我最大的錯誤。」

推出《執行力》及《成長力》兩本深受好評的企管暢銷書後，包熙迪（Larry Bossidy）與夏藍（Ram Charan）於 2004 年出版了另一本好書《應變》，他們認爲「應變力」是企業最重要的管理能力。「勇於應變」這四個字，容易說卻不容易做。即使是英特爾（Intel）這麼優秀的世界級公司，當它發明的「動態隨機記憶體」（DRAM）產品已經沒有競爭力時，要高階經理人下達全面退出該市場的決定，他們仍舊猶豫再三。1985 年，就財務報表的數字來看，英特爾對 DRAM 的投資與效益早就不成比例。當時英特爾的研發預算有 1/3 用在開發 DRAM 產品，DRAM 卻只帶給英特爾 5% 左右的營業額，相較於日本的半導體公司，英特爾早已是 DRAM 市場不具競爭力的配角。後來英特爾壯士斷腕，放棄 DRAM 事業，轉而專攻微處理器，才有 1990 年代飛快的成長與獲利。

無法勇於就財報數字採取行動的，除了經理人之外，也包括靠數字吃飯的財務分析師。2000年3月10日，美國那斯達克（NASDAQ）指數達到歷史高點的5,060點，較1995年成長了5.74倍。但在2002年中，那斯達克指數跌到1,400點以下，而標準普爾（S&P）指數在同期也跌掉了40%。根據統計，在2000年分析師的投資建議裡，80%還是買進建議，一直等到那斯達克指數跌了50%，美國企業財報數字明顯地大幅變壞，分析師才開始大量做出賣出建議。這也是慢了大半拍、無法勇於面對嚴峻事實的實例。

根據1990年以來益受重視的行爲經濟學研究，在進行投資決策時，一般人有種明顯的偏誤：當投資處於獲利狀態時，投資人變得十分「風險趨避」（risk-adverse），很容易在股票有小小的漲幅後，急著把它出售以實現獲利。相對地，當投資處於虧損狀態時，投資人卻變得十分「風險愛好」（risk-taking），儘管所買的股票已有很大的跌幅，仍不願意將它出售、承認虧損。當投資人需要周轉資金必須出售持股時，他們通常出售有獲利的股票，而不是處在虧損狀態的股票。這種「汰強存弱」的投資策略，是一般投資人無法獲利的重大原因。

芝加哥大學商學院的行爲經濟學家泰勒（Richard Thaler）博士，把這種行爲歸之於「**心智會計**」（mental accounting）作祟。泰勒指出，要投資人結清心裡那個處於虧損狀態的「心智帳戶」（mental account）是十分痛苦的，因此他們往往不出售股票，來逃避正式的實現虧損。他們寧願繼續接受帳面損失的後果，最後常以血本無歸收場。在類似的「心智會計」情境中，企業經理人面對轉投資決策的失敗，往往也遲遲不願承認錯誤，甚至可能繼續投入更多資源，讓公司陷入困境。

因此，使財務報表成爲協助經理人及投資人面對嚴酷事實的工具，以掌握組織全盤財務狀況，也是本書的重要目的。財務報表是企業經營及競爭的財務歷史，而歷史常是未來的先行指標，它發出微弱的訊號，預言未來的吉凶。然而，如何正確地解讀它、運用它以邁向成功，考驗著每個企業領袖的智慧與勇氣。

對「不勇於」面對現實的公司，資本市場有最後一道嚴酷的淘汰過程。因最早全力放空（以股價下跌來獲利的交易行爲）安隆（Enron）而聲名大噪的分析師察諾斯（James Chanos），是美國「禿鷹集團」的精英分子。2002 年 2 月 6 日，他在美國眾議院「能源與商業委員會」爲安隆案作證時，說了一段頗令人深思的話：「儘管 200 年以來，做空的投資人在華爾街聲名狼籍，被稱爲非美國主流、不愛國，但是過去 10 年來，沒有一件大規模的企業舞弊案，是證券公司分析師或會計師發現的。幾乎每一件財務弊案都是被做空的投資機構、或是公正的財經專欄作家所揪出來的！我們或許永遠不受人歡迎，但是我們扮演禿鷹的角色，在資本市場中找尋壞蛋！」

察諾斯表示，他的公司專門放空 3 種類型的公司：

1. 高估獲利的公司。
2. 營運模式有問題的公司（例如部分的網路公司）。
3. 有舞弊嫌疑的公司。

對於沒有競爭力的企業而言，不僅競爭對手會持續打擊你，別忘了還有一群飢渴又凶猛的禿鷹在頭上盤旋！

看懂財務報表是企業領袖的必備素養

近年來幾起惡名昭彰的財務報表弊案，讓人見證了資本市場的醜陋殘酷。2001 年，美國發生了安隆案，使安隆總市值由 2000 年的 700 億美元，在短短一年間變成只剩下 2 億美元，總市值減少了 99.7% 以上，安隆並於 2002 年 1 月 15 日下市。2002 年，美國的世界通訊（WorldCom）弊案，使公司市值由 1999 年的 1,200 億美元，到 2002 年 7 月變成只剩 3 億美元，總市值只剩下 1999 年的 0.25%。2004 年 6 月 24 日，台灣的博達被勒令停止股票交易，由 1996 年市值新台幣 400 億元變成壁紙。

2007 年 1 月正式爆發的力霸集團弊案，更是近來影響深遠的重大經濟犯罪。力霸集團內的中國力霸公司，其市值由 1989 年 11 月的最高點 535 億元，一路降至停止交易前的 18 億元；集團內另一重要公司——嘉食化，市值也是從 1989 年 11 月的 326 億元，到停止交易前，跌到只剩 17 億 7,000 萬元，這兩間力霸集團的核心公司，都在 2007 年 4 月 11 日，被台灣證交所停止上市。而整個弊案中，牽扯到的集團內其他公司，如力華票券、中華商銀（被掏空超貸高達 110 億 6,000 萬元後，市值蒸發約 268 億元）等，都在 1 月初被金融監管委員會指定由國內其他銀行接管。而曾經以股條一時洛陽紙貴的亞太固網公司，更是被掏空高達 270 億元。總計力霸案中不法詐貸、掏空資產、內線交易金額高達 731 億元，爲台灣司法史上，經濟犯罪金額最高者。

中國資本市場近年來也是弊案頻傳。銀廣夏 1993 年在深圳證券交易所發行上市，屬於醫藥生物產業。除了號稱中國第一的銀廣夏麻黃草基地外，銀廣夏也擁有中國最大的釀酒葡萄基地。上市以來，銀廣夏公司資產總額從人民幣 1.97 億元增至 24.3 億元，股本從 7,400 萬股擴張至 50,526 萬股，稅後利潤增長率達 540%，成爲證券市場極具影響力的上市公司。然而，2001 年 8 月，中國大陸《財經》雜誌發表《銀廣夏陷阱》一文，正式揭發銀廣夏虛構財務報表的手法。2001 年 8 月 3 日，中國證監會對銀廣夏正式立案稽查，發現高階經理人及會計師涉嫌提供虛假財會報告和虛假證明文件。此案震撼中國資本市場，銀廣夏更由 2001 年 8 月 2 日將近 156 億人民幣的市值，一路下滑，至當年年底，市值僅剩 20 億人民幣左右，因此受害的投資人不計其數。

這些蒸發的財富不只是數字，它可能是老年人一輩子的積蓄、年輕人的教育基金、兒童的奶粉錢，也可能是夫妻婚姻破裂的導火線。任何一件財務弊案，背後是許多投資人血淋淋的傷痛。

面對接踵而來的財務報表醜聞，全球證管單位莫不致力於提升企業防弊的廣度及深度，執行長也由高高在上的企業英雄，蒙上可能成爲經濟罪犯的陰影。2003 年 4 月，美國著名的《財星》（*Fortune*）雜誌以〈忝不知恥〉（Have They No Shame?）爲題，指控部分企業執行長明明經營不善，甚至有操縱財務報表的嫌疑，仍然厚著臉皮坐擁高薪。不過，我仍然相信，絕大多數的創業家或專業經理人，經營事業的出發點是追求成功，而非想蓄意欺騙。許多財務報表弊端的產生，往往是爲了粉飾經營的失敗，並非只是純粹的貪婪。本書雖然也會討論「防弊」的部分，但我認爲光是防弊無法眞正創造價值，不成爲地雷股也只是經理人的消極目標。我衷心地希望，經理人能活用財務報表，打造賺錢、被人尊敬、又對國庫稅收有貢獻的企業。2007 年，沃爾瑪共繳了 66 億 6,500 萬美元的稅金，占美國當年總稅收的 1/377，我們需要多一點這樣的企業。

面對波切歐里密碼的兩極反應──當灰狗遇上可魯

1985 年，我剛前往美國留學，某個週末我和幾位新生前去鄰近的西維吉尼亞州看賽灰狗（grey hound）。賽灰狗的比賽場地就像田徑賽場，每隻灰狗分配一個跑道，牠們的正前方都放置一個誘餌。當槍聲一響，誘餌就快速向前移動，灰狗們見狀便立刻死命地衝出去。灰狗的體型修長纖細，兩排肋骨隱約可見，奔跑起來頗有獵豹的剽悍。現在回想，這些灰狗的行為倒有點像看到投資機會的企業家，展現前仆後繼向前衝的勇猛勁；投資人就像背後的賭客，紛紛掏錢下注。當然，最後總是輸家多、贏家少。

結束日本戰國時代的豐臣秀吉（1536～1598），就曾以「灰狗」精神取勝。1582 年 6 月 2 日，發生了日本戰國時代有名的「本能寺」之變，當時的軍閥首領織田信長被部將明智光秀突擊後自殺。織田信長的大將豐臣秀吉正領兵對外征戰，他在 6 月 3 日聞訊後，立刻與對手談和休戰，並於 6 月 5 日清晨，在大雨中連夜強行軍 108 公里，襲擊明智光秀的軍團。豐臣秀吉在出兵時，把他根據地的所有資金與糧食毫不保留地發給將士。他為了這一戰孤注一擲，終於在山崎之戰（6 月 13 日）擊潰了仍驚訝於「兵從天上來」的明智光秀，最後統一日本。豐臣秀吉這種「灰狗」精神，後來又表現在進軍朝鮮時孤注一擲、企圖侵略中國的大膽作爲。但是這一次，他可沒有這麼走運。龐大的後勤補給壓力，終於壓垮了日軍。

*

2004年在台灣上映、票房大賣的日本電影《再見了，可魯》，敘述日本一隻名爲可魯的導盲犬故事。可魯與激動的灰狗形成了有趣的對比——導盲犬的性格必須極度穩定持重。然而，要如何自一群小狗中，選出性向適合的幼犬，接受進一步的導盲犬訓練呢？方法是讓主人熱情地大聲呼叫，聞聲馬上衝來的小狗立刻遭到淘汰，入選的是那種面帶疑問、彷彿在問「爲什麼」而姍姍來遲的小狗！以商場表現來比喻，這是另一種類型的企業家，有點像孔老夫子所言「臨事以懼，好謀以成」的類型。灰狗型的企業家，往往靠著搶占先機取勝，但常常敗在先頭部隊已抵達目標，補給線卻跟不上，以致後繼無力。可魯可能敗在第一時間反應不夠快，若有充分準備，卻能「後發先至」，取得最後的勝利。

華碩的施崇棠董事長，其財務管理風格頗有「可魯」的味道。1997年的華碩，股價曾高達890多元；2001年，公司光是現金部位就有300多億，占總資產近70%。這些現金多半是以定存方式持有，縱使有短期投資也以債券型基金爲主，理財活動可謂保守至極。在電子產業的黃金時代，擁有如此高的現金部位，由投資機構與產業界送上來的各種投資案，可說不勝枚舉。施先生也承受了相當大的批評，被人指責華碩只會賺錢，卻不會投資理財。事後看來，還有誰會批評施先生太過保守呢？

可魯的基本特質是凡事有點質疑，沒想清楚前，不會一下子撲向「投資機會」。但是，一旦開始工作，牠不吃飯、不休息，達成任務才甘休。2001 年，華碩開始執行所謂的「巨獅」計畫，不再執著於高毛利的產品策略，轉而強調營收成長與展現規模經濟，以成爲「又大又強」的產業龍頭。在全球景氣不佳之際，華碩母公司卻大舉投資，2001 年到 2006 年的總投資金額分別爲新台幣 66 億元、96 億元、140 億元、217 億元、756 億元及 1,134 億元；現金占總資產的比率，也由 70% 一路下滑到 2006 年年底的 3.61%。華碩的努力在 2004 年後看到明顯成果，當年的競爭對手（如精英、微星及技嘉等公司），一個個被愈拉愈遠。

*

有些創業家或經理人可能具有灰狗性格，有些可能具有可魯性格，這兩種性格沒有一定的優劣，但是要有自知之明，才能改進所短，發揮所長。灰狗型的企業家，應該多回想宏碁前董事長施振榮先生所說：「不打輸不起的仗。」嚴格要求財務幕僚，對投資失敗的風險及現金流量補給的後援做好規畫。至於可魯型的企業家，應該聽聽孔老夫子的建議，將「三思而後行」稍微放寬爲「再，斯可以！」善用先前所儲蓄 的人力及財力，以產生後發先至的爆發力。

最難能可貴的企業家，是同時擁有灰狗及可魯兩者特質的人。例如在後文的分析中，我們看到像蓋茲（Bill Gates）及戴爾（Michael Dell）等人，業務開拓剽悍如灰狗，財務管理卻保守如可魯。正因爲如此，微軟及戴爾電腦才會成長得又快又穩。

「簡易」、「變異」及「不易」

《易經》蘊含了高明的管理智慧，而「易」字便有「簡易」、「變異」及「不易」3種意義。本書希望效法先哲，不但讓內容能「簡易」，還能透視會計數字「變易」的原因，最後也能呈現變動世界裡會計學一些「不易」的道理。

筆者將以全世界最大的零售商沃爾瑪，作爲財務報表分析的主要範例。近20年來，沃爾瑪是美洲地區業績成長幅度最大的公司。它如何保持業績的高度成長？沃爾瑪自己的回答是：「藉著在每一次的購買過程中，一心一意地對待每一位客戶，使他們的購買經驗超過預期。」在課堂上，我曾請EMBA同學試以鄧麗君的3首歌，詮釋沃爾瑪的經營模式。或許您有自己精彩的意見，但這裡提供我稱之爲「鄧麗君競爭力三部曲」的看法，讓各位參考。

首部曲：我只在乎你

1980年代，全面品質管理運動（Total Quality Management，簡稱TQM）盛行一時，TQM的中心思想就是「以顧客爲中心」。〈我只在乎你〉的歌詞，可以描述沃爾瑪員工對待顧客的溫柔心態：「如果沒有遇見你，我將會是在哪裡，日子過得怎麼樣，人生是否要珍惜……。」「我只在乎你」的觀念看來雖是老調，意涵卻歷久彌新。2005年5月，英特爾新上任的執行長歐特里尼（Paul Otellini），是英特爾第一位非技術背景出身的執行長。他曾坦率地指出，研發團隊過去太執著於追求微處理器運算速度的突破，反而忽視顧客在行動運算（mobile computing）時代對晶片散熱、省電、輕薄短小的需求。2002

年之後，英特爾 Centrino 微處器之所以成功，就是回歸最基本的商業原理所致——滿足顧客需求。

二部曲：何日君再來

沃爾瑪的營收重點除了來自新賣場的銷售金額外，還必須確認舊有賣場營業額的持續增加。這必須倚賴顧客的重複購買行爲，也就是「何日君再來」的威力。不只是沃爾瑪，任何企業的銷售若不能產生顧客重複性購買行爲，成長就註定不能持續。在沃爾瑪的年報中，它清楚區分多少營收成長來自新開張賣場，多少營收成長來自舊有賣場，並討論新舊賣場的合理銷售金額。

三部曲：路邊的野花不要採

在結合低價、完備的商品選擇及親切的服務品質下，沃爾瑪使顧客產生強烈的品牌忠誠度。鄧麗君這首〈路邊的野花不要採〉，不僅是顧客忠誠度的寫照，也提醒「家花」必須提升競爭力來對抗「野花」。但是，品牌忠誠度不僅來自於顧客面，也要看所有的供應商是否有足夠的忠誠度，願意持續地提供沃爾瑪最好的產品。顧客的經營，並不只限於賣場中的交易行爲，還包括積極經營沃爾瑪賣場所在社區的公益形象。當你發現沃爾瑪年報以大量篇幅介紹其供應商及社區慈善活動，不要以爲只是表面功夫，這些都是無形的耕耘，終究會變成財報上亮眼的營收和獲利數字。

沃爾瑪的管理活動雖然複雜，它的策略及經營原則卻十分「簡易」，財務報表也出奇的單純。在「變異」的經濟環境裡，自 1971 年上市以來，沃爾瑪始終保持營收獲利的高度成長。顯然，沃爾瑪知道一些經營企業的「不易」道理。爲了使本書探討的競爭力概念更加清楚，Kmart——沃爾瑪最主要的競爭對手——其財務資訊會經常地拿來與沃爾瑪比較。在許多分析中，當讀者同時看到兩家公司的財務數字或比率，兩者相對競爭力的強弱，不需要進一步說明就十分清楚。

下面，讓我們好好地解讀波切歐里的財富密碼，展開一段奠基於課責性、全力追求經營與投資成功的旅程！

【參考資料】

❶丹・布朗（Dan Brown），2004，《達文西密碼》（*The Da Vinci Code*）。尤傳莉譯。台北：時報出版。

❷山姆・華頓（Sam Walton）、約翰・惠依（John Huey），1994，《縱橫美國：山姆・威頓傳》（*Sam Walton, Made in America: My Story*）。李振昌、吳鄭重譯。台北：智庫文化。

❸李昌鈺、劉永毅，2002，《讓證據說話》。台北：時報出版。

❹陳翊中、萬蓓琳，2004，〈八十八歲王永慶的三個夢〉，《今周刊》第407期。

❺詹姆・柯林斯（Jim Collins），2002，《從A到A⁺》（*Good to Great*）。齊若蘭譯。台北：遠流出版。

❻賴利・包熙迪（Larry Bossidy）、瑞姆・夏藍（Ram Charan），2004，《應變：用對策略作對事》（*Confronting Reality: Doing What Matters to Get Things Right*）。台北：天下文化。

❼ Thaler, Richard, 1999, "Mental Accounting Matters." *Journal of Behavioral Decision Making,* Vol. 12: 183-206.

❽ Odean, Terrance, 1998, "Investors Reluctant to Realize Their Losses?" *Journal of*

Finance, October , 1775-1798.

❾臺北地方法院檢察署，2007，偵辦力霸集團掏空案新聞稿。

❿淩華薇、王爍，2001，〈銀廣夏陷阱〉，中國《財經》雜誌，第 42 期。

第2章

《臥虎藏龍》的競爭力——用財務報表鍛鍊五大神功

名導演李安執導的經典作品《臥虎藏龍》，榮獲2001年奧斯卡最佳外語片、最佳攝影、最佳服裝與最佳音樂四項大獎，多數影迷對片中濃郁的人文氣息、精彩創新的武打畫面，一直津津樂道。在美國著名的商學院裡（例如麻省理工學院的史隆管理學院），《臥虎藏龍》卻多次用來當作企業倫理的個案討論教材。你能想像這是爲什麼嗎？原因在於：武功蓋世、能飛簷走壁如履平地的大俠李慕白（周潤發飾），在禮教觀念的規範下，明明與女俠俞秀蓮（楊紫瓊飾）互相愛慕，表達愛意的最大尺度卻僅止於握手而已。這裡面有著十分強烈的自我克制精神。對企業的高階主管而言，再嚴密的法律規範總有被破解的時候，只有建立在正確價值觀之上所產生的自制行爲，才是實踐企業倫理的最好辦法。因此，在《臥虎藏龍》一片中，當眾人都在爭奪神兵利器「青冥劍」，或想偷學武當派奇妙的武功招式「玄牝劍法」時，李慕白失望地將「青冥劍」扔到河裡，感嘆地說，沒有正派的武功心法，空有寶劍和招式又有何用？

每個企業經理人都想練就一身高強的管理武功，而財務報表可以協助經理人鍛鍊出「五大神功」。這五大神功分別是：

1. **堅持正派武功的不變心法**：雖然聽起來有點八股，但是這個不變的武功心法值得一說再說——財務報表的核心價值是實踐「課責性」。
2. **活用財務報表分析的 2 個方法**：財務報表是利用「呈現事實」及「解釋變化」等兩種方法，不斷地拆解會計數字來找出管理的問題。
3. **確實掌握企業的 3 種活動**：財務報表最大的威力，是有系統地呈現企業有關營運（operating）、投資（investing）與融資（financing）等 3 種活動，並說明這些活動間的互動關係。
4. **深刻了解 4 份財務報表透露的經營及競爭訊息**：任何企業活動都可以彙整成「資產負債表」、「損益表」、「現金流量表」與「股東權益變動表」等 4 份財務報表。
5. **加強領導者必備的 5 項管理修練**：根據麻省理工學院著名的史隆領導模型（Sloan Leadership Model），領袖必須具有形成願景（visioning）、分析現況（analyzing）、協調利益（relating）、嘗試創新（inventing）及激勵賦能（enabling）等 5 項核心能力。

財務報表何以能協助未來的企業領袖鍛鍊這五大神功？以下將進一步說明。

1 個堅持——實踐「課責性」

財務報表最重要的使命就是實踐課責性。《新約聖經・馬太福音》中有個討論課責性的有趣故事：

某個主人即將前往國外，就叫了僕人來，按照每個人的才幹，分配他們銀子：一個給了 5,000，一個給了 2,000，一個給了 1,000。那個領 5,000 的隨即拿去做買賣，另外賺了 5,000。那個領 2,000 的也照辦，另外賺了 2,000。那個領 1,000 的卻掘開地，把主人的銀子埋起來。

過了許久，主人回來和他們算帳。那個領 5,000 銀子的又帶著另外的 5,000 來，說：「主啊，你交給我 5,000 銀子。請看，我又賺了 5,000。」主人說：「好，你這又良善又忠心的僕人，你在不多的事上有忠心，我要把許多事派你管理。」那個領了 2,000 的也來，向主人說：「主啊，你交給我 2,000 銀子。請看，我又賺了 2,000。」主人十分喜悅，也頗多嘉許。

那個領 1,000 的卻說：「主啊，我知道你是忍心的人，沒有種的地方要收割，沒有散的地方要聚斂。我很害怕，就把你的銀子埋藏在這裡，請看，你的原銀子在這裡。」主人回答：「你這又惡又懶的僕人，你既知道我沒有種的地方要收割，沒有散的地方要聚斂，就當把我的銀子放在兌換銀錢的人那裡，到我來的時候，可以連本帶利收回。」於是，主人奪過他這 1,000 銀子，給那個擁有 10,000 銀子的僕人。主人的經營理念是：「因爲凡有的，還要加給他，叫他有餘；沒有的，連他所有的也要奪過來。」

這個故事提供兩個深刻的管理啓示：

1. 故事中的主人不只要求**資產價值的保持**，更要求**投資報酬率的提升**。那個將主人託付現金（銀子）埋起來的僕人，以現代標準來看，只算是膽怯或懶惰之人，比起涉及重大財務弊案的諸多現代經理人，那位埋銀子的僕人還不是「惡僕」，至少銀子並沒有被他拿來中飽私囊！
2. 主人分配資源的邏輯，是按僕人投資績效進行「**汰弱存強**」，而不是「濟弱扶傾」。事實上，這就是現代資本市場的邏輯——資本追求提升投資報酬率的機會。經濟社會中的強者要分配更多的資本，而弱者將被剝奪所擁有的資本。所有強勢的主人（股東）都是「忍心」的人，他們要求在「沒有種的地方要收割，沒有散的地方要聚斂」，這代表主人關心的重點是投資結果，不想聽失敗的藉口。

*

企業的執行長及所有高階主管，理想中都應是忠於所託的僕人，在商業行爲上也應展現高度的誠信原則。

具有誠信的聲譽往往能大幅減少交易成本。關於這點，巴菲特分享了一個有趣的故事。2003 年春天，巴菲特得知沃爾瑪有意出售一個年營業額約 230 億美元的非核心事業，該事業名爲麥克林（McLane）。多年以來，巴菲特一直把《財星》雜誌所調查「最受人景仰的企業」那一票投給沃爾瑪，因爲他對沃爾瑪的誠信和經營能力具有高度信心。當時整個收購交易出奇地簡單迅速，巴菲特和沃爾瑪的財務長面談了兩小時，巴菲特當場點頭同意購買金額，而沃爾瑪的財務長只打了通電話請示執行長，交易就宣告結束。29天後，購買麥克林的15億美元款項，就由波克夏．哈薩威公司直接匯入沃爾瑪帳戶，中間沒有任何投資銀行介入。這種交易是否太過於草率？巴菲特說，他相信沃爾瑪財務報表所提出的一切數字，因此計算合理的收購價格對他輕而易舉。事後也證明，沃爾瑪提供巴菲特的各項數據的確坦誠無欺。

相對地，心理學家近期的研究顯示，不誠信的商業行爲（例如做假帳、廣告不實等），即使未遭遇政府罰款或訴訟賠償損失，也會造成企業隱藏性的成本。這些隱藏性成本包括：

1. **因聲譽受損導致的銷售下跌**。根據該項研究，相當多的消費者會因企業不誠實的商業行爲，停止或減少對該企業產品與服務的消費。
2. 由於員工與企業組織的價值觀發生衝突，會造成**誠實的員工求去、不誠實的員工反而留下的「反淘汰」情形**。當不誠實的員工比例增加，企業監督員工的成本會大幅增加，而企業因不誠實行爲所造成的損失也會增加。
3. 當企業加強監控員工後，**員工會產生不被信任的不滿、生產力降低等負面影響**。由於這是一連串的隱藏性成本，無怪乎台積電的張忠謀董事長竭力倡導「好的道德等於好的生意（Good ethics is good business.）」。

2個方法——表達事實與解釋變化原因

為了彰顯對主人的課責性，《馬太福音》中的僕人必須將手上的銀子交由主人盤點，確認金額無誤，這就是「表達事實」。僕人也必須仔細說明他們從事何種經營活動、造成的收益與支出各是多少，合理地解釋銀子數量為何增加，這就是「解釋變化原因」。倘若主人無法親自查證銀子數量，僕人便必須編製報表，對現有銀子數量和增減項目進行說明。這種表彰課責性的活動就是「財務報導」（financial reporting），使用的工具就是財務報表。

但是，這種主僕關係經常存在「資訊不對稱」的情況。假設主人沒回國，看不到銀子，主人就必須找一個具有公信力的第三者，檢查僕人所宣稱的銀子數量，並確認僕人對經營狀況的說明，這個第三者就是現在所謂的「會計師」。在撰寫《馬太福音》的兩千年後，企業經濟活動的複雜性遠超過當時，但「表達事實」與「解釋變化原因」，仍是達成課責性的兩個基本方法。

雖然任用會計師必須經過主人（股東會）同意，誰能當候選人，卻通常是僕人自己決定的。此外，僕人可能會對會計師施以壓力，要求他提供有利於自己的意見。若是不肖之徒，還可能在利益引誘下與僕人勾結，一起欺騙主人，這又演變成另一個嚴重的問題。舉例來說，安隆案裡一些迴避證券主管單位監督的方法，就是安隆的簽證會計師亞瑟．安達信事務所（Auther Anderson）協助構思的。

上述兩種方法，和財務報表的兩種基本數量關係密切：

1. **存量**（stock）：代表任何特定時點企業所擁有的財務資源，例如有多少現金及應收帳款等。對於存量，我們要求「表達事實」，重點在於確認它的存在及數量正確。
2. **流量**（flow）：代表一段特定期間內財務情況的變化，例如每年度的營收與獲利金額。對於流量，我們要求能「解釋變化的原因」。財務報表對經理人的最大功能，並不是直接回答問題，而是幫經理人提出問題，進而釐清管理問題的核心。

*

台塑副董事長王永在先生在一次專訪中提到，所有的管理現象只要抽絲剝繭，當你問到第6個問題時，幾乎都能徹底釐清。王永在先生的見解，並不是精確的科學定律，而是沙場老將多年的寶貴經驗。豐田的管理系統，則要求任何人對管理問題能問5個「爲什麼」。而在第5個爲什麼的分析中，必須展現解決問題的具體方法。上述這種精神與做法，就如鴻海董事長郭台銘先生所強調的，經理人必須不斷地拆解問題，直到深入了解每個細節爲止，因爲「魔鬼都躲在細節裡」！

財務報表的主要功能是提供「問問題」的起點，而不是終點。畢竟財務報表呈現的資料通常加總性太高，無法直接確認管理問題之所在。例如沃爾瑪的總營收來源非常廣，如果沃爾瑪想了解營收變化的原因，可以從地理區域（美洲 vs. 歐洲）、顧客別（一般消費者 vs. 大盤商）、產品別（日用品 vs. 生鮮食品）等不同角度切入。因此，財務報表主要是管理階層用來問問題的工具，不是得到答案的工具。至於管理問題的眞正答案，必須倚賴「管理會計學」進行更細部的剖析（請參閱拙作《管理要像一部好電影》，時報出版，2006年）。

3 類活動

在幾年前的清明祭祖活動中，意外地，我自族譜中發現自己居然是帝王之後，祖先可向上追溯到漢高祖劉邦（256 B.C. ～ 195 B.C.）。從此以後，關於這些「帝王級」祖先如何經營他們的「家族企業」，我一直抱持莫大的興趣。在台大教授 EMBA 課程時，我向學生們炫耀了自己顯赫的列祖列宗，有位學生開玩笑說，劉家祖先的確不得了，但是後代子孫好像沒那麼高明。我立刻加以辯駁：「香港的劉德華，還有 2004 年雅典奧運勇奪 110 公尺跳欄金牌的劉翔，都是近代劉家了不起的知名人物哩！」

事實上，劉家王朝在管理思維上的確有過人之處。以商業觀點比喻，漢高祖劉邦是中國史上第一個「平民創業家」，他創業成功的關鍵是「用對的人」。關於自己何以成功，劉邦做了個精闢無比的分析：「夫運籌策帷帳之中，決勝於千里之外，吾不如子房（張良）；鎮國家，撫百姓，給餽饟，不絕糧道，吾不如蕭何；連百萬之軍，戰必勝，攻必取，吾不如韓信。此三人皆人傑也，吾能用之，此吾所以取天下也。項羽有一范增而不能用，此其所以爲我擒也。」（《史記・高祖本紀》）

「用對的人」之所以重要，是因爲他們會「做對的事」，而且會把對的事做好。以現代管理術語而言，身爲領袖的劉邦，充分認知到企業 3 大類型活動的重要性，這 3 大類型活動也正好是財務報表描繪的主要對象：

1. **策略規畫活動**（以張良爲代表）：企業的策略規畫具體表現在財務報表上是投資活動（investing activities）。投資活動決定企業未來能否成功，正確的投資能使企業保持良好的發展，創造更高的市場價值；不正確的投資不僅會造成「一代拳王」的短命王朝，甚至會使「股王」淪落爲「雞蛋股」（股價小於 4 元）或地雷股，例如訊碟或衛道科技，到現在股價都還是低於 10 元。所謂的投資活動，不只是把錢用在哪裡的決策，也包括把錯誤投資收回來的決策（divest）。
2. **後勤支援活動**（以蕭何爲代表）：後勤支援活動具體表現在財務報表上是融資活動（financing activities），也就是金流。現代企業的「糧道」就是金流。資金充足流暢，營運或投資活動就能可攻可守，員工及股東才能人心安定。
3. **市場占有活動**（以韓信爲代表）：市場占有活動具體表達在財務報表上是營運活動（operating activities）。營運活動決定企業短期的成功，它的重點是營收及獲利的持續成長，以及能由顧客端順利地收取現金。

關於投資、融資與營運等 3 種活動更進一步的定義，以及三者間相互的關係，將在〈現金流量表的原理與應用〉（第 6 章）深入說明。事實上，會計數字只是結果，管理活動才是組織創造價值的原因。分析財務報表不能只看死板的數字，還要能看到產生數字的管理活動，並分析這些活動所可能引導企業移動的方向。

這3種活動的關係十分密切，成功的營運活動可能代表企業目前業務仍有廣闊的投資空間，也會使得股東或銀行樂於繼續提供融資。

4份報表

任何複雜的企業，透過波切歐里密碼的轉換，都能利用下列4種財務報表敘述它的財務情況。許多企業人士喜歡膜拜「四面佛」，據說能保佑企業財運亨通。事實上，每個企業本來就「供奉」著4張財務報表，不妨將之視爲引導競爭及管理活動的「四面佛」！

這4份財務報表分別簡述如下（各份報表細節將於第4至第7章詳述）：

1. **資產負債表（Balance Sheet）**：它描述的是在某一特定時點，企業的資產、負債及業主權益的關係。簡單地說，資產負債表建立在以下的恆等式關係：**資產＝負債＋業主權益**。這個恆等式關係要求企業同時掌握資金的來處（負債及業主權益）與資金的用途（如何把資金分配在各種資產上）。資產負債表是了解企業財務結構最重要的利器。
2. **損益表（Statement of Income）**：它解釋企業在某段期間內財富（股東權益）如何因各種經濟活動的影響發生變化。簡單地說，淨利（Net Income）或淨損（Net

Loss）等於收益（Sales）扣除各項費用（Expenses）。損益表是衡量企業經營績效最重要的依據。

3. **現金流量表（Statement of Cash Flows）**：它解釋某特定期間內，組織的現金部位如何因營運活動、投資活動及融資活動發生變化。現金流量表可以彌補損益表在衡量企業績效面臨的盲點，以另一個角度檢視企業的經營成果。現金流量表是評估企業能否持續經營及競爭的最核心工具。

4. **業主權益變動表（Statement of Owner's Equity）**：它解釋某一特定期間內，業主權益如何因經營的盈虧（淨利或淨損）、現金股利的發放等經濟活動而發生變化。由於本書以股份有限公司爲討論重點，這份報表以下將稱爲「股東權益變動表」（Statement of Shareholders' Equity），它是說明管理階層是否公平對待股東的最重要資訊。

*

編製這4份報表與衡量報表各項數字的方法，我們稱之爲「一般公認會計原則」（Generally Accepted Accounting Principles，簡稱GAAP）。由於該原則專業性太高，國際間通常由立法機關訂定法律，授權會計專業團體自行制定及修正，例如美國的會計準則制定組織爲「財務會計準則委員會」（Financial Accounting Standard Board，簡稱FASB）；世界上另一個對GAAP影響深遠的組織是「國際財務會計準則委員會」（International Accounting Standard Board，簡稱IASB），台灣則爲「財團法人中華民國會計研究發展基金會」。至於財報中各項數字產生的細節（如何估計無法回收的應收帳款、長期借款在未來各個不同年度的還款金額等），都將在財務報表的附註（footnotes）中加以討論。廣義的財務報導活動，還包括管理階層對企業經營活動的討論與會計師的簽證意見。

中國大陸編製這 4 份報表與衡量報表上各項數字的方法，則係依據 1992 年中國財政部所發布的「企業會計準則」，並自 1993 年 7 月 1 日起施行。此外，中國財政部成立由各方面代表參加的「會計準則評審委員會」，作爲制定和實施會計準則的諮詢機構。

2006 年 2 月起，中國財政部更頒訂新的會計準則，由原先偏重於稅務申報的走向，轉向與國際財務會計準則接軌，並從 16 項具體準則，擴展到 1 項基本會計準則和 38 項具體會計準則，並規定 2007 年 1 月 1 日起，中國大陸上市企業必須開始適用。由於台灣企業與中國企業未來的競爭或合作關係日益密切，我們必須加強透過財務報表分析中國企業競爭力的本領。

一般公認會計原則的制定過程，除了參考會計的學理，也受到政府法令規範及產業界壓力。舉例來說，美國科技產業長期以來反對將員工認股權（stock option）當成企業的費用；許多台灣的科技業者，過去也不贊成把員工無償配股的部分承認爲費用。

因爲這種會計處理方法會降低企業的帳上獲利，進而可能影響股價。雖然員工認股權及員工無償配股學理上應視爲費用，過去一般公認會計原則卻允許它們不計入當期費用。可見企業的財報即使完全遵守一般公認原則，也不代表它就公允地反映企業經營、競爭的成果。然而，目前台灣因應商業會計法第64條（由原先所有盈餘分配，如股息、紅利等，皆不得列爲費用或損失，限縮爲僅有分配給「業主」之盈餘，方能不列成費用、損失，如此一來，以往藉由分紅方式分配給員工之認股權，將被改列爲費用，因而產生獲利數字的下降）修正後，目前正研擬新公報（第39號股份基礎給付之會計處理準則）改變相關會計處理方法，並研議在2008年1月1日起，開始施行，請詳第7章之簡要說明。

*

1970至1980年代的知名歌星萬沙浪先生，曾以一曲〈風從哪裡來〉風靡海內外，若將這首歌的歌詞稍微更動，把「風」字改成「錢」字，就變成說明財務報表的好口訣：「錢從哪裡來，要到哪裡去？有誰能告訴我，錢從哪裡來？」前兩句歌詞指的是資產負債表，它的目的是陳述組織資金的來源及用途。後兩句歌詞是指其他3份財務報表，目的都在於解釋企業財務資源或股東權益的變動。接下來的歌詞，對經歷過亞洲金融風暴、美國911恐怖攻擊事件、SARS疫情的企業經理人與投資人，一定使他們感觸良多：「來得急，去得快，有歡笑，有悲哀……。」

5項修練

麻省理工學院發展出著名的史隆領導模型，筆者相信，財務報表能協助企業經理人，修練該模型宣揚的5種核心領導能力。

形成願景（Visioning）

領導能力最重要的核心，是使個人或團體產生共享的願景。過去幾年，某些企業的執行長，對未來有著華而不實的陳述（例如企業未來5到10年營收、獲利的複合成長率至少有20%至30%），使得「願景」兩字令一般投資大眾望而生畏。但我深信，任何經理人藉由閱讀成功且令人尊敬之企業的財務報表，都能體會「談願景」並不是唱高調，它其實是建立在不斷「說到做到」所產生的堅實信念。舉例來說，沃爾瑪的公司網頁提供它上市以來所有的財報檔案，任何人若將1971年迄今的年度財務報表快速瀏覽一遍，相信能自創辦人華頓每年檢討過去、策勵未來的討論中，分享他對零售業的願景與熱情，也能了解為何他能將沃爾瑪由市值24萬美元，提升至市值超過2,000億美元。

沃爾瑪曾如此定義自己的願景：「讓普通老百姓有機會和有錢人購買一樣的東西。」此外，沃爾瑪也用會計數字說明它未來的願景。1990年，沃爾瑪的年營收約為326億美元，獲利約為12億9,000萬美元。沃爾瑪當時宣示，它將正式成為全國性的零售業者，並要在2000年成為年營收突破千億美元的公司。

這個野心勃勃的願景，沃爾瑪在1997年就順利達成了——沃爾瑪創造了1,048億6,000萬美元的營收，且獲利達30億6,000萬美元。到了2000年，沃爾瑪的營收竟然已高達1,913億3,000萬美元，獲利62億9,000萬美元，超出10年前預期目標高達90%之多。事實上，好的願景並不是空洞的口號，它是具有高度挑戰性、能激發員工拚鬥意志、又確實可行的目標。財務報表的數據能成為溝通願景、形成共識的重要工具，也能成為檢視願景是否踏實可行的基礎。

然而，成功的事業不一定要來自偉大的願景。我的另一位祖先東漢光武帝劉秀（6 B.C. ～ A.D. 57），就曾留下一個年少時代「胸無大志」的例子。他說道：「為官當作執金吾，娶妻當娶陰麗華。」執金吾是首都（長安）戍衛司令，出巡的時候熱鬧風光；而陰麗華是劉秀同鄉富豪家的女兒，算是小家碧玉的姿色。這些目標看來都不遠大，但是在往後的諸多事件中，劉秀的軍事才幹及領袖氣質逐漸展現，發展出逐鹿中原的願景，最後成為一代英明君主。柯林斯與薄樂斯（Jerry I. Porras）在其著作《基業長青》中也印證了一件事——偉大的企業（如沃爾瑪、奇異、默克藥廠等），多半擁有平實的願景。如果企業經理人肯多花點時間，閱讀這些公司的財務報表，以及執行長在年度財務報表中的討論文字，對於了解企業如何形成與實踐願景，相信有極大的幫助。

分析現狀（Analyzing）

領導力的第二項重點是認清現狀、不脫離現實，以便在複雜及混沌的環境中，做出妥善的策略規畫並執行營運計畫。著名管理顧問包熙迪及夏藍便指出，經理人面臨的最大危機之一就是**脫離現實**。至於脫離現實的原因，主要來自使用過濾後的資訊、選擇性地聆聽、一廂情願地思考等毛病。財務報表則要求經理人，必須不斷藉著面對市場交易活動的現狀，來認清事實。有些經理人可能一廂情願地認為，自己的產品或服務具有特殊利基，但是損益表的毛利（市場售價減去製造成本）不斷下降，迫使經理人認清產品或服務已淪為與其他競爭者相去不遠的「商品」（commodity），進而開始規畫新的產品開發策略。

2005 年初，海基會董事長辜振甫先生以 88 歲高齡去世。辜先生最爲人盛讚的是他長遠的眼光，不過我恰好發現，辜先生更是重視財務報表教育意義的有心人。他爲二公子辜成允先生（目前是台灣水泥公司董事長）準備的領袖訓練課程很另類──到勤業會計師事務所當 3 年的查帳員。因爲辜先生相信：「學會看報表，才能深入核心。」只有深入現狀的核心，才能找到經營管理的重點。

協調利益（Relating）

關於領導力的第3項重點，即是在眾多利益攸關者（stakeholders）間建立和諧關係，平衡他們的利益，並達成有共識的組織變革。對於企業與各個利害攸關人，財務報表有系統地彙整各種資源之獲得與給予的關係，例如薪資之於員工、應收款之於顧客、應付款之於供應商、借款之於銀行、股利之於股東、稅金之於政府等。歷史經驗顯示，在景氣繁榮或企業獲利成長之時，由於各個利害關係人雨露均沾，不太會感受明顯的利益衝突，容易相安無事。但是在景氣不佳與公司獲利走下坡時，「你賺或我賠」的零合遊戲氣氛就十分強烈。舉例來說，近年國內外部分公司的高階經理人，被指責在經營績效不佳的情形下仍坐擁高薪；高科技產業員工分紅，配股被指責爲造成股東權益的稀釋；高科技產業享受種種企業及個人的賦稅優惠，被認爲對窘困的政府財政鮮少貢獻。

在企業處於景氣低迷且競爭日益激烈之際，如何協調各個利益攸關者的利益，不僅是近年極受重視的「公司治理」之重心，也是財務報表分析中極為重要的議題。

嘗試創新（Inventing）

關於領導力的第四項重點，便是在組織的管理體系或技術體系發現新的做事方法。財務報表雖然不能直接引導創新，但能協助領導者確認各種創新活動是否具商業價值。例如戴爾電腦首創的直銷經營模式，在1994年至2003年之間，使其管銷費用占營收的比例，較主要競爭對手惠普科技（HP）少了5%到8%。在一個淨利率平均不到6%的產業，這種成本領先的幅度，使戴爾在定價與銷售上占盡先機。1993年到1994年之間，戴爾曾在美加地區採用直銷與傳統零售通路並行的方式；經歷了1993年公司唯一的虧損後（虧損500萬美元），戴爾在1994年放棄了經銷通路，重新聚焦於直銷通路，一年內就轉虧為盈，獲利1億5,000萬美元。此後，戴爾對於直銷模式不再動搖。由此可知，以財務報表作為回饋機制，能鞏固嘗試創新的成果。

激勵賦能（Enabling）

至於領導力的第五項重點，是確保有足夠工具及資源來實踐、維續共享的願景，也就是所謂的「激勵賦能」。在景氣變化莫測的時代，強大的財務資源，是安定員工人心的最主要力量。因此，思考有關「激勵賦能」的議題時，最重要的課題之一便是維持組織財務的安定。微軟的蓋茲曾在一次專訪中表示，他要求微軟的現金及短期投資，能因應萬一微軟一年沒收入所有必要的研發、人事及其他業務開銷。的確，自2000年開始，微軟的現金及短期投資就一直高於當年度營收。以 2003 年爲例，微軟的現金及短期投資金額高達 490 億美元，是營業額 321 億美元的 1.5 倍，約占總資產的 62%（爲降低閒置現金，微軟 2005 年宣布發放 3.4 元之現金股利，使得微軟 5 年來，首次在現金及短期投資低於年度營收，但微軟隔年的每股盈餘仍持續上升，達到美金 1.2 元，較 2003 年增加了 74% 左右）。這種作爲乍看之下產生了閒置資金，但留下足夠的「空白」，往往是領導者深謀遠慮的智慧。

七傷拳的啓示

金庸武俠小說《倚天屠龍記》描述過一門奇特的武功「七傷拳」，特色是對付敵人雖威力無窮，但使用時也會傷害自己，亦即所謂的「傷人一寸，傷己一尺」。《倚天屠龍記》描寫金毛獅王謝遜爲替家人報仇，偷偷學會了七傷拳，但是當他重創敵人之際，嚴重的副作用也逐一浮現，他先是瞎了雙眼，然後開始神智不清，有時近乎瘋狂。

投資界有個共識，一旦一個企業開始做帳，就像人染上毒癮，做帳的幅度只會愈來愈大，非常難以戒除。做帳就像練七傷拳，剛開始似乎只傷害了投資人，但終究傷害最大的還是自己和公司。做帳一開始使人盲目——沒有公允的資訊，就無法判斷企業的眞實狀況；接下來，做帳會令人瘋狂——沒有優質的資訊，企業就不能思考。在其他行業，發揮創造力往往會被大力讚揚；大概只有在會計學裡，說企業的財務報表太有「創造力」，是極大的負面評價。

簡單地說，財務報表的核心價值是**忠於所託、反映事實**，這也是創造企業長期競爭力的基本條件之一。

【參考資料】

❶ 2003 年波克夏年報。

❷ 1990 年沃爾瑪年報。

❸《商業周刊》第 894 期，2005 年 1 月 6 日出刊。

❹ 麥克・戴爾（Michael Dell），1999，《DELL 的祕密》（*Direct for Dell: Strategies That Revolutionized an Industry*）。謝綺蓉譯。台北：大塊出版。

❺ 詹姆・柯林斯（Jim Collins）、傑利・薄樂斯（Jerry I. Porras），2002，《基業長青：企業永續經營的準則》（*Built to Last: Successful Habits of Visionary Companies*）。台北：智庫。

❻ Cialdini, Robert B., Petia K. Petrova, and Noah J. Goldstein, 2004, "The Hidden Costs of Organizational Dishonesty." *MIT Sloan Management Review*, Cambridge: Spring 45（3）: 67-73.

❼ 張忠謀等，2004，《CEO 論壇：11 位遠見領導人物的前瞻觀點》。台北：天下文化。

第3章

戰勝死神的飛將軍
——飛行中，相信你的儀表板

台大EMBA第6屆學生傅慰孤將軍，是前空軍副總司令，也是一位卓越的飛行員，他個人駕駛F104戰鬥機的總飛行時數達1,000小時，全世界F104飛行員有這種紀錄者寥寥無幾。

F104活躍於1950年代，是世界首架飛行速度達2倍音速的戰鬥機，也是台灣建立F16及幻象機空軍兵力前的主力戰機。F104一向有「鐵棺材」及「寡婦機」的外號，它的飛行速度極快，適合進行高速全力一擊的攻擊，目標未中時也能快速脫離敵機的作戰範圍。然而，F104為了追求高速下良好的操作性能，採取短、小、薄的機翼設計，在低速飛行時升力不足，相對使得F104低速操作的穩定性、安全性極差，失事率較一般戰機高出很多。因此，在飛行員同輩間，傅將軍的飛行安全紀錄備受推崇。

在某次筆者EMBA的績效評估課程中，我們討論起空軍飛行員的績效管理，傅將軍分享了他的經驗：「在天候不佳的時候，飛行員的直觀往往是錯誤的。因為受到生理錯覺的影響，飛機明明是倒著飛，飛行員可能感覺是正著飛；明明飛機下面就是海洋，飛行員可能感覺是天空。」傅將軍因此語重心長地說：「在飛行中，要相信你的儀表板。」一瞬間的誤判，便可能奪去許多飛行員年輕寶貴的生命。愈是錯綜複雜的天氣，飛行員愈要克服本能的驅使，相信儀表板顯示的數字，才能做出正確的判斷。儀表板之所以重要，在於它具有以下這些特性：

1. **攸關性（relevance）**：飛機儀表板會顯示油量、速度、高度、壓力等數值，對飛行員的決策有決定性的參考價值。
2. **可靠性（reliability）**：在功能正常的情況下，飛機儀表板顯示的資訊誤差率極小。
3. **及時性（timely）**：儀表板顯示飛機當下（real time）的各種重要數據，飛行員可根據這些資料立即做出正確反應。

經理人之於財務報表，必須像飛行員之於戰鬥機儀表板一樣，對會計資訊的品質抱持「死生之地，存亡之道」（《孫子兵法．始計篇》）的嚴謹態度。攸關性、可靠性和及時性等三項，也正是會計資訊品質追求的目標。

但是，經理人是否平時就建構了這種值得信賴的儀表板？假若平時不講究會計資訊的品質，當企業處在危急存亡的關鍵時刻，經理人對自己的儀表板又能有多少信心？是否能克服偏見，以儀表板的正確數據做出明智反應？更令人擔心的是，當企業經營績效不佳之際，經理人是否願意讓股東、銀行及財務分析師看到自己眞正的儀表板？

善用會計資訊引導正確的策略

IBM 前執行長葛斯納（Louis Gerstner）指出：「良好的策略起源於大量的量化分析。真正出色的公司，它所部署的策略是可信度高且可執行的。良好的策略應該注意細節，少談願景。」而財務報表能提供形成策略或決策的有用量化資訊。葛斯納 1993 年上台後，針對市場、競爭對手及 IBM 本身，進行深入的分析思考，他發現 IBM 最根本的問題出在主機業務上。主要競爭對手運用開放系統的技術，可以自由進行軟體與硬體整合，價格又比 IBM 系統便宜了三到四成，嚴重侵蝕了 IBM 的主機市場。由於 IBM 的固定支出非常高，市場占有率的萎縮與銷售下滑，立刻造成 IBM 營運資金的枯竭。不少華爾街分析師甚至幸災樂禍地預測，IBM 一定會碰到資金周轉的問題。葛斯納讓經營團隊了解，IBM 需要現金甚於帳面上的獲利數字，終於使經營團隊看到自己的盲點，採取積極的降價政策，使主機產品的銷售量迅速回升。

資訊錯誤，讓美國中情局大擺烏龍

錯誤的資訊會釀成決策的大災難，美國的中央情報局（Central Intelligence Agency，簡稱 CIA）便提供了一個慘痛的教訓：

> 伊拉克正在重新啓動核武計畫，而其生化武器，不管在研發、製造及投射能力等各層面，都比第一次波斯灣戰爭時規模更大、技術更先進。

美國中情局在2002年的「國家情報預估」（National Intelligence Estimate）中做了以上的評估。因爲這個評估，2003年3月19日，美國總統布希以「解放伊拉克人民及拯救世界於重大危險」爲由，下令展開「伊拉克自由行動」（Operation Iraqi Freedom）。短短數週內，史無前例的猛烈炮火，轟擊伊拉克的巴格達、巴斯拉等大城。截至2007年5月底爲止，「伊拉克自由行動」中及後續的占領期間，美軍死亡人數達到3,478人，受傷人數超過25,000人，這不但超過「911」恐怖攻擊事件中造成的死亡人數（約2,977人），更堪稱是美軍在越戰後最慘重的傷亡紀錄。但是，伊拉克眞有大規模的毀滅性武器嗎？

2003年12月14日，海珊在伊拉克的提瑞特（Tikrit）被捕。幾個月後，布希尷尬地承認，聯軍於伊拉克進行地毯式的搜索後，並沒有發現大規模的毀滅性武器。2004年7月9日，美國參議院發表完整調查報告，指出中情局之所以犯下如此重大的情報誤判，主要是由於以下的偏見：

> 情報系統受害於「集體先入爲主的偏見」（collective presumption），一開始就認爲伊拉克擁有大量毀滅性武器。因爲這種「集體意見」（group think），使情報系統內不論是分析人員、情報蒐集人員，還是管理階層，都傾向將模稜兩可的證據，視爲支持先前假設的資訊，同時忽略與假設不符的證據。這種偏見之強烈，讓情報系統爲反制偏見及「集體意見」所建立的各種正式機制，皆未被採用。舉例來說，當中情局發現伊拉克進口一批材料，這些材料有可能用於軍事用途，也可能用在和平

用途，但中情局的情報系統幾乎毫不遲疑地推斷，伊拉克正偷偷地擴張軍備。

相同地，若企業決策建立在對事實的錯誤認知之上，或由於領導者強烈的個人信念，讓整個幕僚也產生錯誤的「集體意見」，一樣可能導致慘痛的經營或投資虧損。

財務報表是企業競爭的財務歷史

財務報表可看成是企業競爭的財務歷史，而歷史的功用絕不只是過去事蹟的紀錄而已。大史學家司馬遷（145 B.C. ～ 90 B.C.）爲「通曉歷史」的功用提出以下註解，深刻啓發我們看待財務報表的觀點。他認爲通曉歷史的目的在於「究天人之際，通古今之變，成一家之言」（〈報任少卿書〉），這裡將分成下列 3 點加以說明。

究天人之際

以財務報表的觀點來看，「究天人之際」不妨解釋爲：**一個企業的財務績效，受到外在大環境（天）及企業本身（人）互動的影響**。

對企業而言，外在大環境最重要的一環，往往就是**產業趨勢**。當某種產業大趨勢出現時，能掌握脈絡、與趨勢同步並進者才能勝出，否則會節節敗退。以攝影產業爲例，在膠片時代，美商柯達（Kodak）是當之無愧的霸主，它幾乎是膠捲和照片的代名詞。但是在數位時代來臨之後，柯達便陷入艱苦的策略與業務轉型期。從 2003 年迄今，柯達已裁員 2 萬

7,000 人，並關閉了部分工廠。爲了發展數位影像事業，柯達公司從 2003 年起每年砸下超過 5 億美元的研發經費，希望在數位相機、數位沖印、儲存科技及分享技術上能保持競爭力。

2005 年柯達的營收增加 6%，其中數位產品的營收增加 40%，超過原訂的 36% 的目標，而傳統攝影產品則衰退了 18%。特別值得注意的是，該年柯達的數字營收首度超過傳統營收，但是由於認列在策略轉型中資遣員工、關閉廠房作爲的巨額損失，柯達 2005 年發生高達 13 億 6,200 萬美元的虧損。遠在 1878 年，柯達創辦人喬治・伊士曼（George Eeastman）豪情萬丈地說：「您只要按下快門，我們負責其他一切。」但目前柯達的領導者必須通過數位攝影的技術革命，才能確保公司不因爲大環境的變遷而被淘汰。

又如許多大中華區企業，它們快速成長的動力，是建立在國際大型企業訂單之上，這就是所謂的「良禽擇木而棲」。至於他們的財務績效，絕大多數仰賴與釋放代工訂單者之間的互動關係。不過，這種關係也有「穩定」與「不穩定」之別。就穩定的合作關係來說，我們可拿上市公司億豐爲例。

億豐是美國最大 DIY 家用品零售商家居倉庫（Home Depot，大陸譯成家得寶）的窗簾供應廠商，由於它對家居倉庫交貨要求的少量多樣、高品質、低成本的嚴苛條件，已形成無可取代的地位，因此它的營業額由 1996 年的 17 億元，成長至 2006 年的 92 億元，同期間其獲利則由虧損 2 億元成長至獲利 13 億元。在這段時期，許多知名電子公司的市值腰斬再腰斬，但是億豐的市值卻成長 5 倍，只是由於其銷售過度依賴北美洲市場（約占總銷貨 80% 左右），加上其最大客戶家居倉庫，在 2000 年底到 2006 年底，股價下跌 8% 的影響下，億豐的市值也在 2004 年 9 月初達到 172 億元的高峰後，出現停滯，甚至微步下滑至 2007 年 5 月的 130 億元左右。然而，與大型國際公司之間不穩定的合作關係，也屢見不鮮。

⊙ 華通電腦痛失英特爾支持

華通電腦是英特爾 Pentium 晶片重要的印刷電路板供應商，曾經顯赫一時，並大舉針對英特爾的需求規格投資，卻沒辦法獲得 Pentium II 的訂單。整體營收雖然由 1996 年的新台幣 58 億元，一路成長至 2006 年的 230 億元，獲利卻由 1996 年的 12 億元，衰退爲 2004 年的虧損 30 億元，股價剩下不到全盛時期的 1/20。這種不穩定的關係，主因是華通無法突破自身技術瓶頸，最後失去了英特爾的支持。雖然華通後來轉向手機板市場發展，使得 2006 年的淨利回到 13 億元的水平，但現在的市值也不到原先的 1/8。

⊙ 力捷電腦遭蘋果電腦取消授權

除了製造掃描器的主要業務，力捷電腦（2003 年 1 月 1 日改名爲力廣科技）1996 年接獲蘋果電腦「麥金塔」OEM 大訂單後積極擴廠，營收因而連創新高。蘋果釋放外包訂單的初衷，是想降低硬體成本以吸引更多使用者。但是，後來的情勢發展出乎蘋果電腦預料。台灣 OEM 廠商生產的麥金塔，因爲質優價廉大爲暢銷，蘋果原廠高價位的機型，銷售時反而受到不利的影響。最後蘋果非常突兀地取消麥金塔 OEM 授權，力捷的業績便由 1996 年的 63 億元，衰退至 2006 年的 12 億 5,000 萬元；獲利也由 1996 年的 6 億元，衰退爲 2003 年的虧損5億元，直到2006年尚未能轉虧爲盈。力捷股價由全盛時期的接近300元，曾跌到只剩5塊多，現在的市值也由最高之560億元，一路降到現在的23億元，僅相當於當初的1/24不到。力捷雖然擁有優異的製造能力，最後卻無法形成與蘋果電腦雙贏的局面。

*

當一個經理人閱讀財務報表時，眼光絕不能只局限在自己公司的績效，必須同時檢視自己與大環境的關係。另一個大環境的觀察重點是企業與對手的相互競爭關係。舉例來說，當沃爾瑪的營收及獲利急速上升，同時期的Kmart卻兵敗如山倒。很明顯地，兩家公司績效的差異主要來自競爭力的強弱，不是產業趨勢或景氣循環的影響。又例如全球晶圓代工龍頭廠商台積電與第二名的聯電，它們的營收在2004年屢創歷史紀錄，股價卻始終沒有起色，原因是它們產業競爭之相對優勢有下滑的趨勢。根據半導體研究機構IC Insights的統計，台積電與聯電2002年的全球晶圓代工市場占有率爲88%，2006年下降到69%。台積電在2002年曾擁有全球晶圓代工62%的市占率，2006年市占率降到50%，壟斷的地位似乎已經動搖。經理人必須重視來自大環境的競爭力資訊，才能正確地解讀財務報表的數字。

通古今之變

關於「通古今之變」，我們不妨解釋爲：**一個企業要創造財務績效，不能固守過去的成功模式，必須要有高度的應變能力。**

歷史充斥著許多例子，告訴我們偉大的傳統如何敵不過無情的時代變遷。日本大導演黑澤明執導的《影武者》，為戰爭片的經典之作，它刻畫了日本戰國時期最悲壯的「長篠合戰」，提供了「通古今之變」深刻的教訓。

⊙「長篠合戰」的教訓

「長篠合戰」的交戰雙方是武田勝賴與織田信長，其中武田勝賴是武田信玄的兒子。武田信玄外號叫「甲斐之虎」，以《孫子兵法．軍爭篇》的「疾如風，徐如林，侵略如火，不動如山」為戰術思想主軸。他強調用兵攻擊的疾風驟起和防守的井然有序，都必須做到極致才能克敵致勝，因此成為當時最強大的軍閥之一，他所創建的騎兵更有「戰國無敵」的美譽。

然而，針對騎兵的弱點，織田信長早就做好準備。他架起三重防馬柵抵抗這支號稱「無堅不摧」的機動部隊，也在營寨裡布下了3,000名步槍手。當時日本仿製歐洲傳入的步槍在技術上還十分笨拙，不但裝彈費時，發射後還要等槍管冷卻才能再度使用。

織田信長以有效地使用「三連擊」戰術著稱，他將火槍手分為3隊，第一隊射擊完畢後撤退，換第2隊射擊，依此類推，這樣可以在特定的時間內連續射擊3次。

1575年5月21日清晨，武田勝賴的騎兵衝向織田信長的營寨，在營寨前就先被防馬柵擋住了，這時織田信長的火槍手開始放槍。在三排槍放過之後，武田勝賴的騎兵或死或傷，一片大亂。與武田信玄征戰數十年、「老兵不死」的諸多名將，在前後長達10個小時的激戰中，大都壯烈慘死。武田勝賴逃回大本營甲斐時，1 萬 5,000 名兵士只剩下 3,000 名，損失率高達 80%，武田家族也從此一蹶不振，最後被織田信長徹底殲滅。這場戰役提供了企業最深刻的啓示——舊時代的技術或商業模式，若不能隨時更新，在新時代的競爭中會遭受致命的危險。

如果把中國皇朝比喻成企業，清朝皇帝便算是歷代平均專業水準最高的「執行長」了。清朝皇帝每天約 5 點起床，7 點之前的重頭戲是「早讀」，早讀的內容是前朝皇帝的聖訓與實錄。聖訓是前朝皇帝告誡臣子的詔令與語錄；實錄則是歷代皇帝統治天下的編年大事記。康熙以好學著稱，除了早讀之外，還有晚讀；乾隆曾自述他每天虔誠地讀一遍實錄，緬懷祖先創業治國的艱難。可見清朝的「執行長」們，比之前任何一朝皇帝都重視歷史教育。不過，純粹依賴過去的歷史經驗顯然不夠。1796 年，乾隆在回覆英皇喬治三世（King George III）要求增加貿易的詔書中，傲慢地說：「我先朝物產豐盈，無所不有，原不藉外來貨物，以通有無。」儘管乾隆自認中國地大物博，同時期歐洲科技及社會組織的快速變革，帶來顛覆過去歷史的進步幅度，最終還是把清朝的競爭力比了下去。

*

柯林斯在《從 A 到 A⁺》一書中指出，在企業的經營上，輝煌的過去常是企業進步的最大敵人。400 多年前，武田信玄就主張戰爭的勝利以「五成」爲上，「七成」爲中，「十成」爲下。這個論點聽來不合常理，但是武田信玄認爲，五成的勝利最能鼓舞將士繼續努力，七成的勝利會帶來麻痺鬆懈，十成的勝利則帶來驕傲自滿，對組織最為危險。

財務報表分析中常有所謂的「績優股」，它背後隱含了一個假設：過去財務績效良好的公司，未來績效良好的可能性會比較高。這個推斷雖然有它的道理，但我們也看到許多反例，尤其以台灣股王（每股股價最高）的後續發展最值得警惕。部分的股王因成長瓶頸或策略錯誤，在短短數年內淪落為「雞蛋」股（指股價低於4元）。例如衛道科技的獲利由2000年的3億元，衰退為2004年的虧損11億元，至2006年底仍是處於虧損狀態，它的股價曾一度每股超過300元；訊碟的獲利也由2000年的10億元，衰退為2004年的虧損119億元，2006年底方才重新出現年度獲利3,900萬元，訊碟股價最高每股曾超過500元。

另外，曾經創造出了中國大陸股市中的多個「第一」（如「中華珠寶第一股」、「陝西第一家民營上市公司」）的西安達爾曼實業有限公司，在1996年上市後，股價一度被瘋狂炒作到每股50多元人民幣，2004年該公司以0.96元收盤，成為了大陸股市開業以來的第一隻股價跌破面值的「毛股」（也稱「仙股」），於2005年因無法披露定期報告，被上海證券交易所依法終止上市。

在台灣的上市上櫃公司中，80%以上是股本20至30億元以下的中小企業，而中國大陸的上市上櫃公司（A股與B股）中，80%以上是股本20至30萬元人民幣的中小企業，一般而言，它們的榮景都無法超過三年。至於新上市或上櫃的公司，無論是在國際、台灣、還是在中國的經驗顯示，其經營績效大都遠遜於未上市、上櫃前的表現。能否由過去的歷史數據預測未來的財務績效，的確是一大挑戰。對經理人而言，由財務報表了解過去與未來績效可能的「不連續性」，將是對自己最大的警惕。

成一家之言

至於「成一家之言」，不妨解釋爲：**企業經理人即使面對同樣的資訊，往往也會做出不同的判斷**。我在這裡先和讀者分享一個有趣的故事。

> 大學同窗好友阿新，與夫婿在美國洛杉磯經營相當成功的航運生意。因爲工作太緊張，阿新有長期便秘的毛病，幾年前更曾惡化到一星期無法如廁，必須送當地醫院急診治療。在照過X光後，美國醫師指著上段粗、下段窄的X光大腸影像，對阿新說：「妳這下半段大腸萎縮掉了，無法正常蠕動，導致妳失去排便功能。」於是安排她半個月後動手術治療。
>
> 阿新心想，這個毛病再拖半個月，她豈不是嗚呼哀哉了？二話不說，她買了一張機票返回台灣，下飛機後直奔林口長庚醫院檢查。在照過X光之後，長庚的醫師指著上段粗、下段窄的X光大腸影像，對阿新說：「你上半段的大腸鬆弛肥大，無法正常蠕動，導致妳失去排便功能。」醫師安排她次日動手術，第二天醫生把肚子劃開後，證實是大腸肥大，不是大腸萎縮。
>
> 順利完成肥大部分的大腸切除手術後，阿新躺在病床上，笑著對我們這些來訪的老朋友說：「幸好我的手術不是美國醫師、台灣醫師一起聯合會診，否則一個醫師割掉我下半段的大腸，一個醫師割掉我上半段的

大腸，我豈不成了沒有大腸的女人！」明明是同樣的X光片，醫生卻可以做出「腸萎縮」與「腸肥大」兩種完全不同的診斷！

類推到商業決策，高階經理人看到同樣的市場及財務資訊，往往會「成一家之言」，做出很不相同的解釋。2001年4月，台積電張忠謀董事長在電子業景氣混沌不明時，率先提出令人振奮的消息——他看到春天的第一隻燕子，科技產業景氣有溫和回升的跡象。幾個月以後，鴻海郭台銘董事長提出對這隻燕子的另一種看法——牠是一隻秋天的迷途孤燕，更嚴峻的冬天還在後頭。不論「春燕說」或「孤燕說」，都代表「成一家之言」的高難度。

就財務報表的觀點來看，「成一家之言」提示了獨立思考的重要性。企業必須與外在環境互動，但企業過去的財務績效與未來的財務績效，又不見得有穩定的關係，這些都使經理人、財務分析師及其他財務報表使用者，必須謙卑地面對一個事實——同一組財務數字，可能引發完全相反的解讀。例如自本書第4章起，讀者將看到沃爾瑪和戴爾的部分財務比率，乍看之下像是快發生財務危機，事實上卻反映了它們強大的競爭力。

此外，「成一家之言」也代表更高層次的思考。希臘哲學家柏拉圖（Plato）對此有精闢的看法：「最低層次的思考，是對事物的知覺；最高層次的思考，是能將所有事物都看成是系統之一部分的完整直覺」。以柏拉圖的標準，財務報表分析的最低層次思考，是找到公司營收、獲利、資產、負債等各種財務數字，並能計算相關的財務比率。至於最高層次的思考，則是了解各種財務數字產生的原因，預測它們未來的發展趨勢，並清楚企業在整個經濟體系中的定位。

資本市場「預期」的強大力量

在現代的資本市場中，不用等到正式的財務報表出爐，投資人或財務分析師就會利用各種資訊，形成對公司未來財務情況的「預期」，進而改變資源分配。2001 年 911 事件發生後，紐約證券交易所停止交易 4 天，重新開盤後各大類股普遍重挫，尤其以觀光、旅遊、保險、金融、航空等產業股價下跌最爲嚴重。在一片悲觀的氣氛下，國防、石油、大型製藥、保全、視訊會議軟硬體相關的股票卻逆勢大漲，其中盡覽科技（InVision Technologies Inc.）更是注意的焦點。

盡覽科技成立於 1990 年，爲小型公司，製造專門辨識複雜炸藥裝置的掃描器，是各大機場安全辨認設備的首選。911 攻擊事件後重新開盤，盡覽科技上漲了 165.3%，是那斯達克市場當日漲幅最大的公司。在紐約證交所漲幅最大的股票則是阿莫爾控股公司（Armor Holdings Inc.），該公司製造防彈背心，也提供保全服務，2001 年 9 月 17 日當天揚升了 39.3%。在美國證交所掛牌的機場保全類股 ICTS 國際公司（ICTS International），股價則上漲 113.3%。有趣的是，寶來康公司（Polycom Worldwide）因主要業務是提供國際視訊會議的設備系統，也上漲了 33.3%，顯示市場認爲恐怖攻擊將帶來視訊會議更大的商機。

以上這些決策，是根據有限資訊立即進行的，我們稱之爲「**預期的力量**」。財務報表雖不是當下決策的重心，事後卻是修正預期的要角。有時候，我們不得不佩服市場的眼光。911 事件後開盤漲幅最大的盡覽科技，後來果眞有驚人成長。它的營收由 2001 年的 7,400 萬美元，成長到 2002 年的 4 億 4,000 萬美元，成長幅度約爲 6 倍；同期獲利則由 750 萬美元成長到 7,800 萬美元，足足有 10 倍之多。如果某個投資人的運氣很好，在 911 事件前一天以開盤價買進盡覽科技的股票，到 2004 年年底，他的投資總共有 15 倍的回收，顯然 911 後，資本市場仍低估了盡覽科技的潛力。訂單始終暢旺的盡覽科技，2004 年被奇異公司以 9 億美元現金購併了。

然而，市場對 911 後視訊會議市場的樂觀預期並未實現。寶來康的營收雖然在 2002 年有 27% 的成長，在經濟不景氣與對手的強大競爭壓力下，獲利反而較 2000 年衰退了 28%（2001 年更是出現虧損），直到 2004 年底，年度獲利情況都未能超越 2000 年之水準，但在 2005 及 2006 年度後，寶來康的獲利終於出現大幅成長，也讓其市值從 2001 年 12.6 億美金，上升到 2007 年的 29.7 億美金。ICTS 國際公司雖在 911 後股價一度大漲 1 倍多，來到 11.5 美元的價位，後續的業績遠遠不如預期，2004 年年底股價下跌至 1.3 美元。由於 ICTS 公開流通的股票市場價值不到 500 萬美元，目前已遭那斯達克市場除名下市。可見資本市場再樂觀的預期，仍仰賴財務數字的修正。

*

資本市場因預期並未實現而修正股價的力量，往往來得又快又猛。2005 年 1 月 19 日，電子商務龍頭公司電子海灣（eBay）宣布第 4 季每股獲利爲 0.3 美元（相當於 2 億 500

萬美元），比前一年同期成長了44%。這個成績看起來不錯，只比華爾街分析師預期的0.34美元少了4美分，卻引發了11.7%的跌幅（12.07美元），在一個交易日內，電子海灣的總市場價值損失了78億美元。儘管有如此高的跌幅，電子海灣的市場價值是它當年獲利金額的98倍。相對而言，微軟的市場價值是它當年獲利的35倍。可見資本市場對電子海灣的期望極高，因此失望也很大。

此外，經理人最應謹慎的是預期有「自我實現」（self-fulfilling）的力量。例如謠言指出某公司發生財務問題，銀行爲了保本，立刻收縮對該公司的信用；供應商看到銀行的大動作，也引發恐慌，要求該公司必須以現金提貨，這就造成公司現金的不足。因爲無足夠現金買進熱門產品或關鍵零組件，又造成公司營收衰退。消費者則因擔心該公司可能倒閉，以後無法提供可靠的售後服務，於是停止購買該公司產品。一連串事件所造成的惡性循環，最後眞的可能使該公司因周轉不靈而倒閉。

在資本市場的交易中，由於「未來的預期」扮演了重要角色，因此公司股價的波動往往十分劇烈。剛進入資本市場的上市或上櫃公司，經常陷入「股價的迷思」。曾擔任全美第5大個人電腦公司AST執行長的奎瑞謝（Safi Qureshey），1991年爲《哈佛商業評論》（*Harvard Business Review*）撰寫專文，生動地描寫公司上市後管理團隊如何因股價高漲而雀躍，又如何因業績達不到華爾街的預期、股價慘跌而徬徨終日，嚴重影響內部士氣與正常營運。經過一番痛苦掙扎後，奎瑞謝才學會以「平常心」看待資本市場的「預期」，不使它扭曲經理人的專業判斷。

會計數字的結構

財務報表是由一個個會計數字所組成，而會計數字可以從「投資人」與「經理階層」這兩種觀點來解析。

投資人觀點

每個會計數字由投資人觀點可解析如下：

會計數字＝經濟實質＋衡量誤差＋人為操縱

「經濟實質」指的是能協助財務報表使用者，認知企業真實財務狀況的數字，例如企業的獲利能力、償債能力等。

「衡量誤差」是指因會計觀念、規則限制，加上決策者資訊不足，導致估計的會計數字偏離經濟實質的部分。例如：

- 因誤判債務人的財務狀況，高估或低估應收帳款所可能造成的倒帳損失。
- 因誤判市場供需趨勢，高估或低估存貨所可能造成的存貨跌價損失。
- 因市場競爭變動劇烈，高估或低估營收變動對獲利預測所造成的影響。

至於「人爲操縱」，指的是財務報表編製者刻意隱瞞或扭曲資訊，導致會計數字偏離經濟實質的部分。例如：

- 明知債務人已瀕臨破產，仍不提列因應收帳款不保所造成的壞帳費用。
- 明知存貨無法銷售、失去價值，仍不提列足夠的存貨跌價損失。
- 明知產品價格即將將暴跌，仍向外宣稱對未來財務預測保持樂觀。

人為操縱是有意的資訊誤導，是人類溝通時常見的行為，並不局限於扭曲財務報表而已。《史記》曾記載，春秋時代的孫臏，命令齊國軍隊與魏國軍隊交戰撤退時，刻意減少造飯鍋的數目，使追擊的龐涓誤以為齊軍軍心渙散、人數因不斷逃亡而減少。龐涓被這些刻意扭曲的資訊誤導，下令魏國軍隊持續追擊，終於死於孫臏精心設計的萬箭穿心計謀之下。

又如 1991 年的第 1 次波斯灣戰爭，聯軍指揮官蕭茲柯夫（Norman Schwarzkopf）將軍下令軍隊營造由科威特搶灘、正面攻擊伊拉克守軍的假象，同時秘密派遣 20 多萬美英聯軍，繞過科威特，以閃電的行軍速度進入伊拉克境內，發動奇襲。這次戰役稱為「沙漠風暴行動」（Operation Desert Storm），在 100 小時內結束，美軍大獲全勝，僅陣亡 156 人。這些都是人類在競爭情境裡，刻意向對手散發扭曲資訊的實例。在資本市場中，這類的行為也屢見不鮮（請參閱第 9 章及第 11 章）。

一般而言，企業操縱會計數字最常見的是虛增盈餘數字，用來炒作股價或獲取銀行融資。不過，部分非營利組織（如財團法人醫院）卻可能刻意調低獲利，以避免管制當局（如健保局）干涉，或社會輿論的攻擊。企業也有刻意調低獲利的舉動，動機可能是新經營團隊爲了區隔與舊團隊間的責任歸屬，進行一次性的損失認列。當然，有些企業之所以故意壓低獲利，是想給人造成該產業不易賺錢的印象，以避免新競爭者加入。

管理階層觀點

同樣的會計數字，自經理人觀點可做另一種解析：

會計數字＝管理階層預期的會計數字＋執行力落差＋人為操縱

企業內部通常透過預算編列，產生一系列的預期會計數字，並對外宣布（例如本年度獲利目標爲10億元）。若執行力出了問題，實際獲利低於預期（例如獲利只達到6億元），則產生執行力落差負4億元。

假設該公司透過不當的會計方法，創造了4億元的獲利（這就是人爲操縱），投資人最後看到的會計數字便是10億元。然而，這個數字顯然會引導投資人做出錯誤決策。習慣以人爲操縱來掩飾執行力落差的公司，終究會失去競爭力。

蒙住眼睛，要能操控你的飛行器

在2004年台大EMBA的跨年晚會中，我和傅慰孤將軍又聊起了儀表板的問題。我問他，飛行中什麼時候儀表板不是那麼重要？傅將軍想了一下，他強調現在飛機愈來愈精密，飛行員反而沒辦法直接感受飛行的各種參數（例如速度），儀表板便成為不可或缺的輔助工具。如果硬要找出例外，他回答：「當晴空萬里、視線良好的時候，飛行員可以利用目視飛行，不必太依賴儀表板；或是當幾個相關儀表板顯示互相矛盾的訊號、儀表板疑似故障之時，飛行員也不可迷信儀表板。」

最後，我忍不住問他，飛行中是否遭遇過性命交關的時刻。傅將軍點點頭，表示甚至還碰過與僚機相撞的危急情形。他之所以能化險為夷，最重要的關鍵是他對危機處理程序滾瓜爛熟的程度，甚至超過對一般飛行操作程序的熟悉。一般而言，發現飛機出問題到排除障礙或決定跳傘，戰鬥機飛行員大概只有 3 分鐘的反應時間。因此在空軍飛行員的訓練中，有一部分是蒙住他們的眼睛，要求他們憑藉著反射動作，操作遭遇危險時控制飛機或緊急逃生的各種按鈕及程序。傅將軍笑著說：「飛 F104 超過 1,000 小時還能活著的人，在我們這一行，算是運氣很好的！」

望著傅將軍高大的身影，我頗有所感。我相信「好運」恐怕是太客氣的說法，好的管理和紀律，才是傅將軍存活和成功的眞正原因。如果把一位優秀的經理人比作一個傑出的飛行員，那麼他必須練就的管理本事，至少應該有下列幾種：

1. 在營運過程中，學會看懂具有攸關性的各種儀表板。
2. 當儀表板顯示互相衝突的訊號時，學會診斷發生什麼事、哪個儀表板的資訊比較可靠。當損益表的營收及獲利快速成長，但現金流量表的營運活動現金卻快速流失，到底要相信哪一個訊號呢？（對於這一點，第 6

章將有詳細的說明。）

3. 當管理危機出現、儀表板一片大亂時，必須學會蒙著眼睛、不依賴儀表板等較為落後的訊號，就能順利地引導企業化險為夷。突然發生911恐怖攻擊、爆發SARS傳染病疫情，或因不實謠言使銀行突然凍結融資額度等，這些都可能使客戶急速地取消訂單，或讓現金流量立刻萎縮。平時做好危機訓練，才能對抗各種突發危機。

接下來，讓我們正式研究企業的第1面儀表板——資產負債表！

【參考資料】

❶路．葛斯納（Louis Gerstner），2002，《誰說大象不會跳舞》（*Who Says Elephants Can't Dance*）。羅耀宗譯。台北：時報出版。

❷ Qureshey, Safi U., 1991, "How I Learned to Live with Wall Street." *Harvard Business Review*, 69（3）: 46-50.

❸ Schwartzkopf, Norman and Peter Petre, 1992, *It Doesn't Take A Hero*, A Bantam Book.

2 招式篇

第 4 章

學習威尼斯商人的智慧與嚴謹——資產負債表的原理與應用

如果出生在400多年後的今天，英國大文豪莎士比亞（William Shakespeare, 1564～1616）應該也會是位傑出的企管暢銷書作家。在他著名的喜劇《威尼斯商人》（*The Merchant of Venice*）中，透過莎翁活靈活現地描寫，商人憂心資產價值縮水的忐忑不安、他們對資金融通的需求，在劇中一覽無遺。現在，讓我們一起欣賞莎翁《威尼斯商人》第一幕所隱藏的管理智慧。

> 薩拉里諾（年輕的商人）:「吹涼我的粥的一口氣，也會吹痛我的心，只要我想到海面的一陣暴風將造成怎樣一場災禍。我一看見沙漏的時計，就想起海邊的沙灘，彷彿看見我那艘滿載貨物的商船倒插在沙裡，船底朝天，它那高高的桅檣吻著它的葬身之地。要是我到教堂去，看見那石塊築成的神聖殿堂，我怎麼會不立刻想起那些危險的礁石，它們只要略微碰一碰我那艘好船的船舷，就會把滿船的香料傾瀉在水裡，讓洶湧的波濤披戴著我的綢緞綾羅。方才還是價值連城的，轉瞬間盡歸烏有。」

劉老師提醒您：對投資人和企業的經理人而言，難以捉摸的景氣與劇烈的競爭，對資產價值的殺傷力，恐怕不下於海面上無情的風暴，或是淺灘上的礁石！

安東尼奧（年長的商人）：「我買賣的成敗並不完全寄託在一艘船上，更不倚賴著一處地方；我的全部財產，也不會因爲這一年的盈虧而受到影響，所以我的貨物並不能使我憂愁。」

劉老師提醒您：這傢伙顯然做了點分散風險的工作，而且他的財務實力也經得起可能的損失。

投資人則要提醒自己：這家公司是不是把成敗「寄託在一艘船上」？

講究義氣的安東尼奧，一心想出錢幫助好友薩拉里諾，追求一位名叫鮑希雅的富家千金，但問題是……

安東尼奧：「你知道我的全部財產都在海上。我現在既沒有錢，也沒有可以變換現款的貨物。所以我們還是去試一試我的信用，看它在威尼斯城裡有些什麼效力吧！我一定憑著我這一點面子，能借多少就借多少！」

劉老師提醒您：光有財產而沒有足夠的現金，還是會周轉不靈的！於是他找上威尼斯當地最有錢、卻一直飽受歧視的猶太籍銀行家夏洛克。

夏洛克（銀行家）：「啊，不，不，不，不！我說安東尼奧是個好人，我的意思是說，他是個有身價的人。可是他的財產還有些問題，他有一艘商船開到特生坡利斯，另外一艘開到西印度群島，我在交易所裡還聽人說起，他有第三艘船在墨西哥，第四艘到英國去了，此外還有遍布在海外各國的買賣。可是船不過是幾塊木板釘起來的東西，水手也不過是些血肉之軀。岸上有旱老鼠，水裡也有水老鼠；有陸地的強盜，也有海上的強盜，還有風波礁石各種危險。」

劉老師提醒您：看來，要當個稱職的銀行家，對潛在客戶的經營現況，還眞要下點功夫。在夏洛克眼裡，所謂的資產都充滿了風險。最後，他們談成了一筆 3,000 元的借款。爲了報復過去被安東尼奧歧視的羞辱，夏洛克要求訂定如下契約：當安東尼奧無法如期還款時，夏洛克可以割下他身上任何部位的一磅肉！這項條件看起來滿殘酷的，但是現在的資本市場難道會比夏洛克更仁慈？當企業傳出可能有財務危機的消息時，不論是否屬實，這個公司被銀行全面抽銀根的狀況，其影響絕對不下於一場暴風雨，經理人消瘦的也絕對不止一磅肉！企業經營失敗經理人會失業，但背後的股東（投資人）卻可能輸掉所有家當（資產）。

*

400 多年來，爲應付如威尼斯商人面臨的資產與負債管理問題，我們仰賴所謂的「資產負債表」，也就是企業的財務狀況表。本章首先介紹資產負債表的基本原理和觀念，其次以沃爾瑪 2007 年的資產負債表爲例，說明常見會計科目的定義。接著以沃爾瑪相對於 Kmart、戴爾相對於惠普的部分財務比率，說明資產負債表與競爭力衡量的關係。其他重要、但未出現在沃爾瑪報表中的資產及負債項目也將一併說明。最後，筆者將以大陸兩大製酒公司貴州茅台和五糧液爲例子，介紹大陸企業資產負債表的特性。

資產負債表的基本原理

資產負債表表達的是某經濟個體（entity）在某特定時點的財務狀況。經濟個體指的是組織或組織的某一部分，它是可以獨立衡量其經濟行爲的單位。就會計的概念來說，公司被視爲一個與股東分離的經濟個體，它有能力擁有資源及承擔義務。由於將公司與出資股東視爲兩個不同的個體，股東個人所積欠的債務與該公司毫無關係。資產負債表的基本架構即是有名的「會計方程式」（accounting equation）：

資產＝負債＋股東權益

下面簡單定義會計方程式的名詞：

⊙ 資產（**assets**）

指的是爲公司所擁有、能創造未來現金流入或減少未來現金流出的經濟資源。創造未來現金流入：例如現金（能取得利息）、存貨（能透過銷售得到現金）、土地（能得到租金）、設備（能製造貨品以供銷售）。減少未來現金流出：例如預付房租、保險費等各種預付項目，由於已預先付清，未來可享受居住服務及保險保障，不必再付出現金。

在會計學的範疇裡，資產的定義和日常用語往往大不相同。例如我們常聽見這樣的陳述：員工是公司最重要的資產。以會計學的角度而言，資產必須是公司擁有且可以在市場上出售者，因此員工不是公司的資產。

⊙負債（liabilities）

指的是公司對外在其他組織所承受的經濟負擔，例如應付帳款、應付薪資、銀行借款等。負債也包括部分的估計值，例如公司必須估計法律訴訟案所造成的可能損失。

⊙股東權益（shareholders' equity）

指的是資產扣除負債後，公司全體股東所剩餘的利益，又稱爲「淨資產」或「帳面淨值」。

上述的會計方程式其實是個恆等式（identity），因爲它是公司資金來源與資金用途一體兩面的表達。

會計方程式右手邊

代表資金的**來源**（source of fund）。資金的來源可能是負債或股東權益，負債與股東權益的相對比率一般稱爲「財務結構」。負債愈多，財務壓力愈大，愈可能面臨倒閉的風險。反之，部分公司可能會選擇完全沒有長期借款（但仍有短期借款），一般稱這種公司爲「零負債公司」。

會計方程式左手邊

代表資金的**用途**（use of fund）。資金可以用各種形式的資產擁有，例如現金、存貨、應收款、土地等。按照威尼斯會計表達的傳統，資產負債表常把資產按照流動性，也就是轉化成現金的速度快慢和可能性高低來排序，將流動性較高的資產排在前面。

*

資金來源與資金用途間有著密切的關係。例如人壽保險公司的主要資金來源是保險客戶繳交的保費（屬於公司的負債），若是經營良好的保險公司，客戶續約率都在八成以上，因此客戶一旦購買保險合約，就等於提供了公司長期穩定的資金來源。由於擁有長期穩定的資金，人壽保險公司可以大量購買不動產進行長期投資，沒有短期變現的壓力。一般而言，較不好的資金搭配方式，是短期的資金來源投資在中長期才能回收的資產上（所謂的「以短支長」），這樣容易造成周轉失靈。

爲了反應資金來源和用途之間的恆等關係，了解每一項經濟活動的來龍去脈，我們一般使用「複式記帳法」來記錄經濟業務內容，進行會計核算。

西方的經濟學家及社會學家，經常稱讚「複式會計」協助經理人進行理性的商業決策，是歐洲資本主義興起的重要功臣。所謂的複式會計，是指一個交易會同時影響兩個或兩個以上的會計科目，因此必須同時以相等的金額加以記錄。關於複式會計的運作，可用會計方程式簡單說明如下：

- 若企業向銀行借款 100 萬元，則該企業資產中的現金增加 100 萬，而負債也同時增加 100 萬，會計方程式左右兩邊保持平衡。

- 若企業透過現金增資取得 100 萬元，則其資產中的現金增加 100 萬，而股東權益也同時增加 100 萬，會計方程式左右兩邊仍保持平衡。
- 若企業回收客戶欠款 100 萬元，則其資產中的現金增加 100 萬，應收帳款則減少 100 萬。由於會計方程式左手邊同時增加及減少 100 萬，因此仍然保持平衡。
- 若企業的債權人同意將該企業的欠款 100 萬元取消，改成是對該企業的投資，企業的股東權益便增加 100 萬，負債則減少了 100 萬。由於會計方程式右手邊同時增加及減少 100 萬，因此仍然保持平衡。

這種記錄商業交易的設計，除了能忠實表達資金來源及去處的恆等關係，也創造了相互勾稽的可能性。倘若企業做假帳，謊稱回收一筆應收帳款，為了保持會計方程式的平衡，也必須同時做假，創造一筆同額的現金或其他資產。必須做假的範圍因複式會計的設計而擴大，因此增加被檢測出來的機會。

看世界第一零售商巨人沃爾瑪的資產負債表

介紹了資產負債表的基本原理後，以下將以全球零售業龍頭沃爾瑪的資產負債表為釋例（已經過簡化，請參閱表 4-1），來分析相關的會計科目。以沃爾瑪為釋例的優點有二：

1. 沃爾瑪的策略單純，因此財務報表也相對簡單。

表 4-1　沃爾瑪合併資產負債表

單位：百萬美元

1月31日	2007		2006	
資產				
流動資產				
現金及約當現金	$7,373	5%	$6,193	4%
應收款	2,840	2%	2,575	2%
存貨	33,685	22%	31,910	23%
預付費用及其他	2,690	2%	3,147	2%
總流動資產	46,588	31%	43,825	32%
土地、廠房與設備（按成本計算）	109,798	73%	95,537	69%
減累積折舊	24,408	16%	20,937	15%
土地、廠房與設備（淨額）	85,390	56%	74,600	54%
資本租賃下財產	5,392	4%	5,392	4%
減累積攤提	2,342	2%	2,127	2%
資本租賃下之財產淨額	3,050	2%	3,265	2%
其他資產				
商譽	13,759	9%	12,097	9%
其他資產	2,406	2%	4,400	3%
總資產	$151,193	100%	$138,187	100%
負債與股東權益				
流動負債				
商業本票	$2,570	2%	$3,754	3%
應付帳款	28,090	19%	25,101	18%
應計負債	14,675	10%	13,274	10%
應付所得稅	706	0%	1,340	1%
一年內到期之長期負債	5,713	4%	5,356	4%
總流動負債	51,754	34%	48,825	35%
長期負債	27,222	18%	26,558	19%
長期資本租賃負債	3,513	2%	3,667	3%
遞延所得稅負債	4,971	3%	4,501	3%
少數股權權益	2,160	1%	1,465	1%
股東權益				
普通股股本（票面值0.1美元）	413	0%	417	0%
溢價	2,834	2%	2,596	2%
保留盈餘	55,818	37%	49,105	36%
其他調整項目	2,508	2%	1,053	1%
總股東權益	61,573	41%	53,171	38%
總負債與股東權益	$151,193	100%	138,187	100%

2. 透過對其財務報表的解析，沃爾瑪的管理活動能提供我們許多經營智慧。

與沃爾瑪資產負債表相關的名詞解釋如下：

⊙ 經濟個體（**entity**）

這份資產負債表所表達的經濟個體，是沃爾瑪與它持股超過 50% 的子公司（subsidiary）之財務情況，因此稱為合併資產負債表（consolidated balance sheets）。這種合併的表達方法，彰顯會計學著重經濟實質（economic substance）而不重視法律形式（legal form）的特性。就法律觀點而言，每個子公司各自成為一個獨立的法人，但因為它們與母公司經濟活動的密切關係，會計學要求將它們合併在一起表達。一般來說，合併財務報表的編製，能防止企業把營運的虧損及負債隱藏在其他沒有合併的受控制公司中（可能是實質控制，而不是股權控制），對增加財務報表的透明度非常重要。

⊙ 貨幣單位評價慣例（**monetary unit**）

財務報表是以貨幣作為衡量與記錄的單位，例如沃爾瑪的資產及負債等項目，一律以百萬美元為單位。

⊙ 時間特性（**timing**）

一般公司資產負債表選擇的時點，通常是每年的 12 月 31 日。但是，沃爾瑪資產負債表選擇的時點為 1 月 31 日。沃爾瑪之所以這麼做，主要目的是欲結算耶誕節與新年促銷活動後的財務情況，因為這些促銷活動是美國零售業每年旺季銷售表現的重頭戲。戴爾的資產負債表截止日則每年不同：2004 年是 1 月 30 日；2005 年是 1 月 28 日；2006 年則是 2 月 3 日。主因是戴爾選擇次年的第四個星期五爲報表截止日期，以便於週薪決算。

以下將就沃爾瑪資產負債表的各個會計科目，依出現順序加以說明。

資產部分

⊙ 流動資產（current assets）

通常是指一年內能轉換成現金的資產。按照慣例，流動性愈高的資產排在愈前面。

⊙ 現金及約當現金（cash and cash equivalent）

除了銀行存款外，沃爾瑪把預期 7 天內可收到的顧客信用款、刷卡款金額也列入現金項目，通常沃爾瑪在 2 天內可由信用卡消費中取得現金。此外，3 個月內到期的短期投資（如美國國庫券）也包含在約當現金中。財務報表所指的現金及約當現金，與一般認知的現金不同，具備高度流動性及安全性的資產才能列爲現金及約當現金。2007 年，沃爾瑪的現金約有 73 億 7,300 萬美元，占總資產 5% 左右。

⊙ 應收款（receivables）

包括沃爾瑪顧客刷卡超過 7 天以上才能取款的部分，以及與其他供應商往來之應收帳款。2007 年，沃爾瑪的應收款約有 28 億 4,000 萬美元，只占總資產的 2% 左右。

在應收款科目下，一般公司還有所謂的「備抵呆帳」（allowance for uncollectable accounts）科目。備抵呆帳通常是用來抵銷應收帳款（accounts receivable）及應收票據（notes receivable）的金額。備抵呆帳的功能是反映資產成為壞帳的風險程度，通常由管理階層提出預估數字，經過會計師查核後確定。

例如某公司在編製財務報表時，共計有應收帳款 10 億

劉教授提醒你

關於備抵呆帳，應注意的事項如下：

1. **應收款的集中度**：若應收款集中在少數客戶，只要任一個客戶出現倒帳問題，對公司財務的影響都很嚴重。因此，必須逐一檢視重要客戶的還款能力。若應收款的分散度大（如銀行信用卡業務之應收款），則可利用統計方法估算備抵呆帳之合理金額。

2. **備抵呆帳金額之可靠性**：由於信用風險的評估具有主觀性，管理階層願意承認多少金額的備抵金額，往往存在操控的空間。但投資人可以通過比較同一產業其他公司提列壞賬準備的程度，間接來評判該公司估計的合理性。舉例來說，如果你是一家國際商業銀行的總經理，在 2003 年美伊戰爭前伊拉克政府向你的銀行借了 100 億美元，如果你判斷戰後的伊拉克只能償還 70 億的貸款，那麼壞賬準備的金額就是 30 億。但這個數字十分主觀，很難評估其合理性。想知道伊拉克目前對償還外債的態度嗎？第 8 章進一步告訴您。

元，評估往來廠商的財務情況後，認爲可能約有 1 億元無法回收，因此備抵呆帳認列 1 億元，公司應收帳款之淨額則爲 9 億元。沃爾瑪的資產負債表並沒有備抵呆帳科目，這不代表沃爾瑪完全沒有壞帳的問題，而是因爲壞帳金額很小，對評估沃爾瑪資產品質的重要性不高，沒有必要將應收款及備抵呆帳分開表達，直接顯示應收款淨額即可，這種做法就是採用所謂的「**重要性原則**」（materiality concept）。

⊙ 存貨（**inventory**）

指沃爾瑪準備用來銷售的商品庫存，是沃爾瑪流動資產中重要性最大的項目，2007 年的存貨金額高達約 337 億美元，占總資產的 22% 左右。沃爾瑪的存貨主要以「**後進先出法**」（Last in First out，簡稱 LIFO）計算，這種方法假設最後購買的存貨會最先銷售出去，因此仍列在帳上的存貨是較早期貨品的進貨價格。例如 A 公司週一至週三每天進貨小家電 1 台，成本各爲 30 元、40 元及 50 元，週四若銷售該小家電 1 台，則存貨只剩下 2 台。在週五結帳日時，如果按照後進先出法計算，假設賣掉週三的進貨，所剩的存貨價值便是週一的進貨 30 元加上週二的進貨 40 元，則報表上的存貨價值爲 70 元。

若按照「**先進先出法**」（First in First out，簡稱 FIFO）計算，假設最先買進來的存貨最先售出，則存貨價值爲 90 元。換句話說，我們假設週一的存貨先賣掉，剩下的存貨價值爲週二的進貨 40 元加上週三的進貨 50 元。台灣大部分的公司採用「**平均成本法**」，以上例而言，週一到週三採購的單位平均成本爲 40 元，因此剩下的 2 台小家電帳上存貨價值應爲 80

元（40×2）。不同的存貨計價方法，不僅影響存貨價值的表達，也會進一步影響獲利數字。關於這一點，將於第 5 章進一步說明。

進行沃爾瑪的存貨評價時，如果市場價值已低於當初進貨成本，必須選擇以較低的市價來表達存貨價值；相對地，如果市場價值高於進貨成本，則必須選擇以進貨成本來表達存貨價值，不得認列存貨增值的利益。這種會計處理方法稱為「**成本與市價孰低法**」（lower of cost or market），目的是讓存貨的評價盡可能保守、避免高估，以符合會計學所謂的「**穩健原則**」（conservatism）。

以上述 A 公司為例（假設採用後進先出法），若週五結帳日每台小家電當天市價為 30 元，則存貨總市價為 60 元（30×2），與原來帳上成本 70 元相較，存貨價值已減損 10 元，須選擇以較低的市價 60 元作為存貨價值。相對地，結帳日當天若每台小家電的市價為 50 元，則存貨總市價為 100 元，與原來帳上成本 70 元相較，存貨價值並無減損反而升值 30 元，但 A 公司仍須選擇以較低的成本 70 元作為存貨的價值。

⊙ 土地、廠房、設備（**property, plant & equipment**）

包括取得土地、廠房與設備的價款（含必要之稅金、佣金等），以及使這些資產發揮預定功能必須支付的代價（例如整地、設備試車等）。土地、廠房、設備又稱為「**長期資產**」（long-term assets）或「**固定資產**」（fixed assets），它們的流動性較低，一般假設需要一年以上的時間才容易出售，因此被歸之為「**非流動資產**」。在這類資產中，沃爾瑪擁有土地、房屋及房屋改良（例如空調設施）、家具、辦公設備及運輸工具（例如往來於倉庫及賣場間的送貨卡車）等。

對於長期資產的入帳，財務報表採取所謂的「**成本原則**」（cost concept），意指會計上對資產或勞務的取得，以完成交易的成本來記錄。這種原則的優點是客觀，缺點是無法表達交易發生後市場價值的變化。

此外，爲了表達長期資產帳面價值的改變，會計學使用「**累積折舊**」（accumulated depreciation）的科目來處理。關於資產價值的消耗，有系統地分攤在每一個會計期間，以方便計算損益，這就是折舊（depreciation）的概念。例如公司買進機器設備後，營業使用會耗損機器設備的價值，因此每年提列折舊費用，以表達企業營業的成本（請參閱第 5 章），同時把每年的折舊費用累加起來，作爲機器設備帳面價值減損的紀錄。因此，在資產負債表中，累積折舊是資產的減項，我們稱爲「**抵銷帳戶**」（contra account）。2007 年，沃爾瑪土地、廠房與設備的帳面金額爲 1,097 億 9,000 萬美元左右，累積折舊金額爲 244 億 800 萬美元，土地、廠房與設備的淨額約爲 854 億美元，占總資產的 56% 左右。值得注意的是，**土地不提列折舊，歸類為非折舊資產**。

⊙ 資本租賃下財產（property under capital lease）

指沃爾瑪向其他資產擁有人租借營業使用的長期資產（例如土地及店面）。就會計的範疇來說，資本租賃主要須符合下列 3 項要件之一：

1. 租期屆滿後，可以無條件取得租賃標的者。
2. 承租人在租約期滿後，享有以優惠價購買租賃標的物的權利者。

3. 租賃期間超過資產耐用年限 75% 以上。

不符合資本租賃條件的資產租賃契約，均稱為「營業租賃」（operating lease）。

這種資本租賃的觀念，再次顯示會計著重經濟實質而不重視法律形式的特性。沃爾瑪租來的資產，法律的所有權當然屬於業主，但是就經濟實質而言，沃爾瑪等於「買」下了這些資產，必須承受這些資產帶來的經濟效益及風險。因此，一般公認會計原則要求它把別人的資產登錄在自己的資產負債表上。至於營業租賃的會計表達，在損益表上直接承認當期的租金費用即可，並不要求公司把租來的資產列入自己的資產負債表。

⊙ 累積攤提（**accumulated amortization**）

凡是屬於資本租賃的資產，與機器設備等資產相同，也必須表達資產長期使用所累積的耗損，只是名稱不叫「累積折舊」而改用「累積攤提」。因此，累積攤提也是資本租賃下財產科目的抵銷帳戶。2007 年，沃爾瑪資本租賃下之財產淨額為 30 億 5,000 萬美元，約占總資產的 2% 左右。

⊙ 商譽（**goodwill**）

沃爾瑪擁有的土地、廠房與設備屬於有形資產，而商譽則屬於無形資產的一種。商譽是證明企業有賺得超額盈餘的能力，很難用可靠及客觀的方法衡量，所以只能在交易（例如併購）發生的時候認列商譽。商譽是指沃爾瑪在購買其他公司股權時，付出去的價格高於該公司資產重估後淨帳面價值（資產減去負債）的部分。（有關商譽金額的計算，本書稍後將有進一步討論。）2007年，沃爾瑪的商譽爲137億6,000萬美元，約占總資產的9%左右。

負債部分

依照會計慣例，沃爾瑪將負債依必須償還的時間長短排列，愈快需要償還的項目排在愈上面。

⊙ 流動負債（current liabilities）

指沃爾瑪一年內到期、必須以現金償還的債務。2007年，沃爾瑪的總流動負債爲517億5,000萬美元，約占總資產的34%左右，是負債項目中總金額最龐大的項目。

⊙ 商業本票（commercial papers）

主要指沃爾瑪爲籌措短期營運資金，經金融機構保證所發行的金融票據，又稱爲「**融資性商業本票**」。2007年，沃爾瑪的商業本票爲25億7,000萬美元，約占總資產的2%左右。

⊙ 應付帳款（accounts payable）

沃爾瑪向供應商進貨，主要採取賒購的方式，它所積欠尚未償還的金額便稱爲應付帳款。2007年，沃爾瑪的應付帳款高達280億9,000萬美元，約占總資產的19%左右，是沃爾瑪最大的負債項目。

⊙ 應計負債（**accrued liabilities**）

沃爾瑪將應付利息、應付水電費、應付薪資等已經發生支付責任、但尚未以現金支付償還的項目，加總起來放在這個綜合科目。2007 年，沃爾瑪的應計負債爲 146 億 8,000 萬美元，約占總資產的 10% 左右。

⊙ 應付所得稅（**accrued income taxes**）

沃爾瑪資產負債表的期末時點設定爲 1 月 31 日，但繳納上年度稅負的時間爲當年 7 月份，因此沃爾瑪會先在期末認列自行估計的應繳納稅金額。

⊙ 一年內到期之長期負債（**long-term debt due within one year**）

原本屬於 1 年以上到期的負債（例如 10 年到期的公司債），在 1 年內將到期的部分，都歸入這個科目。

⊙ 長期負債（**long-term debt**）

指 1 年以上到期的債務。在沃爾瑪的資產負債表中，長期應付票據、應付抵押借款等一般長期負債科目，加總起來放在這個綜合科目。2007 年，沃爾瑪的長期負債爲 272 億美元，約占總資產的 18% 左右。

⊙ 長期資本租賃負債（**long-term obligations under capital leases**）

對長期的資本租賃而言，在簽定租賃契約以取得資產使用權之際，除了記錄資本租賃的資產金額，在負債面也要同時認列未來應支付的租賃款項金額（因爲資本租賃其實很類似分期付款的形式）。由於應付租賃款屬於長期契約，代表未來長期應付而未付的負擔，所以歸爲長期負債類別。2007 年，沃爾瑪該項目爲 35 億 1,000 萬元，約占總資產的 2%。

⊙ 遞延所得稅負債（deferred income taxes）

它指因爲一般公認會計原則與稅法規定的不同，造成有些租稅雖然現在不必支付給稅捐單位，但在一段時期後終究必須支付的金額，因而也被歸類爲長期負債的一種。2007 年，沃爾瑪該項目爲 49 億 7,000 萬元，約占總資產的 3%。

股東權益部分

沃爾瑪的股東權益主要分成普通股股本、溢價以及保留盈餘 3 部分。

⊙ 普通股股本（common stock）

它是指已流通在外的普通股股權之帳面價值。例如沃爾瑪的普通股每股票面值爲 0.1 美元，流通在外的股數有 41 億 3,000 萬股，因此沃爾瑪的普通股股本爲 4 億 1,000 萬美元。上海、深圳交易所發行的股票法定票面值爲每股 1 元人民幣，而台灣股票的法定票面值爲新台幣 10 元，倘若一個上市公司流通在外的股數爲 1 億股，則該公司的股本爲新台幣 10 億元。股本主要是法律的概念，而不是經濟的概念。公司上市後，根據獲利狀況的優劣，每股的市價可以遠高於或遠低於票面值。

⊙ 溢價（**capital in excess of par value**）

當股權發行時，所收取之股款超過面值的部分，就稱爲股本溢價。例如台灣某公司若以每股新台幣 40 元上市，其溢價即爲 30 元。（台灣將溢價列入資本公積的一部分，有關資本公積的規定將於第 7 章進一步說明。）2007 年，沃爾瑪的溢價爲 28 億 3,000 萬美元左右。

⊙ 保留盈餘（**retained earnings**）

指公司歷年來獲利尚未以現金股利方式發還股東、仍保留在公司的部分。2007 年，沃爾瑪的保留盈餘高達 558 億美元，占總資產的 37% 左右。它也是股東權益中金額最大的項目，占股東權益的 91% 左右。

*

扼要地解釋沃爾瑪資產負債表的會計科目後，我們利用它 2007 年的資料，簡單地確認會計恆等式的成立：

資產（1,511.93 億）
＝負債（896.2 億）＋股東權益（615.73 億）

就沃爾瑪的基本財務結構而言，負債約占總資產的 60% 左右，而股東權益則占總資產的 40% 左右。

資產負債表與競爭力

接下來，我們可試著用財務報表提出管理問題，並檢視一些基本的財務比率，分析企業可能面對的競爭力挑戰。

沃爾瑪最重要的資產及負債

若以單項會計科目來看，沃爾瑪流動資產中金額最大是存貨（2007 年約爲 337 億美元），流動負債中金額最大的是應付帳款（2007 年約爲 281 億美元）。這種現象反映零售業以賒帳方式進貨後銷售、賺取價差的商業模式，也顯示沃爾瑪若無法有效地銷售存貨、取得現金，龐大的流動負債將是個沉重的壓力。其次，龐大的存貨數量也會造成可觀的存貨跌價風險。如何管理這些風險，便成爲管理階層與投資人分析資產負債表的重點。此外，沃爾瑪的土地、房子及設備之淨值（扣去累積折舊）高達 854 億美元，這部分產生的管理問題也是很大的挑戰。對此，沃爾瑪成立專業的不動產管理公司，凡是店面的擴充、遷移、關閉、分租等事項，都由專業經理人處理。

如同前文所強調的，財務報表數字的加總性太高，它不能直接提供管理問題的答案，而是協助管理者發現問題、深入問題。事實上，沃爾瑪資產負債表的任一個會計數字，背後都有一系列複雜的管理問題；一些常見的財務比率，往往吐露了更深刻的競爭力意涵，例如流動比率就是個好例子。

沃爾瑪的流動性夠嗎？

衡量企業是否有足夠能力支付短期負債，經常使用的指標是「**流動比率**」（current ratio），流動比率的定義爲：**流動資產 ÷ 流動負債**。流動比率顯示企業利用流動資產償付流動負債的能力，比率愈高，表示流動負債受償的可能性愈高，短期債權人愈有保障。一般而言，**流動比率不小於 1**，是財務分析師對企業風險忍耐的底限。此外，由於營運資金（working capital）的定義是流動資產減去流動負債，流動比率不小於 1，相當於要求營運資本爲正數。

然而，對沃爾瑪而言，這種傳統的分析觀點恐怕不適用。長期以來，沃爾瑪的流動比率呈現顯著的下降趨勢：1970 年代，沃爾瑪的流動比率曾經高達 2.4，近年來一路下降，從 2000 年開始至今一直都維持在 0.9（2007 年：465.88 億 ÷517.54 億）左右。這是否代表沃爾瑪的流動資產不足以支應流動負債，恐怕有周轉失靈的危險？其實不然。

沃爾瑪是全世界最大的通路商，當消費者購買商品 2 到 3 天後，信用卡公司就必須支付沃爾瑪現金。但是對供應商，沃爾瑪維持一般商業交易最快 30 天付款的傳統，利用「快快收錢，慢慢付款」的方法，創造手頭上的營運資金。因爲現金來源充裕與管理得當，沃爾瑪不必保留大量現金，並且能在快速成長下，控制應收帳款與存貨的增加速度。由於沃爾瑪流動資產的成長遠較流動負債慢，才會造成流動比率惡化的假象。對其他廠商來說，流動比率小於 1 可能是警訊，對沃爾瑪反而是競爭力的象徵。相對地，規模及經營能力都遠較沃爾瑪遜色的通路商 Kmart，它的流動比率比沃爾瑪高出許多。Kmart 在 2000 年的流動比率甚至高達 12.63（請參閱圖 4-1）。這難道代表 Kmart 的償債能力大增？正好相反。

事實上，因爲 Kmart 在 2000 年遭遇財務危機，往來供應商要求 Kmart 以現金取貨，或大力收縮 Kmart 的賒帳額度及期限，在應付帳款（出現在流動比率的分母）快速減少之下，才會造成 Kmart 如此高的流動比率。傳統的財務報表分析強

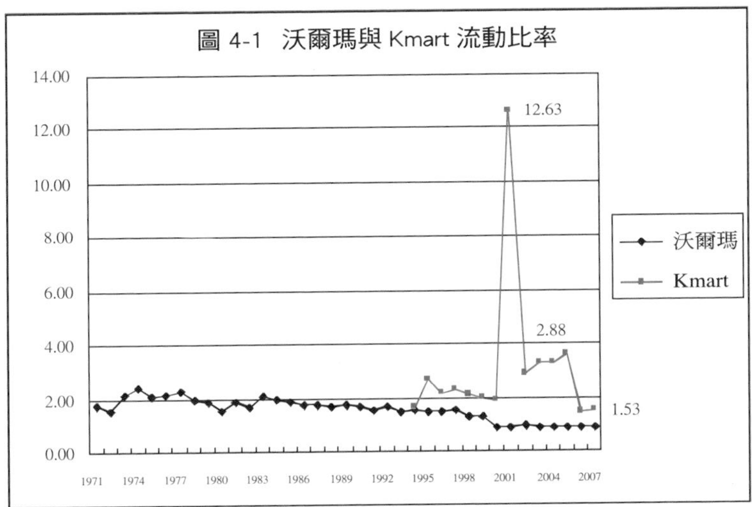

調企業的償債能力，要求企業的流動比率至少在 1.5 以上。然而，由競爭力的角度著眼，能以小於 1 的流動比率（營運資金爲負數）來經營，表現出沃爾瑪強大的管理能力；至於突然攀高的流動比率（例如 2000 年 Kmart 的數字），反而是通路業財務危機的警訊。

戴爾電腦的啓示

蘋果電腦的執行長賈伯斯（Steve Jobs）曾說：「蘋果和戴爾是個人電腦產業中少數能賺錢的公司。戴爾能賺錢是向沃爾瑪看齊，蘋果能賺錢則是靠著創新。」賈伯斯的評論極有見地，雖然戴爾電腦屬於科技產業，它的營運模式卻類似通路業者，因此戴爾與沃爾瑪流動比率的變化趨勢十分相似（其他相似之處將在後面章節討論）。例如戴爾 2000 年到 2006 年間流動比率維持在 0.98 到 1.4 之間（請參閱圖 4-2）。對比之下，自1990年到2006年，惠普的流動比率則一直維持在1.38到1.6之間，在一般傳統財務分析所認爲的合理範圍內。

戴爾向來以嚴格控制存貨數量著稱業界，它的平均付款時間由2000年的58天，延長到2006年的70天，和沃爾瑪一樣符合「快快收錢，慢慢付款」的模式，所以也造成流動比率逐年下降的現象。傳統商業思維是企業必須保持充裕的營運資金，因此要求流動比率起碼在1.5至2之間。然而，沃爾瑪和戴爾卻告訴我們，最有效率的營運模式，是以「負」的營運資金推動如此龐大的企業體。

有關短期流動性的需求，企業可有「存量」和「流量」兩種不同的對策。例如微軟2003年的流動比率高達4.2，它是用大量流動資產的「存量」（約589億美元），來回應可能的現金周轉問題。一般而言，這是最正統、最安全的方式。

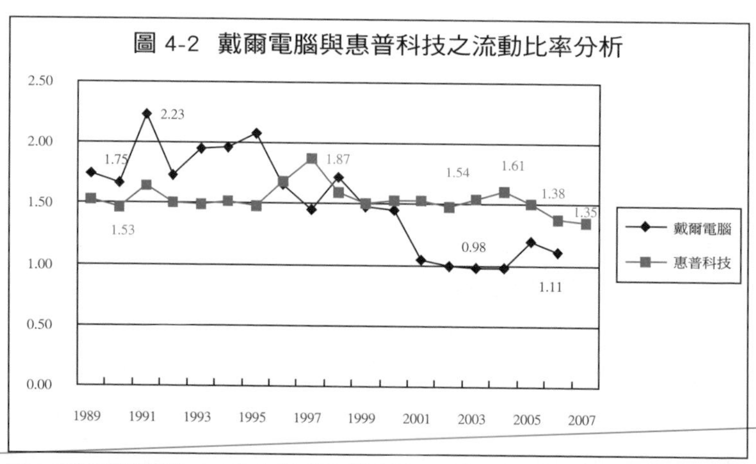

註：由於戴爾電腦2007年之年報必須重編，而未能於本書出版前對外發布年度財務資訊，因此本圖僅能更新至2006財報年度為止（以下與戴爾電腦相關之圖表，同此註。）

雖然沃爾瑪與戴爾的流動比率目前都小 1，若進一步檢視它們的現金流量表（請參閱第 6 章），讀者會發現兩者都有創造現金流量的強大能力，因此不會有流動性的問題。如果公司的流動比率很低，且創造現金流量的能力又不好，那麼發生財務危機的機會就會大增。

這個例子提醒我們一件事——閱讀財務報表必須有整體性，而且必須了解該公司的營運模式，不宜以單一財務數字或財務比率妄下結論。沃爾瑪與戴爾流動比率的相似性也讓我們了解，即使是不同產業的公司，仍可以有類似的商業模式與財務比率；在通路業中，流動比率也能成爲衡量營運相對競爭力的參考。

沃爾瑪整體的負債比率

欲了解企業整體的財務結構，我們可觀察總負債除以總資產的比率。近年來，沃爾瑪的**「負債比率」**（負債 ÷ 資產）漸趨於穩定，約略在 0.6（896 億 2,000 萬 ÷1,511 億 9,300 萬）左右。另外，財務結構也可用負債除以股東權益的比率來表示。由於有會計方程式的關係式（資產＝負債＋股東權益），這些財務結構的比率都能互相轉換。例如沃爾瑪的負債除以總資產之比率爲 0.6，則股東權益除以總資產的比率爲 0.4，而負債除以股東權益的比率爲 1.5（0.6÷0.4）。

Kmart 在 1990 年代的負債比率與沃爾瑪類似，都在 0.6 左右。在 1999 年之後，Kmart 遭遇嚴重的財務問題，因此它的負債比率持續攀升。2002 年，Kmart 賠光了所有的股東權益，造成負債大於資產的窘境，它的負債占資產比率更上升到 1.03（請參閱圖 4-3）。

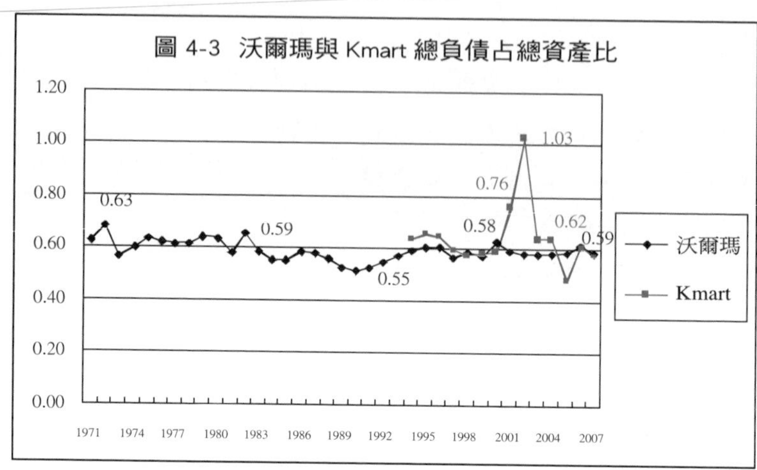

圖 4-3 沃爾瑪與 Kmart 總負債占總資產比

因營業活動及產業特性不同，企業的財務結構也會有很大的差異。例如銀行業以吸收存款客戶資金的方式，從事各項金融服務，因此負債比率非常高。以全球知名的花旗集團爲例，它的負債比率在 2006 年時高達 93.6%，股東權益只占總資產的 6.4% 左右。由於花旗集團資產風險相當分散，客戶對花旗集團的信心堅強，背後又有美國存款保險制度的支持，不會發生存款客戶同時要求提領現金的情況（就是所謂的擠兌危機），即使有如此高的負債比率，花旗集團並沒有倒閉的危險。

近年來中國大陸有多家規模龐大的銀行進行 IPO（即 Initial public offerings，首次公開發行股票），其中中國建設銀行在 2005 年 IPO 時籌得資金 80 億美元，我們現在來看看中國建設銀行的負債比率，雖然建設銀行 2006 年負債比率高達 94%，然而近年來建設銀行在資本充足率及不良貸款率的表現出色，優於其他大陸國有商業銀行。英國《銀行家》雜誌2006年7月公布了2005年世界1000強銀行排名，中國建設銀行的資本額名列第11名。資本是銀行實力的基礎，建設銀行在大陸股改上市後資本實力獲得改善，並在大陸同業中處於領先地位。根據建設銀行公布的財報顯示，截至2006年底，建設銀行資本額達到人民幣3,301億元，比2005年增長15%；資本充足率達到12.11%，這主要得益於IPO融入的資金，建設銀行本身獲利能力的提高，及公司對風險資產控制能力的增強。相對地，若是一般的製造業公司，負債比率這麼高，恐怕早發生財務危機了。

由負債組成結構看風險與競爭力

除了觀察沃爾瑪的整體財務結構，也應分析沃爾瑪的負債組成結構。1970年代，沃爾瑪流動負債占整體負債的比率

劉教授提醒你

一般來說，觀察一個公司財務結構是否健全，可由下列幾個方向著手：

1. 和過去營業情況正常的財務結構相比，負債比率是否有明顯惡化的現象。
2. 和同業相比負債比率是否明顯偏高。
3. 觀察現金流量表，在目前財務結構下造成的還本及利息支付負擔，公司能否產生足夠的現金流量作為支應。

約在 20% 左右，隨著展店成功、營收快速成長，這個比率在 1980 年代快速拉升至 60% 左右。這顯示沃爾瑪在維持負債占資產約 60% 的前提下，利用其「大者恆大」的議價優勢及競爭力，壓縮供應商資金，使它在負債中可使用較多沒有資金成本的流動負債。相對而言，自 1990 年起，Kmart 流動負債占整體負債的比率一直低於沃爾瑪，約在 45% 左右。特別在 Kmart 出現財務危機後的 2001 年，這個比率突然降低到只有 5.76%（請參閱圖 4-4），代表供應商擔心可能倒帳的風險，不願以賒帳方式出貨給 Kmart。

至於戴爾的總負債比率高達 80% 左右（請參閱圖 4-5），乍看之下讓人捏了把冷汗。對比之下，惠普的負債比率只有 50% 左右，財務結構看來十分穩健。如果再進一步分析，2000 年後戴爾流動負債占總負債比率將近 85%（請參閱圖 4-6），比沃爾瑪還高。戴爾並不是債台高築、財務脆弱，而是像沃爾瑪一樣，利用規模優勢與營運效率，讓往來供應商提供無息的營運資金。

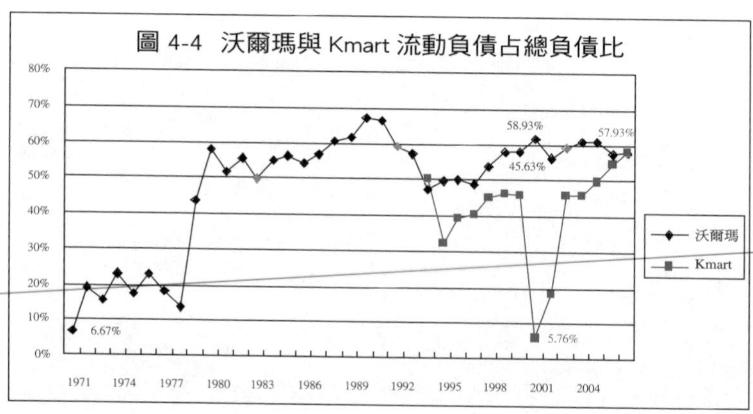

圖 4-5 惠普科技與戴爾電腦之總負債占總資產比分析

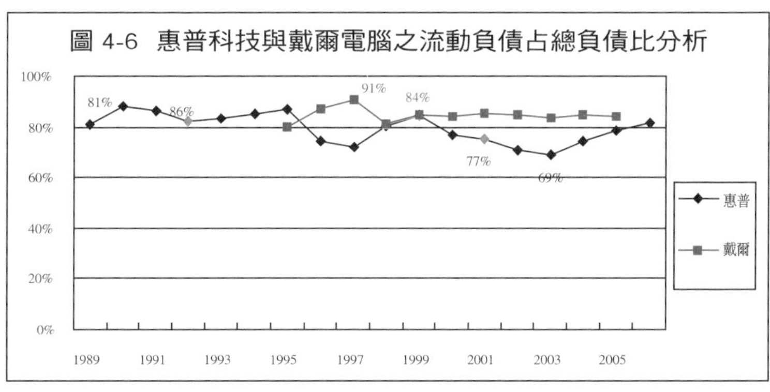

圖 4-6 惠普科技與戴爾電腦之流動負債占總負債比分析

相對來看，惠普的流動負債占總負債比率，自 1995 年起幾乎都低於戴爾。2006 年，惠普該比率大概是 78% 左右，比戴爾低了將近 6%，但惠普這些年已有持續上升的趨勢。因此，檢視戴爾的流動負債占總負債比率，也可看出它商業營運模式的效率和競爭力。不過，對營運效率和競爭力不佳的公司來說，流動負債比率增加會提高營運風險。

其他重要資產和議題

以下將進一步討論無形資產的重要性（尤其是商譽），與沃爾瑪財務報表中未出現的其他重要資產項目。

無形資產的重要性

無形資產指的是類似專利、商標、著作權、商譽等經濟利益，本質上並不類似土地、廠房設備等有形資產。以美國標準普爾 500（S&P 500）的公司爲例，自 1982 年到 1992 年間，無形資產的價值由市場價值的 38% 增加到 62%。相對地，這些公司的帳面價值則由市場價值的 62%，下降到只有 38%，可見無形資產在經濟體系中的重要性與日俱增。此外，近期的研究（Nakamura 2002）顯示，美國每年投資於無形資產的金額，與投資在有形資產的投資總額相近，都接近 1.2 兆美元。

公司無形資產的總經濟價值，可用它的**市場價值減去公司帳面淨值**（也就是股東權益）進行初步衡量；而公司流通在外的每一股無形資產的經濟價值，可用它的**每股股價減去每股帳面淨值**來衡量。當**每股股價跌破每股淨值**，部分財務分析人員便視之爲公司被低估的買進訊號。當然，若資本市場經歷特殊的利空事件（例如 SARS 危機），便可能造成這種特殊現象。若股價長期低於淨值，對管理階層則是一個嚴重的警訊。它可能代表市場認爲公司有高估資產、低估負債，以至於有每股淨值虛增之嫌。它也可能代表經營團隊不僅沒有創造「正」的無形資產，反而創造「負」的無形資產。例如資本市場可能認爲經營團隊的能力不佳，會造成未來連年虧損。更糟的是，由於公司治理成效不彰、市場淘汰機制失效，使得沒有競爭力的管理團隊仍繼續當家。因此股價長期低於淨值，可能是反映資本市場對經理人「做不好，但又換不掉」的無奈。

商譽的形成與計算

在本章沃爾瑪的資產負債表中（請參閱表 4-1），我們發現它在 2007 年約有 138 億美元的商譽。商譽是併購行爲中經常出現的無形資產，指的是企業收購價格超出重估後淨資產的部分。表 4-2 即以劉邦公司的資產負債表爲例，說明商譽的計算。

若劉邦公司與買主進行資產重估，同意存貨應爲價值 500 萬（亦即比帳面增值 100 萬），設備應爲價值 1,200 萬（亦即比帳面增值 200 萬元），則該公司重估後的資產，應該反映存貨與設備的總增值（300 萬），成爲 2,500 萬。至於劉邦公司重估後的淨資產，則爲重估後資產 2,500 萬扣除負債 800 萬，

表 4-2　劉邦公司資產負債表

資產		負債	
存貨	400	應付帳款	200
應收款	300	長期借款	600
設備淨值	1,000	股東權益	
	2,200	股本	400
		溢價	100
		保留盈餘	900
			2,200

價值 1,700 萬。

假設購買劉邦公司的買主，只願支付資產重估後之淨資產，那麼他只該出價 1,700 萬。若實際成交價格爲 2,500 萬，顯然買主在支付無形資產的代價，它的價値爲 800 萬（2,500 萬－ 1,700 萬），我們稱這部分的差額爲商譽。根據一般公認會計原則，企業必須每年定期對商譽進行減損測試，如果因爲經濟情況或環境變動而導致商譽有減損時，就其減損部分要認列損失，且減損損失以後不得迴轉。

商譽在資產負債表的比重日益增加，表 4-3 列出了美國 2006 年擁有大量商譽的著名公司，提供讀者參考。

長期股權投資

部分企業進行金額龐大的投資活動，反映在資產負債表上，是一個叫「長期股權投資」的會計科目。

我們在觀察企業的財務報表時，常會看到「合併報表」和「母公司報表」兩種，合併財務報表是將母公司能夠控制

表 4-3　2006 年美國擁有大量商譽的著名公司

公司名稱	商譽價值	占股東權益之比率（%）
美國線上（AOL Time Warner）	409.53 億	67.8
美國電話電報（AT&T）	676.57 億	58.6
奇異（GE）	505.85 億	45
花旗集團（citigroup）	334.15 億	27.9
波克夏・哈薩威（Berkshire Hathaway）	256.78 億	23.7
沃爾瑪（WalMart）	137.59 億	22.3

的被投資企業（即所有持股超過50%的子公司）納入合併範圍編制的報表。例如前面舉例的沃爾瑪合併資產負債表，它所列的資產和負債是沃爾瑪和它所有子公司合起來的金額，從合併報表我們更能夠看出整個公司集團的營運狀況和經營績效。

我們在看這兩種報表時要注意到，「合併報表」是「母公司報表」加「子公司報表」的概念，所以像現金、固定資產或銀行借款，這些項目是所有公司合起來所持有的金額。但是「長期股權投資」這個會計科目比較特別，當母公司投資子公司的時候是列在長期股權投資裡頭，若是以合併的公司來看，母公司和子公司都是合併公司的一部分了，所以母公司對子公司的長期股權投資金額會在編制的過程中消除。

我們現在以台灣知名的製造業公司寶成工業爲例子，母公司是寶成工業股份有限公司，它幫許多全球知名的運動品牌例如NIKE、adidas、PUMA等代工，另外還生產印刷電路版及TFT-LCD，在大陸及越南分別有許多工廠，但是寶成2006年的資產負債表中固定資產（廠房及設備）只占7%、存貨還不到1%，長期股權投資則占總資產的77%，顯示寶成母公司比較類似控股公司，而非單純的製造業公司，它利用旗下轉投資的子公司從事鞋業、運動用品製造及銷售、印刷電路版加工及開發、生產和銷售TFT-LCD模組等事業。

從它的合併財務報表可以發現「長期股權投資」這個會計科目的金額占總資產只有16%，這就是在合併的觀點下，已經不會顯示母公司投資子公司的情況，因爲它們都是合併公司的一部分，這時候合併報表上長期股權投資的金額，是寶成集團對它沒有控制力的公司所做的投資的金額。

另外以遠東紡織爲例，它 2006 年的長期股權投資金額爲新台幣 955 億元，約占總資產的 75%，顯然遠東紡織也是比較類似控股公司，而不是單純的紡織公司。遠東紡織的轉投資大多是獲利平穩的公司，因此風險不大。如果公司長期股權投資的標的物虧損連連，將對公司造成重大風險，必須進行資產減損的承認（第 8 章將進一步說明）。

許多台商在大陸投資的規模龐大、幾乎事業重心都已經移了過去，在財務報表上即屬於長期投資項目，可是我國政府因爲政治和經濟等考量下，對台商赴大陸投資的金額、技術都設了多種限制，也是近幾年來讓大家討論的議題。這樣的限制讓許多企業開始利用各種轉投資方式從海外將投資款項匯入大陸以規避主管機關的追查，例如以公司負責人名義投資，因爲不是公司的投資，金額也不會列在報表上，當然企業也許會使用更複雜的投資方式來規避，也因此影響了財報的眞實度。

其他重要負債和議題

以下將討論或有負債及負債結構中所反映的公司性格。

或有負債

除了沃爾瑪資產負債表所具備的項目，「**或有負債**」（contingency liability）是另一個重要的負債項目，值得進一步說明。或有負債指的是企業可能發生的負債，但隨著事件發展，該負債也可能不會發生。例如 1990 年代初期微軟剛推出視窗 3.0 版本時，蘋果電腦曾對它提出侵權訴訟，因爲視窗的外表樣貌與使用方式，實在太像蘋果的麥金塔作業系統。如果蘋果勝訴，微軟不僅要付出大筆賠償金（約 30 億美元），對發展視窗事業也會有致命的影響。當時有關軟體的侵權官司案例不多，法官如何判決有相當大的不確定性。對微軟而言，它即是一項可能發生的或有負債。如果微軟認爲該訴訟案敗訴的機率很低，那麼它可以只在財務報表附註中揭露此事。如果隨後法院有不利的判決，微軟則應該估計此負債的金額，並將它正式放入負債項目中。後來法官判處蘋果電腦敗訴，理由是軟體的外表樣貌不能列爲專利保護，蘋果必須證明它的程式碼被抄襲，因此該訴訟案並未正式影響微軟的財務報表。

近年來最受人矚目的或有負債，應該是默克藥廠（Merck）2004 年 9 月突然宣布回收暢銷止痛藥 Vioxx 的決定。Vioxx 每年的銷售額高達 25 億美元，是默克藥廠的金雞母。但默克藥廠的研發部門發現，長期服用 Vioxx，會使心臟病發作的機率增加數倍。此消息一經公布，資本市場極度恐慌，在一個交易日內，默克股價跌掉 26.7%，相當於 270 億美元的市值。

這種恐慌不是沒有根據的，根據 2004 年 10 月分美國權威醫學雜誌《新英格蘭醫學論叢》所統計，全美大約有 2,000 萬人服用過這種止痛藥，從宣布回收到現在，已出現 2 萬多件訴訟案件，並有幾個已經判決需要賠償的案件，因此總共需要賠償的金額恐怕難以估計。這個或有負債的重點並不是「要不要賠償」（不可能不賠！），而是何時可以合理地估計「可能的總賠償金額」。目前默克藥廠仍在估計中，尚未做出定論。

由負債結構看公司性格

公司負債結構的選擇，往往表現出它的經營性格。舉例來說，台灣玻璃公司自成立以來堅持零負債（指沒有長期負債）經營，只有小量應付帳款等流動負債（2003 年不到資產的 7%）和零星的其他非流動負債（例如窯爐、冷修設備），整個負債占資產不到 12%，也就是說，股東權益占資產高達 88% 以上。台玻董事長林玉嘉先生常說，會借錢做生意的是「第一種人」，而他是「第二種人」——堅持零負債經營。除了他的經營哲學「一人一業，全力以赴」，台玻還有所謂的「三不原則」：不做自己不熟悉的事業，不炒股票，不向股東伸手要錢。2005 年，台玻預計將成爲世界前十大玻璃公司之一，更是台灣傳統產業中的績優公司。

沃爾瑪或戴爾能利用高比率的流動負債創造優異的投資報酬率（第 10 章將進一步說明），是做生意的「第一種人」。有這種超級競爭力的公司畢竟是少數，能像台玻林玉嘉先生這樣嚴格控制風險、專注本業的公司，也同樣令人欣賞。

*

下面我們再以大陸製酒公司爲例，進一步討論負債結構。

⊙ 從貴州茅台和五糧液看大陸公司的資產負債表及負債結構

製酒公司會成爲股王？在台灣以電子資訊產業爲主的資本市場中很難想像，但大陸貴州茅台以其持續成長的業績讓股價在 2007 年突破百元人民幣後一度站上了大陸股王的位置。貴州茅台和五糧液是大陸競爭激烈的白酒市場中兩大龍頭。茅台的歷史源遠流長，在大陸被譽爲中國的「國酒」，它的產品主打高級酒品市場，開發出各種不同年份和度數的酒，在高級酒品市場賣的非常好。五糧液則以多元的品牌在大陸被譽爲「酒業大王」，它以龐大的年產量及提供多種產品和品牌的酒在市場上和貴州茅台互別苗頭。

這兩家公司都有股票上市，在 2007 年 4 月總市值都達到大約 900 多億人民幣，2006 年淨利則分別約爲 15 億及 12 億人民幣，成長的幅度也很高，分別約爲 34% 及 48%。我們現在很快地檢視這兩家公司的資產負債表。由於大陸土地國有化的政策，在大陸的會計報表裡頭，固定資產項目下沒有土地這個項目，企業承租的「土地使用權」是作爲「無形資產」的科目。會計報表除了因爲不同的國家法令規定有不同的呈現外，不同的產業特性也會有不同的解讀。例如在觀察存貨的時候，台灣的電子公司的存貨常要特別注意跌價的問題，多數的科技產品推陳出新的速度非常快，只要一有新的產品研發出來並上市，就需要考慮舊規格產品的跌價狀況。

製酒業的存貨就不一樣了，雖然貴州茅台的存貨占總資產的 21%，但由於貴州茅台是從事酒類生產的公司，它的存貨項目自然多是製酒的原材料、半成品及成品，酒類產品的保存期限通常較長，存貨跌價的狀況不像高科技公司這麼嚴重。貴州茅台的存貨跌價除了僅針對少數特定品牌提列外，由於品牌建立造成包裝的更新替換，所以多是對包裝物等附屬產品提列跌價準備。

另外，固定資產項目裡主要是興建的窖池、鍋爐生產線及供水設備。2006 年五糧液的固定資產在總資產中占了約 50%，公司表示將再投資 7,000 多萬人民幣購買設備、新增生產線等以增加產量，可以說是將大筆的資金都作爲構建固定資產之用。針對這樣的產業特性，我們應該注意龐大的固定資產未來能不能帶來豐富的收益增長？因爲高檔類酒和低檔類酒的利潤相差很大，我們還要去思考，新建的窖池是要釀造哪一類的酒，是不是可以釀造出符合標準的高檔類酒？另外高檔類酒多要經過長時間的培育期，規模擴張的同時，收益能不能馬上實現呢？這些都是我們在看製酒業的固定資產時，可以一起來思考的問題。

而公司負債結構的選擇，往往表現出它的經營性格。舉例來說，貴州茅台的負債項目裡全部都是流動負債，且整個負債只占資產的36%，顯示貴州茅台的資金來源都是來自股東投入而非向銀行借錢；另外貴州茅台每年營收維持穩定的成長，所以可以利用銷售商品等經營活動所獲得的現金流量，來因應購買固定資產所需要的資本支出。

面對真實的資產及負債狀況

經理人最重要的訓練之一，就是「面對現實」，而資產負債表便是修練這項功夫的基本工具。在資產方面，目前國內外的投資人及證券主管機關，都十分重視「**資產減損**」（asset impairment）的問題。簡單而言，就是擔心經理人不願承認部分資產已沒有價値，因爲這樣的會計承認動作，往往代表公司當期必須提列巨額損失，影響經理人的績效。至於負債方面，其中最令人擔心的是：經理人刻意將部分負債項目轉變成「**隱藏性負債**」（hidden liability），使投資人看不到這些負債對公司可能造成的殺傷力。我們將在第8章及第9章，深入討論這些重要課題。

經由本章相關的討論，我們從中發現一件事：在傳統的財務比率背後，其實吐露著重要的競爭力訊息。就流動比率而言，它不只是公司能否支付流動負債的指標，對沃爾瑪及戴爾來說，它更是其商業模式的縮影。沃爾瑪和戴爾在上市後各花了 30 年及 15 年，才磨練出以「負」的營運資金（流動比率小於 1），經營龐大企業體的能耐，可見競爭力的培養必須靠經年累月長期的鍛鍊。最後，提醒讀者千萬不要誤會，以爲筆者鼓吹企業保持低水位的流動比率。畢竟這樣的數字有行業特性差異，也只有頂尖的企業才有能力與信心，以超級強力的現金流量（請參閱第 6 章）彌補流動資產存量過低的風險。

【參考資料】

❶ Nakamura, Leonard, 2002, "Intangible Investment: Barely Visible, Highly Significant." *Business Review (Federal Reserve Bank of Philadelphia)*, Spring.

❷《商業周刊》第 888 期，2004 年 11 月 29 日。

第 5 章

王建民為什麼崇拜克萊門斯
——損益表的原理與應用

全球暢銷企管書《執行力》的作者夏藍，在 2004 年的著作《成長力》中疾呼「營收成長，人人有責」，同時人們對業績也應有「積少成多」的務實想法——不斷地打出一、二壘安打，比幻想打出全壘打更實在。關於如何打出綿密的一、二壘安打，恐怕無人比西雅圖水手隊的日籍好手鈴木一朗（Ichiro Suzuki）更在行。

鈴木一朗在打日本職棒時，已連續 7 年榮膺打擊王，還創造了 216 次擊球無三振、連續 69 場比賽上壘等輝煌紀錄。2001 年，他前往美國職棒大聯盟發展；2004 年 10 月 2 日，鈴木一朗以單季 262 支安打，刷新大聯盟 84 年無人能破的「希斯勒障礙」，並以 3 成 72 的打擊率榮登當年打擊王。一個身高 175 公分、體重 74 公斤、體型單薄的東方人，能在高手如雲的美國職業棒壇出人頭地，並保持穩定且高水準的績效，的確令人佩服。

我在美國念書時，最愛看外號火箭人（The Rocket）的著名投手克萊門斯（Roger Clemens）出賽。後來，我發現旅美棒球好手王建民比我還迷他。王建民曾表示他 2000 年加盟洋基隊最重要的原因，就是因為偶像克萊門斯在該隊（1999 年至 2003 年）。1996 年，克萊門斯曾簽下 4 年共計 4,000 萬美元的天價合約，一位評論員不客氣地質疑他爲何能坐擁高薪，他回答：「如果你能在距離捕手 60 呎（約 18 公尺）的投手丘上，不管幾人在壘包上，不管全場觀眾是開你汽水或爲你喝采，以平均每分鐘 95 哩（約 160 公里）的速度，準確地把球投進上下 50 公分的好球帶，你就值得這個價碼。」這位身高約 193 公分、體重將近 100 公斤、脾氣火爆、常和主審爲了好球的判斷而吵架的大個兒，眞的辦到了。克萊門斯站在投手丘上霸氣十足、自信滿滿，他的指叉球又快又穩，曾經創下一場比賽三振 20 名打者，且連續三振 8 名打者無四壞球的聯盟紀錄。

2004 年的大聯盟球季結束後，克萊門斯史無前例地贏得第 7 座賽揚獎（最佳投手獎），當時 41 歲的他，成爲大聯盟史上該獎項年齡最大的贏家。在 2005 年的球季，休士頓太空人隊以 1,800 萬美元的破天荒年薪，簽下克萊門斯。而多次傳出要退休的克萊門斯，2007 年 5 月宣布將重返洋基隊，年薪 2800 萬美元，再次打破自己保持的大聯盟投手最高薪紀錄。身爲一個高階經理人，在自己的專業上，你有克萊門斯這種能耐嗎？和棒球投手不同的是，當投手投出暴投時，球場上的每個人都看得一清二楚；高階經理人在連續投出暴投後（例如營收及獲利大幅下降），卻可能透過扭曲財務報表的方式，長達數年不被人發現。

如果一個企業的營收及獲利，能像鈴木一朗的打擊或克萊門斯的投球，保持高的穩定性與持續性，我們就說它擁有高的「盈餘品質」，而「盈餘品質」其實就是競爭力最具體的展現。

2001 年美國 911 恐怖攻擊事件後，航空業是受害最深

表 5-1 西南航空 VS. 美國航空營收與淨利比較

單位：億美元

	西南航空					美國航空				
	2001	2002	2003	2004	2005	2001	2002	2003	2004	2005
營收	55.6	53.4	57.4	62.8	72.8	189.7	174.2	174.4	186.5	207.1
淨利	5.1	2.4	4.4	3.13	4.84	虧損 17.6	虧損 35.1	虧損 12.3	虧損 7.6	虧損 8.6

的傳統「慘」業。當時全世界最大的航空公司——美國航空（American Airline）——立刻陷入巨額虧損；而經營績效最卓越的西南航空（Southwest Airline），雖然也陷入獲利衰退，至少仍持續賺錢（請參閱表 5-1）。這個例子告訴我們，身為經理人，即使遭遇外在不可抗拒的重大變故，仍必須交出具有穩定性的成績單。

在資本市場中，投資人就像《新約聖經．馬太福音》裡的主人（請參閱第 2 章），必須有效率地分配有限的資金。但是欲正確地分辨「善僕」與「惡僕」，則需要正確的績效評估工具，而損益表最主要目的就是提供績效評估的功能。

*

本章首先介紹損益表的基本原理和觀念，其次以沃爾瑪 2007 年的損益表為範例，說明常見會計科目的定義。接下來，筆者以沃爾瑪相對於 Kmart、戴爾相對於惠普的部分財務比率，說明損益表與競爭力衡量的關係。最後，本章以大陸兩大電器商國美及蘇寧為例子，介紹中國大陸財務報表中的損益表的特性，並補充部分重要、但未出現在沃爾瑪損益表中的項目。

損益表基本原理及定義

損益表的目的在衡量企業經營究竟有「淨利」，還是有「淨損」。淨利是特定期間內經濟個體財富（wealth）的增加；淨損則是特定期間內經濟個體財富的減少。

請思考下列例子：

劉邦公司於2007年1月1日買進土地一筆，共花費2億元；2007年12月31日時，根據不動產鑑價的結果，該筆土地的市場價值約爲3億元。試問2007年劉邦公司是否有淨利？

這個問題可以從兩種角度思考：

1. 從**經濟學的角度**來看，劉邦公司的確有淨利。由於劉邦公司的土地市值由2億元增加到3億元，因此2007年的淨利（財富的增加）爲1億元。
2. 從**會計學的角度**來看，劉邦公司並無淨利，因爲該筆土地並未出售，沒有客觀證據顯示財富增加1億元。

這兩種觀點各有支持者，其中最大的分歧點在於：經濟學重視市場狀況表達，不特別擔心衡量誤差；相對地，會計學著重客觀性，希望避免因爲主觀評估市價，造成可能的衡量誤差與人爲扭曲。那麼，應該如何具體地計算淨利所代表的「財富增加」呢？

淨利的操作型定義：**淨利＝收益－費用**

因承認時點的不同，爲衡量企業的收益及費用，會計學發展出兩套不同的方法，一種叫「現金基礎」（cash basis），另一種叫「應計基礎」（accrual basis）。

現金基礎

在現金基礎下，收益及費用的定義如下：

- 收益：當營業活動收到現金時承認收益，例如收取顧客貨款時。
- 費用：當營業活動支付現金時承認費用，例如支付供應商貨款時。

釋例：

2006年9月1日	劉邦公司進貨一批，計5億元。
2006年12月1日	劉邦公司賒售該貨品給客户，計6億元。
2007年1月15日	劉邦公司向客户收取貨款，計6億元。

在現金基礎下，劉邦公司2006年淨損5億元。因爲2006年劉邦公司尚未收到現金，所以收益爲0元；而2006年劉邦公司已有5億現金的進貨支出，所以費用是5億元。相對地，劉邦公司2007年的淨利則爲6億元。劉邦公司2007年回收應收帳款，在現金基礎下，收益爲6億元。由於2007年

沒有任何現金支出，所以費用爲 0 元。劉邦公司的淨利因現金出帳及入帳時點的落差，產生了 2006 年虧損 5 億元、2007 年卻大賺 6 億元的巨幅變動。由此可知，以現金基礎作爲績效評估的合理性容易被人質疑。

再者，現金基礎下的淨利也容易受到人爲操縱的影響。例如：經理人可要求顧客應在次年 1 月 1 日償還的款項，提前在當年 12 月 31 日支付；或要求供應商應在年底支付的貨款，改在次年 1 月 1 日才支付。如果是心懷不軌的經理人，年底時利用提早一天收款、延遲一天付款的手法做帳，那麼現金基礎下的獲利數字就會暴增，失去績效評估的價值。

應計基礎

有鑑於現金基礎的限制，應計基礎是把公司績效評估的重心，放在經濟事件是否發生，不管現金收取或支出時點。

在應計基礎下，收益及費用的定義如下：

- 收益：當營業活動造成股東權益的增加時，承認有收益，例如在提供顧客貨品或服務之後。
- 費用：當營業活動造成股東權益的減少時，承認有費用，例如承認貨品的銷售成本。

但是，在承認收益或費用時，公司不一定有現金的流入或流出。

釋例：

2007年1月15日，劉秀航空公司收到顧客購買美國來回機票款5萬元，該名顧客預定同年3月1日啓程赴美。在1月15日時，試問這筆機票款可否算是劉秀航空公司的收益？

答案：否

在現金基礎下，航空公司應承認5萬元爲收益，因爲航空公司已取得現金。然而，在應計基礎下，航空公司不應承認5萬元爲收益。

在應計基礎下，要承認收益必須滿足兩大條件：

1. **賺得**（earned）：公司的貨物已經送達或服務已經提供，則公司「賺得」這筆收益。
2. **實現**（realized）：提供顧客的貨物或服務，公司預期能收回現金，則這筆收益才算是「實現」。

在這個例子中，由於劉秀航空公司尚未提供顧客飛航服務，並不符合「賺得」原則，因此公司收取的5萬元還不能算是收益，反而應承認爲負債（屬於顧客的預付款項目）。

這種類似的例子十分常見，例如加盟店開張營業前支付總公司的加盟金（upfront fee），不能算是總公司的收益，因爲總公司尚未提供加盟店相關服務。同理，健康俱樂部收取會員的預繳會費（一次可能長達3至5年），也不能視爲收益。這些項目應該視爲「**未實現收益**」（unearned revenue），屬於負債性質。只有在提供貨物或服務給顧客後，公司才能正式承認收益。

了解「賺得」原則後，我們再來看看「實現」原則。

釋例：

劉備建設公司爲顧客進行的修繕工程，在 2007 年 1 月 15 日已經完成，工程款爲 2,000 萬元。該顧客不久前宣布破產，試問劉備建設公司能否承認這 2,000 萬元爲收益？

答案：否

由於劉備建設公司已提供修繕服務，因此符合「賺得」原則。然而，該顧客已經宣布破產，顯示公司的現金回收有重大疑慮，不符合「實現」原則。因此這筆 2,000 萬元的工程款，不能承認爲劉備建設公司 2007 年的收益。

與劉備建設公司類似的情形，還包括下列情形：對財務狀況正常的顧客，銀行會按月或按季承認利息收益，此時顧客可能尚未繳納現金。對財務發生困難的顧客，銀行則必須等待實際繳納利息後，才能承認利息收益。

釋例：

由於台灣的全民健保從 1998 年以來年年虧損，在 2002 年時，立法院針對是否同意健保局調漲費率產生激辯。某立委拿著健保局的財務報表做出以下評論：由資產負債表來看，健保局有超過 600 億元的應收保費，其中台北市政府及高雄市政府大概就占了欠費的一半。這位立委強調，如果健保局加強催收這些積欠的應收款，只要回收10%，就能產生60億的保費收入，對減少健保財務赤字有很大的幫助。試問這位立委的推論正不正確？

答案：不正確

我曾將這位立委的論點敘述給不少人聽，大多數的人都覺得很正確，可見需要讀這本入門書的人口應該不少。事實上，這位立委的看法似是而非，顯然沒搞清楚會計學的基本原理。健保局的損益表採用應計基礎，當健保局承認保險收入時，並不需要收到保費的現金，而可將之列入應收保費（類似企業的應收帳款）。當被保險人歸還欠款時，健保局的現金增加而應收保費減少，純粹只是資產的一增一減，保險收入並不受影響。

舉例來說，若民眾A應繳納健保費1,000元，不論他繳費與否，健保收入都增加了1,000元；民眾A未繳納1,000元前，健保應收保費增加1,000元。A君繳納健保費1,000元後，健保應收保費減少1,000元，由於之前已承認健保收入1,000元，欠款回收1,000元不會再增加健保收入。因此，如果催收健保欠款的努力成功，只能增加健保局的現金，使健保局不必向金融機構借款，以便支付各醫院及診所的醫療費用，卻無法真正改善健保收入，進而避免調高費率。

＊

討論完承認收益的兩大原則後，我們轉向應計基礎承認費用時最重要的「**配合原則**」（matching concept）。配合原則的意義為：對於特定期間內與收益相關的費用，必須跟著收益在同一期間承認，才能提高淨利作為績效評估的合理性。我們繼續利用前面討論現金基礎的例子，說明應計基礎的特色。

釋例：

2006年9月1日　劉邦公司進貨一批，計5億元。

2006年12月1日　劉邦公司賒售該貨品給客户，計6億元。

2007年1月15日　劉邦公司收取貨款，計6億元。

在應計基礎下，劉邦公司2006年的淨利為1億元（6億－5億）。劉邦公司在2006年尚未收到現金，但是貨物已交付給客戶，因此可以承認收益為6億元。根據配合原則，進貨的5億元價款與創造這筆收益直接相關，應該在承認收入的同一期間（即2006年）認列。

相對地，劉邦公司2007年的淨利為0元。雖然劉邦公司2007年收取現金6億元，但在應計基礎下，收益及費用皆為0元。這筆收款交易所產生的影響，純粹只是減少該公司的應收帳款，增加公司的現金部位，並不涉及營利活動對股東權益的增減。由於淨利不因現金出帳及入賬的時點造成扭曲，應計基礎下的獲利合理性較高，較可作為績效評估的根據。

然而，不管使用現金基礎或應計基礎，劉邦公司2006年及2007年的總獲利都是1億元，只是年度間獲利的分配不同。在應計基礎下，2006年的淨利為1億元，2007年的淨利爲 0 元，數字較爲合理。而現金基礎受到現金進出時點的影響，形成 2006 年虧 5 億元、2007 年賺 6 億元的不合理波動。

這個例子也顯示，不管是現金基礎或應計基礎，造成的獲利差別都是暫時性的。也就是說，不論如何衡量績效，這些財務報表的數字長期終會趨於一致。不過，因企業組織與資本市場通常按季或按年來評估經營績效，企業獲利的時間差異受到相當的重視。高於預期或低於預期的獲利數字，往往會帶來股價波動、銀行融資的有無、經理人職位的升遷或罷黜等後果。

在決定企業淨利時，配合原則具有非常廣泛的應用。以銀行放款爲例，銀行雖不確定哪個客戶未來會倒帳，仍須根據歷史經驗與對未來經濟情況的估計，在當期提撥某個比例的壞帳費用，不能等到確定倒帳的對象和金額後，才承認壞帳費用。壞帳費用必須與當期銀行利息收入一起配合認列，才能反映它是銀行當期營業成本的精神。

同理，一個汽車公司必須在新車銷售時，同時預估未來可能發生的汽車維修保固費用，不能等到未來實際發生維修支出時才承認費用；企業提列退休金費用也必須在員工服務期間加以認列，不能等到未來實際支付退休金時才承認。由於這些費用都是預估金額，不僅可能發生衡量誤差，也存在相當大的人爲操縱空間。

此外，有些資產是用來支援整體的生產或營業活動，無法特別與某一筆交易連結。關於資產價值的消耗，有系統地分攤在每一個會計期間，以方便計算損益，這就是**折舊**（depreciation）的觀念。例如某台機器的取得成本爲 5,500 萬元，使用 10 年後的殘值爲 500 萬元。如果公司使用最常見

的「**直線折舊法**」（straight-line depreciation），則該公司每年的折舊費用可計算如下：

（5,500 萬－ 500 萬）÷10 年＝ 500 萬／年

爲了表達資產帳面價值會隨時間而下降，會計學創造所謂的「累積折舊」科目，作爲資產的減項。例如使用該機器的第一年年底，累積折舊等於當年的折舊費用 500 萬，年底機器的帳面淨值爲 5,000 萬（5,500 萬－ 500 萬）。第二年的折舊費用仍是 500 萬，累積折舊則增加到 1,000 萬，機器的帳面淨值在年底爲 4,500 萬（5,500 萬－ 1,000 萬），依此類推。

*

另外，**利得與損失**（gains and losses）是指會計期間因與企業主要業務無關的交易或事件發生，造成股東權益的增加或減少（例如處分一塊閒置土地所產生的利益或損失），這些利得或損失通常是一次性而不是持續性的。在檢視損益表時，分析的重點在於持續性的淨利，而不是暫時性或一次性的獲利。

沃爾瑪損益表釋例

具備了會計的基礎知識後，讓我們進一步檢視沃爾瑪的損益表。

損益表的最基本概念是「**會計期間**」慣例（accounting period），意指編製財務報表時，將企業的經營活動劃分段落（稱為會計期間），以便計算此期間的損益，一般的會計期間以一年最爲常見。至於會計期間的截止日，各企業會斟酌行業特性而有所不同。舉例來說，耶誕節及新年假期是美國零售通路業一年中最重要的銷售旺季，因此零售業一般以1月31日爲會計期間的終點。沃爾瑪的會計年度即爲當年的2月1日到次年的1月31日。

以下依沃爾瑪損益表各會計科目出現之順序，提供簡單定義（請參閱表5-2）：

表5-2 沃爾瑪合併損益表

會計期間終止日：1月31日　　　　單位：百萬美元

	2007		2006	
收入				
淨銷售	$344,992	99%	$308,945	99%
其他收益	3,658	1.0%	3,156	1.0%
收入總計	348,650	100%	312,101	100%
成本與費用				
銷貨成本	264,152	76%	237,649	76%
營運 銷售及管理費用	64,001	18%	55,739	18%
營運利益	20,497	5.9%	18,713	6.0%
利息費用	1.529	0.44%	1,178	0.38%
所得稅費用	6,365	1.8%	5,803	1.9%
少數股權利益	(425)	0.12%	(324)	0.10%
繼續經營部門淨利	12,178	3.5%	11,408	3.7%
停業部門淨利	(894)	0.3%	(177)	0%
淨利	11,284	3.2%	11,231	3.6%
每股盈餘				
每股盈餘	2.71		2.68	
平均流通在外數量	4,164		4,183	
每股現金股利	$0.67		$0.60	

- **收入**（revenues）：一般指公司營業活動所提供的勞務或商品收益。沃爾瑪主要的營業活動是銷售商品，因此銷貨收入是主要的收益來源。
- **淨銷售**（net sales）：**淨銷貨＝銷貨收入－銷貨退回與折讓－銷貨折扣**。「銷貨退回」意指賣出的商品有問題，被客戶退貨的金額；「銷貨折讓」意指賣出的商品有問題，客戶要求將售價降低，退還部分貨款。而「銷貨折扣」則指銷貨時希望買方早點支付現金，因而給予折扣。沃爾瑪 2007 年的淨銷售高達 3,449 億 9,200 萬美元。
- **其他收益**（other revenues）：除了出售商品的收益外，沃爾瑪還有利息、租金等其他收益。2007 年，沃爾瑪其他收益只有 36 億 5,800 萬美元，占總收入的 1% 左右，可見沃爾瑪是十分專注於本業的公司。
- **成本與費用**（costs and expenses）：在營業活動中，公司提供勞務或商品的相關成本。
- **銷貨成本**（cost of sales）：或稱爲「銷貨費用」，意指當期出售商品的進貨成本。2007 年，沃爾瑪的銷貨成本高達 2,641 億 5,200 萬美元，占總營收的 76% 左右，是最重要的成本項目。銷貨成本的計算因受存貨評價制度的不同，產生相當大的差異。例如沃爾瑪的存貨主要以「後進先出法」計算，假設最後購買的存貨會最先銷售出去，因此損益表上認列的銷貨成本會是用最近的進貨價格算出來的。

舉例來說（與第 4 章範例討論對象相同），如果 A 公司週一至週三每天進貨小家電 1 台，成本各爲 30 元、40 元及 50 元，進貨總金額爲 120 元。週四時公司以 100 元出售小家電 1 台，若以「後進先出法」計算，A 公司的銷貨成本爲 50 元（週三的進貨價格）；若按照「先進先出法」計算（假設最先買進來的存貨最先售出），則銷貨成本只有 30 元（週一的進貨價格）。台灣公司一般採用「平均成本法」，亦即三天採購的單位平均成本爲 40 元，則銷貨成本就是 40 元。不同的存貨計價方法，不僅影響存貨價值的表達，也會影響獲利數字。

在財務報表分析中，我們定義「**銷貨毛利**」（gross profit 或 gross margin）爲淨銷貨減去銷貨成本，而銷貨毛利除以淨銷售則稱爲「**毛利率**」（gross margin）。以剛才的小家電爲例，如果它的售價是 100 元，按照不同的存貨計價方法，毛利及毛利率便會有所不同（請參閱表 5-3）。

由表 5-3 可清楚地看出，當小家電的進貨成本遞增（例如通貨膨漲），「後進先出法」會得到最低的毛利與最低的存貨價值。舉例來說，沃爾瑪使用「後進先出法」的主要目的就是節稅（因爲淨利較低）。相對地，「先進先出法」會得到最

表 5-3　毛利與毛利率的計算

存貨法	後進先出法	先進先出法	平均成本法
售價	100	100	100
銷貨成本	50（週三進貨價格）	30（週一進貨價格）	40（平均進貨價格）
毛利	50	70	60
毛利率	50%	70%	60%
總進貨金額	120	120	120
期末存貨價值	70（120-50）	90（120-30）	80（120-40）

高的毛利與最高的存貨價值。當然，如果小家電的進貨成本遞減（例如通貨緊縮），「後進先出法」反而會得到最高的毛利和存貨價值。

假設A公司採用「後進先出法」，而小家電的市價在結帳日時為30元，則存貨的期末價值為60元（30元×2）。按照「成本與市價孰低法」的精神，此時A公司應採用金額較低的市場價值（60元），不是原來的70元，並承認10元的存貨跌價損失（70元－60元）。

*

- **營運、銷售及管理費用**（Operating, selling, general and administrative expenses）：意指除了銷貨成本之外，營運銷售（如運輸成本）、廣告費用及管理費用（如行政人員薪資）等項目。2007年，沃爾瑪的營運及管銷費用為640億100萬美元，占總營收的18%左右。
- **營業利益**（operating income）：銷貨毛利減去營業費用就是所謂的營運利益，它表達公司整體營業活動的利潤，但不代表公司年度的總利潤。2007年，沃爾瑪的營運利益為204億9,700萬美元，占總營收的6%。
- **利息費用**（interest expense）：指沃爾瑪短期商業本票及長期負債等產生的利息費用。
- **所得稅費用**（income tax expense）：指沃爾瑪預估當年美國境內及國際商業活動的所得稅費用。
- **少數股權利益**（minority interest）：在編製合併報表時，子公司業主權益中不屬母公司直接或間接持有的部分，稱為少數股權。2007年，沃爾瑪扣除的少數股權利益（少數股權百分比乘以子公司當年的損益）只有 4 億 2,500 萬美元，代表沃爾瑪幾乎擁有子公司絕大多數的股權。

- **繼續經營部門淨利（profits from continuing operations）**：意指營業利益減去利息、所得稅費用和少數股權利益。2007 年，沃爾瑪的繼續經營部門利益爲 121 億 7,800 萬美元。這個數字是公司核心事業的獲利衡量，也是績效評估的重點。
- **停業部門淨利（profits from discontinued operations）**：公司因特定因素將部分業務或某一部門停止營運，稱之爲停業部門。所謂的停業部門利益，則指當年度停止營業的部門，在該年度所產生的營業利益。假設 2007 年 8 月 31 日時，沃爾瑪決定男裝部門停止營運，則男裝部門在 2007 年 2 月至 8 月的營運利益，即爲停業部門利益。2007 年，沃爾瑪的停業部門損失爲 8 億 9,400 萬美元。
- **淨利（net income）**：一般又稱爲「純利」或「盈餘」（earnings），在非正式用語中也常被稱爲「底線」（bottom line，因爲在損益表底部）。淨利是收益減去所有費用的剩餘，也可分解成持續經營業務稅後利益與終止業務稅後利益的加總金額。2007 年，沃爾瑪的淨利爲 112 億 8,400 萬美元，占總營收的 3% 左右，相當的「薄利」。
- **每股盈餘（earnings per share，簡稱 EPS）**：它是衡量企業獲利常用的指標，定義爲：（淨利－優先股股利）÷ 平均流通在外股票數量。沃爾瑪 2007 年的每股盈餘爲 2.71 美元。

- **平均流通在外股票數量**：2007 年，沃爾瑪的平均流通在外股票數量爲 41 億 6,400 萬股。如果在會計年度中增發新股或配發股票股利，會造成流通在外股票數目的變化，因此需要計算平均的流通股數。

  舉例來說，假設 2007 年 1 月 1 日時，某公司流通在外的普通股爲 5,000 股，7 月 1 日發行新股 3,000 股，總流通股數成爲 8,000 股，則 2007 年的平均流通股數爲 6,500 股（5,000 ×6/12 ＋ 8,000×6/12 ＝ 6,500）。

- **每股現金股利（Dividends per common share）**：計算方式爲該年度現金股利除以平均流通在外股票數量。沃爾瑪 2007 年每股現金股利爲 0.67 美元。

損益表與競爭力

以下將藉由沃爾瑪相對於 Kmart、戴爾電腦相對於惠普科技損益表的比較，從中探討許多與競爭力相關的管理問題。

由營收及獲利持續成長看競爭力

沃爾瑪的競爭力主要來自它持續成長的動能，而營收獲利的成長動能來自新店的不斷拓展，同時也能維持舊店營收獲利的合理成長。1971 年，沃爾瑪在美國境內只有 24 家店；2007 年則成長到 4,022 家店，平均每年開設 108 家。沃爾瑪的國際展店行動開始較晚，1993 年在美國境外只有 10 家店，到了 2007 年則成長到 2,757 家店，平均每年開設 183 家。

隨著快速展店，沃爾瑪的營收急遽增加，由 1971 年的4,400萬美元，增加到2007年的3,450億美元（請參閱圖5-1）；沃爾瑪的獲利也由1971年的200萬美元，增加到2007年的113億美元（請參閱圖5-2）。自1971年至2007年，沃爾瑪的平均銷售成長率為30.9%，最高曾到達77%；從1995年至2007年，沃爾瑪的平均銷售年成長率約為15.9%，最低為2006年的9.8%，已有減緩的趨勢。在如此快速的展店速度下，如何成長而不紊亂，有賴於妥善控制流動資產與流動負債的成長（即所謂的營運資金）。自1971年到2007年，沃爾瑪的年獲利成長率平均約為26.7%，最高曾有119%，唯一一次的獲利衰退是1985年的負27%。

沃爾瑪能維持持續穩定的成長主要來自不斷的拓展版圖，因此每一次成功的購併案，都造成開店數的遽增，從2005年至2007年，沃爾瑪在美國本土的平均銷售成長率為9.1%、年獲利成長率平均約為9.67%，但海外分店的平均銷售成長率為20.7%、年獲利成長率平均約為18%，顯示沃爾瑪在海外市場積極拓展的成果。

其實這幾年沃爾瑪在擴張海外版圖時因為沒有顧及不同文化的客戶需求而遭遇不少的挫折，例如歐洲市場較為成熟，加上許多環境保護的限制，沃爾瑪在歐洲開店的策略是以購併既有的歐洲通路商為主，不再倚賴自建賣場，然而沃爾瑪在德國碰到當地政府的價格控制、嚴格的勞工法和分區經營規則及面對當地強有力的競爭對手，使得沃爾瑪在2006年宣布退出德國市場。

同一年沃爾瑪在南韓也經營的不順利，沃爾瑪在1998年時趁南韓金融危機之機，通過購併進軍南韓零售業，並成為南韓第五大零售商，可惜沃爾瑪拘泥於單一僵化的經營模

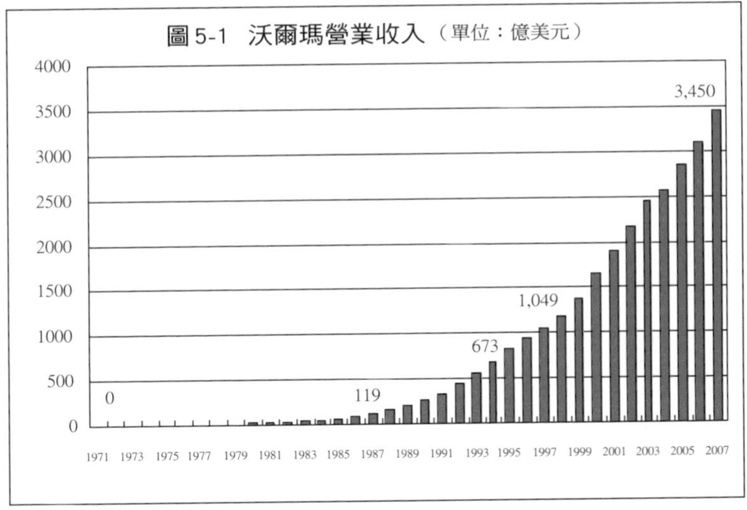

圖 5-1　沃爾瑪營業收入（單位：億美元）

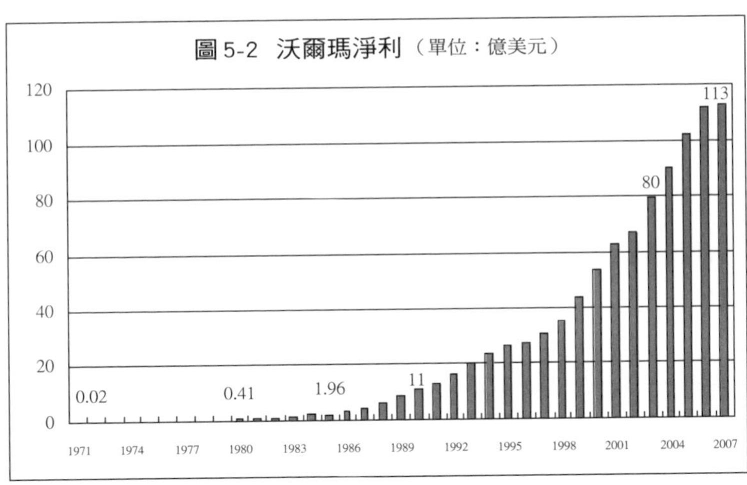

圖 5-2　沃爾瑪淨利（單位：億美元）

式、不適應市場需求且忽視了市場特點和消費者習慣，最後也是不堪虧損決定退出。但是沃爾瑪的全球擴展計畫還繼續進行，除了中國、加拿大及中南美洲等正在進行的拓展市場外，在 2006 年底沃爾瑪宣布和印度當地的零售業者結盟，準備搶下印度這塊龐大的市場。

分析沃爾瑪的損益表時，必須特別注意一點，假若展店無法帶動整體營收成長，或營收成長無法造成獲利增加，那麼沃爾瑪的營運就不正常。通常我們也會檢視沃爾瑪的舊店營收是否持續成長，若出現新店稀釋舊店營收成長的情形，便必須提高警覺。沃爾瑪的營收成長主要分兩階段：1971 年至 1992 年爲止，這段時期爲沃爾瑪的穩定成長階段；1995 年後，沃爾瑪進入了快速成長階段。未來沃爾瑪的主要成長將來自國際市場的擴展（購買土地、店面、設備）。

相對於沃爾瑪的營收與獲利持續快速成長，Kmart 的營收自 1990 年代起呈現成長與衰退夾雜的不穩定狀況，2000 年起因關閉虧損店面，營收更逐年衰退（請參閱圖 5-3）。由於關店及營收衰退，Kmart 的獲利自 2000 年起也呈現連年虧損（請參閱圖 5-4）。2002 年更出現高達 32.62 億美元的巨額損失。由此可見，長期穩定的營收及獲利成長，是企業競爭力的最具體表現。

2004 年 11 月，Kmart 收購了美國 Sears 零售集團，成爲美國第三大零售業者，我們從圖 5-3 和圖 5-4 中看到， Kmart 的營收和淨利都有逐漸上升的趨勢，可見它的經營情況逐漸地在轉好。未來，則要持續注意 Kmart 能不能維持穩定的成長了。

第5章

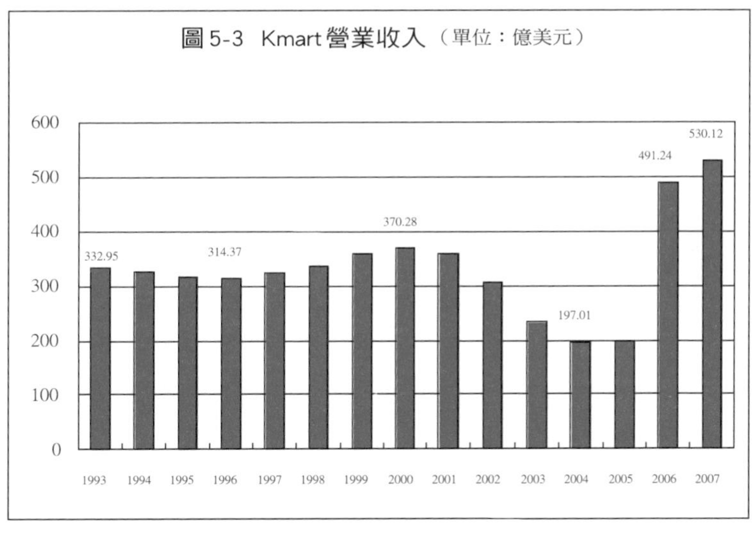
圖 5-3 Kmart 營業收入（單位：億美元）
600
500
400
300
200
100
0
332.95
314.37
370.28
197.01
491.24
530.12
1993
1994
1995
1996
1997
1998
1999
2000
2001
2002
2003
2004
2005
2006
2007

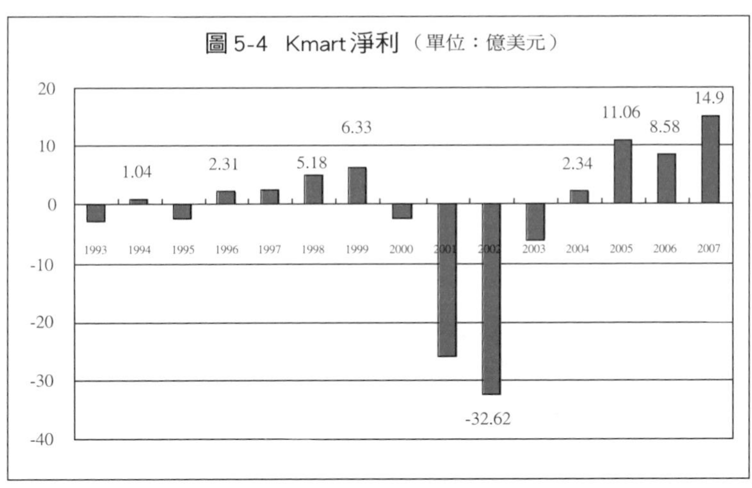
圖 5-4 Kmart 淨利（單位：億美元）
20
10
0
-10
-20
-30
-40
1.04
2.31
5.18
6.33
-32.62
2.34
11.06
8.58
14.9
1993
1994
1995
1996
1997
1998
1999
2000
2001
2002
2003
2004
2005
2006
2007

由每人營業額成長看競爭力

持續的營收成長，是具有競爭力的重要指標。以美國第2大零售商家居倉庫為例（主力業務是家庭DIY用品），營收成長是家居倉庫經營的重點，它更以每人所創造的營業額，作為公司績效衡量的重要指標。在這個指標的引導下，家居倉庫認為員工應該在第一線協助顧客購物，增加每個員工創造的營業額。顧客為了結帳而大排長龍，對公司與顧客都沒有附加價值。因此，家居倉庫在零售業中率先採用「自助式結帳」，目前家居倉庫的所有賣場均已採用此結帳方式，在例假日可使平均結帳時間減少約40%。家居倉庫也十分重視購物經驗的品質，近年積極進行店內改裝（加強燈光照明、更新貨物陳列方式、加強標示的明確性等）。家居倉庫衡量裝修後的賣場銷售區，較未裝修前銷售額成長40%。

由家居倉庫的這些作為，可看出它十分強調以財報數據作為內部管理的參考；而每個員工創造的營業額，更可作為企業競爭力的重要衡量指標。

沃爾瑪的成本控制

沃爾瑪創辦人沃爾頓認為，達到顧客滿意的方法，最重要的就是做到價廉物美，也就是「每日低價」（everyday low price）。因此，**沃爾瑪成本控制的能力，是其競爭力的核心**。如何衡量成本控制的能力呢？以零售業而言，不外乎採購得便宜、管銷費用低。可惜的是，透過損益表的數字，無法直接看出沃爾瑪的採購成本是否低於Kmart。例如1995年至1999年之間，沃爾瑪的銷貨成本約占銷貨收入的80%，而Kmart為78%（請參閱圖5-5）。這個比率不能直接用來比較

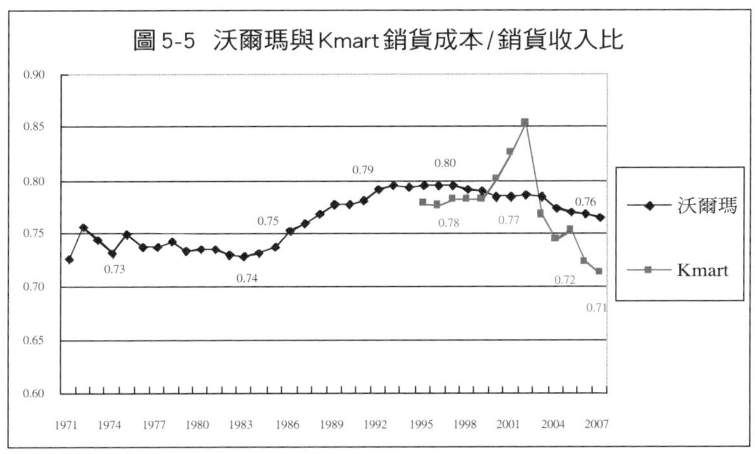

兩者採購成本的差異，理由是沃爾瑪的採購成本可能比 Kmart 低，但是因為定價比 Kmart 低，所以銷貨成本占銷貨收入的比率反而較 Kmart 高。事實上，如果由毛利率（毛利 ÷ 營收，請參閱圖 5-6）的變化來看，沃爾瑪在 1990 年代的毛利率低於 Kmart，反映了沃爾瑪以「低毛利率」作爲競爭利器的策略。此外，沃爾瑪的毛利率從 1970 年的 27% 左右，一路下降到 20% 左右，並維持到現在，變化相對較爲穩定；在 1998 年以後，Kmart 的毛利率則波動很大，先是快速下跌，這幾年又快速上升，顯示它的營運狀況相當不穩定。

很明顯地，與 Kmart 相較沃爾瑪的相對競爭優勢清楚地表現在管銷費用比率（管銷費用 ÷ 營收）。自 1990 年代起，沃爾瑪的管銷費用比率相對穩定，都維持在總營收的 15% 至 19% 之間（請參閱圖 5-7）；而 Kmart 的比率除了波動較大外，也都高於沃爾瑪。在利潤微薄的通路業裡（淨利率 3% 至 4%），管銷費用最高可高出對手 5% 到 6% 的窘境，註定讓

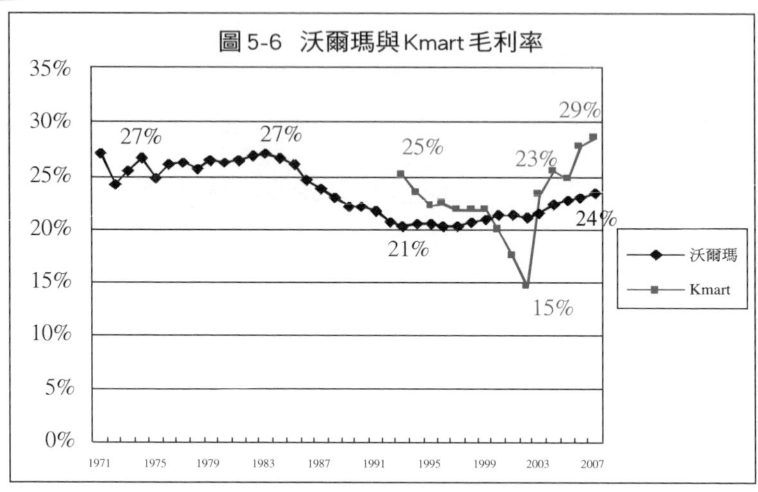
圖 5-6 沃爾瑪與Kmart毛利率
35%
30%
25%
20%
15%
10%
5%
0%
27%
27%
25%
29%
23%
24%
21%
15%
1971
1975
1979
1983
1987
1991
1995
1999
2003
2007
沃爾瑪
Kmart

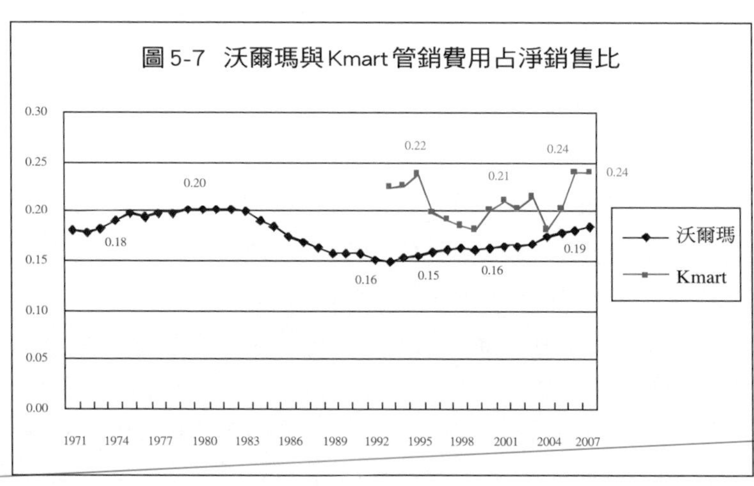
圖 5-7 沃爾瑪與Kmart管銷費用占淨銷售比
0.30
0.25
0.20
0.15
0.10
0.05
0.00
0.22
0.24
0.24
0.21
0.20
0.18
0.19
0.16
0.15
0.16
1971
1974
1977
1980
1983
1986
1989
1992
1995
1998
2001
2004
2007
沃爾瑪
Kmart

Kmart 只能處於挨打的局面。

規模經濟的優勢，讓沃爾瑪可以因爲大量採購而買得便宜；嚴格的成本控制，則讓沃爾瑪的經營效率領先業界。然而，沃爾瑪由上市到現在，利潤率（淨利 ÷ 營收）幾乎都在 3% 至 4% 之間（請參閱圖 5-8），近年來更是十分穩定地逼近 3%，這種「微利化」的策略，讓對手感受強大的壓力。相對於沃爾瑪穩定的利潤率，Kmart 自 1990 年代起利潤率都低於沃爾瑪，2000 年後 Kmart 更因營運虧損連年衰退產生相當巨額的損失，利潤率波動很大。

沃爾瑪以「**成本領導**」（cost leadership）作爲主要競爭策略，而「**差異化**」（differentiation）則是另一種重要的競爭策略。不同的策略定位，在損益表上顯示的數字通常大不相同。例如舉世知名的消費者精品品牌路易威登（Louis Vuitton），2006 年集團毛利率高達 64% 以上，顯示消費者

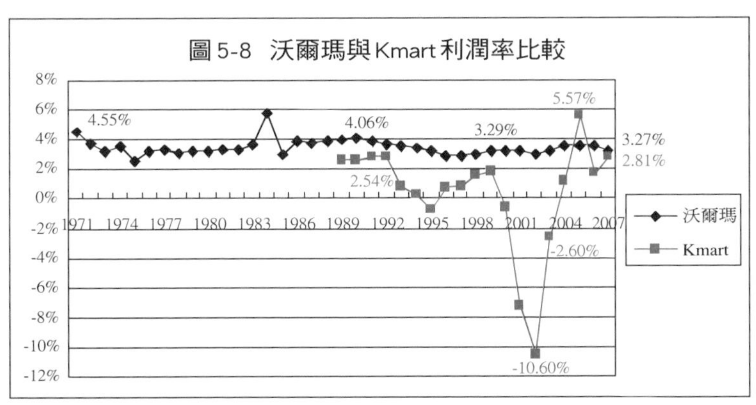

認同其產品具有高度差異性，願意支付較高的價格。但是在消費精品的經營上，行銷管理費用往往十分昂貴，占其收益43% 以上，因此路易威登集團（LVMH）的純利率只有 14% 左右。又如華碩電腦的主機板素以高品質著稱，反映在 1990 年代損益表上的則是高達 30% 左右的毛利率。因此，毛利率的或高或低，是衡量企業採用差異化策略是否成功的良好指標。

沃爾瑪的自我要求指標

至於沃爾瑪的內部管理，它也常用財務報表建構績效評估指標，採用的主要指標包括（詳見其 2007 年年報）：

1. **同店銷售額成長**（comparative store sales）：除了利用不斷拓展的新店增加營業額，已經存在的既有賣場（沒有店面擴充或店址遷移）能否繼續增加市場占有率，是零售業經營管理的重要指標。沃爾瑪 2007 年總營收成長 9.5%，美國境內同店銷售成長為 1.9%。根據沃爾瑪的經驗，新店開張大約對舊店有 1% 左右營業額的負面影響。相較之下，家居倉庫的同店成長率這幾年波動較大，2005 年為 3.8%，到了 2006 年則下滑 2.8%，但這兩年的營收成長都有約 11%，理由是前幾年美國發生多次嚴重颶風，導致各種屋頂、水泥建材的需求大增，持續的需求帶動了銷售的增長，但在修繕完成後短期內需求就大幅下降，另外它採用較密集之新店、舊店同一地區並存的展店策略，以提供顧客更好的服務。家居倉庫曾估計，這種展店策略會使同店營業額下滑約 1.9%。

2. **獲利成長率與營收成長率的比較**：追求獲利成長率高於營收成長率，一直是沃爾瑪努力的目標。由 1971 年迄今的 36 年中，沃爾瑪有 17 個年度達成此目標，19 個年度未達到。
3. **存貨金額成長率必須小於營收成長率的一半**：它是沃爾瑪衡量效率新近採用的重要指標。過去 36 年中，沃爾瑪有 5 年達到這個目標，有 31 年未達到。
4. **提升資產報酬率**：由於沃爾瑪的資產金額龐大，它十分關心資產是否具有生產力。沃爾瑪希望資產報酬率能維持在 9% 左右。〔資產報酬率的定義是淨利除以平均資產金額（或期末資產）。〕由 1971 年迄今的 36 年中，沃爾瑪有 15 年達到這個目標，有 21 年未達到（請參閱圖 5-9）。相對地，Kmart 的資產報酬率一直明顯低於沃爾瑪，2000 年後它的資產報酬率更衰退為負數。

圖 5-9　沃爾瑪與Kmart資產報酬率比較

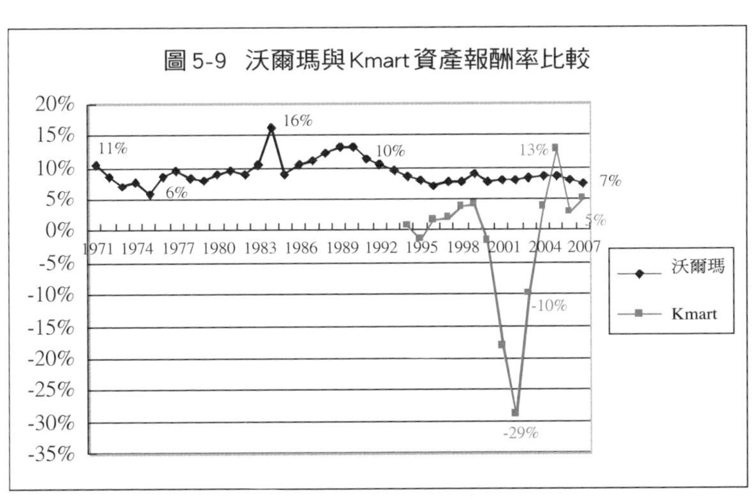

由上述沃爾瑪自行要求的內部績效指標來看，它要求的大多是目前仍無法輕易達成的艱鉅目標，可說是「自律甚嚴」。

資產周轉率的玄機

零售業的核心競爭能力之一，即是利用資產創造營收的能力。這種能力稱爲「**資產周轉率**」，定義爲：**營收 ÷ 總資產**（總資產可定義爲「平均資產」或「期末資產」）。

沃爾瑪的競爭力

1980 年代，沃爾瑪的資產周轉率曾高達 4 至 5 倍，近 10 年漸趨穩定，大約在 3 倍左右，幾乎都高於 Kmart（請參閱圖 5-10）。

沃爾瑪表面上看來穩定的資產周轉率，若將它拆開爲「流動資產周轉率」（營收 ÷ 流動資產）與「固定資產周轉率」（營

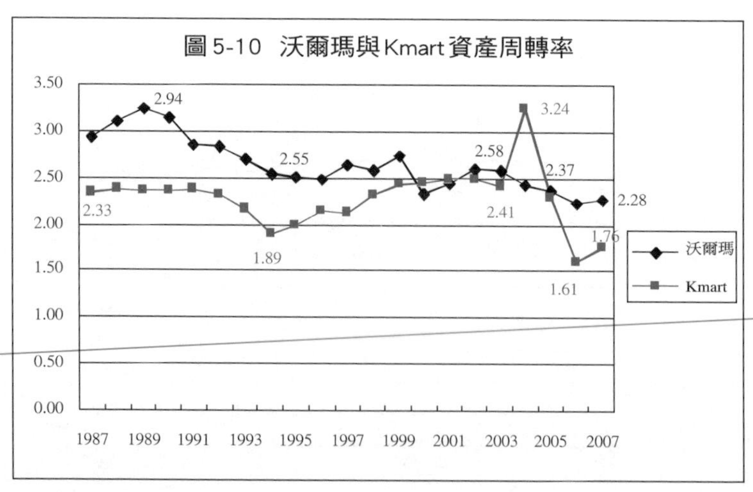

收 ÷ 固定資產），我們會發現非常不同的變化趨勢。

1990 年代初期，沃爾瑪的流動資產周轉率約有 5 倍；在 2007 年，它已經高達 7 倍，呈現一路上升的趨勢。相對地，沃爾瑪的固定資產周轉率卻由 1990 年代的 6 倍左右，一路下滑到 2007 年的 3.3 倍（請參閱圖 5-11）。也就是說，我們看到穩定的資產報酬率，原來是兩股相反力量互相抵消的結果。爲什麼固定資產周轉率會不斷下滑？財務報表無法回答這個問題，必須以公司內部更精細的資料來分析。（EMBA 的管理會計課程會進一步討論這類型問題！）

這種固定資產周轉率的不利發展，可能是賣場單位面積創造的營收下降所致（即所謂的「坪效」降低），也可能是購買每一單位賣場面積的價格不斷增高所致（例如在歐洲購併其他賣場的成本相當昂貴）。不斷地解析一個現象以求得答案

圖 5-11　沃爾瑪固定資產周轉率與流動資產周轉率

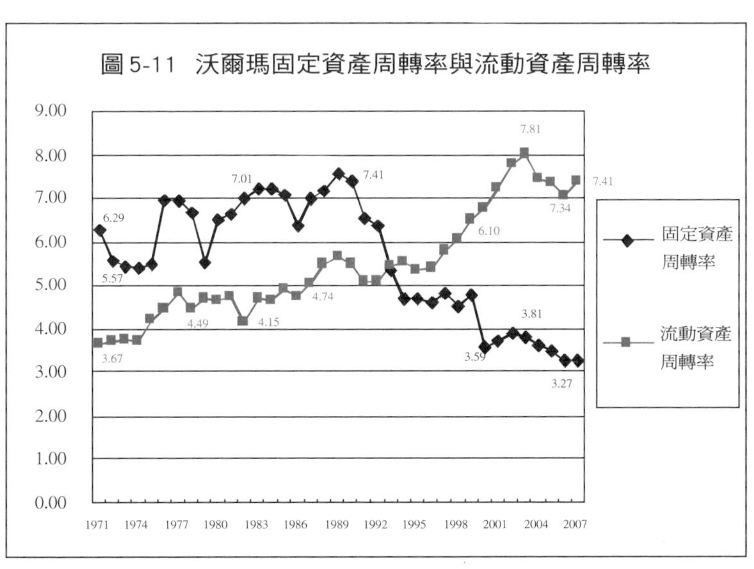

的過程，是進行競爭力分析必須使用的基本方法。

在沃爾瑪的流動資產中，最重要的是存貨，如何將存貨快速售出，因而是沃爾瑪非常重要的能力，「**存貨周轉率**」便是衡量此能力的常用指標。存貨周轉率的定義是：**銷貨成本 ÷ 期末存貨金額**（或銷貨成本 ÷ 平均存貨金額），存貨周轉率愈高，代表存貨管理的效率愈好，可用較少的存貨創造較高的存貨售出量（以銷貨成本代表採購成本）。在 1970 年至 1990 年的 20 年間，沃爾瑪的存貨周轉率約在 4 倍到 5 倍之間（請參閱圖 5-12）。1995 年之後，則由 5 倍成長到目前的 8 倍左右。相對來說，自 1990 年代中期迄今，Kmart 的存貨周轉率大約在 4 倍到 5 倍之間，明顯落後於沃爾瑪。

戴爾電腦的競爭力

自成立以來，戴爾一直是個激進的價格破壞者，運用直銷帶來的低成本優勢，不斷降低售價來刺激銷售、擴大市場占有率。如果比較戴爾與惠普的成本結構，兩家公司的相對競爭力可說一目了然（請參閱圖 5-13）。戴爾的管銷費用占

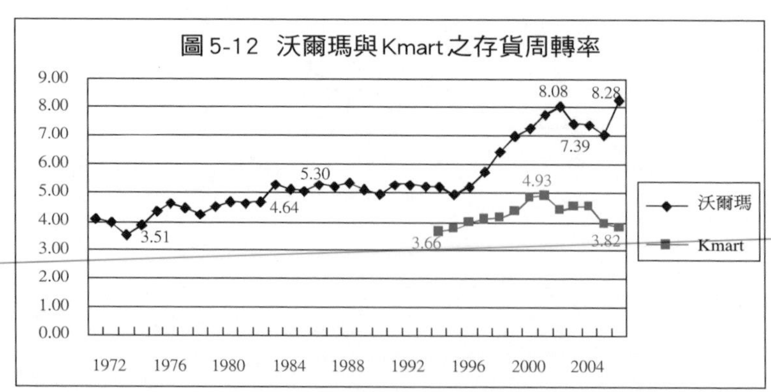

營收之比率，由1994年的15%左右，一路下降到2006年的9%；在同一時期，惠普的管銷費用占營收之比重，則由25%降到15%左右，雖然有顯著進步，仍舊比戴爾高出近6%左右，在一個淨利率不足6%的個人電腦產業，這種成本結構的劣勢，讓惠普的競爭力落後於戴爾。值得一提的是，但是惠普在新的CEO上任後努力地改善惠普的成本問題，我們可以看到惠普這兩年的比率已慢慢下降，未來需要持續地觀察惠普的成本結構是否改善。

聯發科的競爭力

台灣半導體（IC）設計產業龍頭聯發科的蔡明介董事長，最愛引用孟子的「無敵國外患者，國恆亡」，用來提醒員工一定要有「危機意識」。蔡明介對IC設計公司的財務分析有著一針見血的看法——毛利率的高低反映競爭力的強弱，他認為對IC設計業來說，需要透過產品的差異化來提升企業的競爭力，因為市場隨時加入新的競爭者來分享獲利，尤其是邏輯

圖5-13 戴爾電腦與惠普科技管銷費用/營收之比率

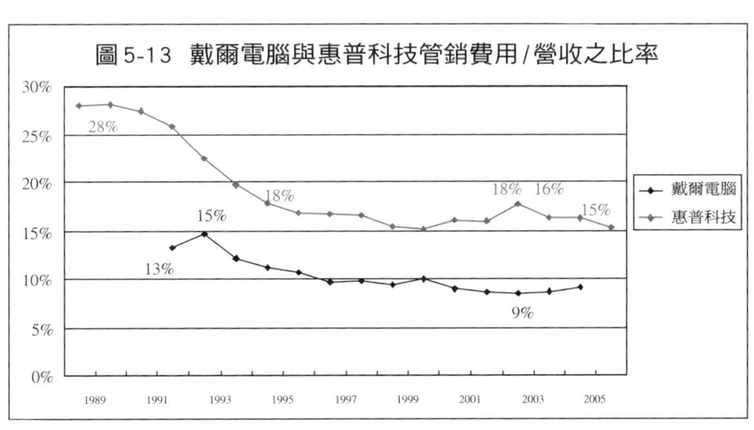

IC 的產品不像記憶體產品有標準化的規格，可以利用降低成本來增加獲利，若市場中競爭者越多或實力越強，利潤就越低，因此要靠設計來差異化產業內部的產品，提升自身的競爭力。我們來看看威盛和聯發科的毛利率在近年來的變化，2000 年的時候兩家公司大約都有 42%，從 2000 年至今，聯發科的毛利率始終維持在 40% 到 50% 之間，2007 年第 1 季已經達到 57%，而威盛卻從 40% 一路滑落至 2007 年第 1 季的 22%（請詳圖 5-14）。我們若觀察這兩家公司的獲利，聯發科從 2000 年的 33 億元逐年上升至 2006 年 225.8 億元，反觀威盛在 2000 年還有約 65 億元的獲利，但最慘曾在 2004 年的時候虧損約 49 億 8,000 萬元，到 2006 年還是虧損了約 11 億 6,000 萬元。

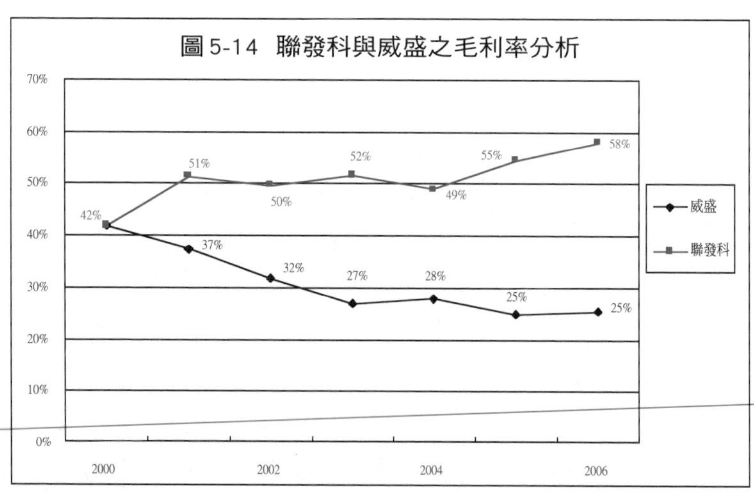

圖 5-14 聯發科與威盛之毛利率分析

其他重要議題

除了利用沃爾瑪介紹損益表的基本觀念，幾項常見的損益表議題也在此一併討論。

長期投資效益的會計處理

關於企業長期持有其他公司的股份（例如第 4 章討論的「長期股權投資」），在會計上有「成本法」與「權益法」兩種處理方式：

1. **成本法（cost method）**：適用時機是公司對被投資公司沒有顯著的影響力（例如股權未達 20%）。在成本法之下，只有當被投資公司發放現金股利時，才視爲公司的股利收入。期末被投資公司股價的漲或跌，將視爲長期投資未實現的利得或損失，直接反映在股東權益的變動上（請參閱第 7 章），而不是表現在損益表上。
2. **權益法（equity method）**：適用時機是公司對被投資公司有明顯的影響力（例如股權超過 20%，或是在被投資公司董事會的席次足以影響決策等）。在權益法之下，被投資公司的年度損益，將依平均股權比例認列爲長期投資利得或損失，直接在損益表上表達。例如被投資公司當年淨利 1 億元，若公司擁有它 30% 的股權，則可承認 3,000 萬元的投資收益。反之，若被投資公司當年虧損 1 億元，則須承認 3,000 萬元的投資損失。若持有股份超過 50%，或可主導其財務、人事及管理方針者，期末必須與被投資公司編製合併的財務報表。

有關於長期投資本身的價值是否公允表達，筆者將在第 8 章資產減損的討論中加以說明。

研發費用的會計處理

企業研究發展（R&D）的支出，雖然可能帶來長期的經濟利益，但由於有相當大的不確定性，目前會計規定的很嚴謹，不讓企業隨便將研究發展的支出都當成公司的資產。還在「研究」的階段時，所有的支出都要視為當期費用，當研究完成進入「發展」的階段，也只有在這項無形資產確定有商業價值時才將它當成資產（可每年平均提列該資產的一部分轉為費用）。

然而，一個企業未來是否具有競爭力，往往要觀察景氣不佳時它對研發支出的態度。德州儀器總裁安吉伯（Tom Engibous）認為，面對景氣的嚴重低迷，企業對研發支出有 3 種做法：第一，將所有研發投資全部刪除，從該產業退出，但是當景氣恢復時，企業便再也無法復出；第二，企業可按比例減少部分支出，把身子蹲低，等待時機好轉；第三，企業可採取攻擊姿勢，若是本來體質就很強壯的公司，在不景氣時加強研發，藉此拉開與競爭對手的差距。由此可知，觀察一個企業在逆境中是否維持研發支出，也可看出其未來競爭力的表現。

每股盈餘的迷思

每股盈餘是否愈高愈好？通常每股盈餘高代表公司獲利能力良好，的確是個正面的現象；若每股盈餘逐年下降，則代表公司獲利跟不上股本增加的速度（如配發股票股利及員工無償配股）。然而，透過配發股票股利或股票分割（stock split，例如 1 股變成 2 股）使每股盈餘下降，有時是爲了使每一股股價降低，提高股票的流通性，未必是獲利衰退。

此外，過度注重每股盈餘也可能有負作用。例如爲了使每股盈餘維持在高檔，當淨利成長時，刻意控制流通在外股數（亦即控制股本）不成長。但是，當企業不斷成長時，負債也通常會一起成長（尤其是流動負債）。如果企業沒有非常好的獲利，使保留盈餘與股東權益也跟著成長，利用控制股本追求每股盈餘的成長，可能使負債相對於股東權益的比率偏高，進而造成財務不穩定。

在投資決策上，每股盈餘常與「**本益比**」（price-earnings ratio, PE ratio）搭配運用，以決定合理的股價。例如預期的每股盈餘爲 4 元，而合理的本益比爲 15，則合理的股價爲每股 60 元（4×15），只有在股價顯著低於 60 元，理性的投資人才會願意購買股票。巴菲特強調要拿捏至少 25% 的「安全邊際」（margin of safety），也就是說，合理股價 60 元的股票，只有在市場股價爲 45 元（60×0.75）以下時才值得投資，預留可能誤判投資價值的風險。

運用每股盈餘進行投資的可能問題有兩種：

1. **過分高估未來的每股盈餘**：保持每股盈餘的持續成長十分困難，當損益表顯示當期亮麗的每股盈餘時，往往是該公司或該產業景氣的頂點，未來每股盈餘會由盛而衰。這種情形特別容易發生在 DRAM、TFT-LCD、塑化、鋼鐵等景氣循環型產業。
2. **未能注意本益比持續下降**：當一個公司未來獲利成長

的速度變慢、營運風險增加，或整個經濟體系的風險上升（如面臨戰爭），其對應的本益比便隨之下降。例如台灣電子產業的平均本益比，1995 年至 2000 年間為 20 倍，目前已下降到 10 倍左右，主要是因為產業日益成熟，成長性降低所致。

從國美與蘇寧電器來看中國大陸公司的損益表

中國大陸的零售業是廝殺慘烈的「紅海」。國美電器是大陸家電零售業的龍頭，原本與另外兩家家電商永樂、蘇寧在競爭大陸的家電連鎖市場，2006 年 7 月國美宣布與永樂電器合併，更大幅擴張了集團的規模，店家數從 391 家增加到 572 家。而排名第二的蘇寧電器則緊追在後，2006 年底有 351 家店，也較 2005 年底增加了約 49%。才 35 歲的國美電器董事長黃光裕在 2005 年成為中國首富，不過 2007 年初，蘇寧電器的股票從剛掛牌的 29.8 元人民幣已經漲到 65 元人民幣，使得蘇寧董事長張近東的身價一舉超越了黃光裕。

就像前面提到的沃爾瑪靠著快速的展店獲得大量營收一樣，國美與蘇寧電器在連鎖店數量的增加、縱向和橫向市場布局的逐步深入、連鎖網路規模的擴大和完善以及即有連鎖店逐步趨於成熟，使得營業收入和成本均大幅增加。兩家公司在 2006 年的銷貨收入大約都是 250 億人民幣左右，毛利率也非常接近，國美大約 9.54%，蘇寧則是 10.42%，可以從營運績效看出兩家公司的競爭激烈，也可以看出國美的低價策略可能比蘇寧更兇悍。

我們除了分析公司的財務報表，還可以從公司每年發布的年報中，獲得許多和公司經營狀況及財務相關的資料和訊息，例如各種產品別占收入的比重以及銷售不同產品的毛利率。例如蘇寧電器主要的營收是來自銷售電視音響及通訊設備，共占總營收約 45%，然而毛利率最高的是小家電及廚房設備，約有 15%，國美電器主要的營收則是來自銷售影音產品及冰箱洗衣機，共占總營收約 46%，然而毛利率最高的是小家電，約有 13%。從這裡我們可以知道一家企業的營收主要來自哪些產品，還可以知道哪些產品會幫企業賺錢。

另外，我們還可以分地區來看公司的營收，例如蘇寧電器在華東地區的營收就占了總營收約 51%，顯示蘇寧的主要經營區域是在江蘇附近例如南京和上海等一級城市，而西部地區營收較前一年成長近 2 倍，顯示蘇寧的業務拓展及西部市場的潛力。國美原本的店面多在北京、天津等北部城市，永樂電器則在上海有 50 家店面，合併後國美也順利地將版圖拓展至華東地區。

就像看沃爾瑪的損益表一樣，我們也要考慮來自同業大規模開店的競爭壓力狀況、城市市場的飽和度等因素。在快速展店的同時，營收是等比例地成長，還是店開的越多產生的成本越高，反而使得單店的利潤越來越少？在大量增設門市及擴充零售網路的同時，會增加大量的營銷費用等支出，蘇寧的銷售和管理費用占營收比率爲 10.6%，國美則爲 10.9%，顯示兩家公司對銷售管理費用控制的能力十分接近。就像沃爾瑪和 Kmart 在如此低毛利率的產業型態下競爭一樣，國美的利潤率還能有 3.8%，而相對地蘇寧的利潤率只有 2.9%，由此可以看出國美目前似乎較占優勢。

面對企業真實的經營績效與競爭力

雖然獲利是企業經營績效的衡量指標，一般公認會計原則也希望協助經理人及投資人衡量獲利，但有時經理人必須以更嚴苛的態度，面對企業「眞實的」績效。例如台灣公司行之有年的員工分紅無償配股，將要在2008年起列入薪資費用計算，之前一直都是當成股東權益的分配。然而，過去會計學界對它應屬於費用的看法早有共識，資本市場的分析師與投資人也對此認同。因此，經理人不該只用損益表中不扣除員工分紅的數字，作爲自己「眞實」績效的衡量。（員工分紅無償配股對公司獲利造成的虛增效果，本書第9章將加以詳述。）

身爲一個經理人，當你發現自己公司的關鍵競爭指標（例如營業成本除以營收的比率、資產報酬率或存貨周轉率）長期、持續地輸給主要競爭對手（例如Kmart之於沃爾瑪、惠普之於戴爾），會不會有種心驚膽跳的感覺？財務報表無法告訴你應該採取什麼作爲，但它直截了當地吐露企業相對競爭力的強與弱，促使經理人重新反省自己是否有效地執行管理活動。

【參考資料】

❶瑞姆．夏藍（Ram Charan），2004，《成長力：持續獲利的策略》（*Profitable Growth is Everyone's Business*）。李明譯。台北：天下文化。

第 6 章

別只顧加速，卻忘了油箱沒油
——現金流量表的原理與應用

中國中央電視台投資拍攝的「喬家大院」，是2006年風靡兩岸三地的連續劇。該劇描寫山西鉅商喬致庸（1818～1907）原本只想做個讀書人，中個舉人或進士來光宗耀祖，但卻因爲家族事業陷入危機，爲了挽救家勢不得不棄儒從商。憑著過人的膽識和商業眼光，喬致庸做到了「貨通天下，匯通天下」的大格局，成爲清朝末年最成功的商人之一。但是後來喬家的事業是怎麼陷入危機的呢？

原來喬家的「復字號」與邱家的「達盛昌」是內蒙古包頭市場上的死對頭。「達盛昌」爲了吃掉「復字號」，設下陷阱，首先抬高高粱市價，聲稱要壟斷高粱的市場，不再讓「復字號」介入高粱買賣。當時喬家事業的負責人是喬致廣（喬致庸的大哥），他被激怒後決定還擊，也大舉買進高粱，炒高價錢，企圖阻絕「達盛昌」進貨。不過「達盛昌」爭奪市場是假，引誘「復字號」走入困局才是眞正目的。他們一邊在市場上虛張聲勢，一邊悄悄地由東北運來大批高粱，讓「復字號」不斷地吃貨，最後「復字號」的銀子都變成了高粱，現銀無法周轉，終於陷入財務危機，而喬致廣則因憂憤攻心而猝死，企業集團岌岌可危。巧的是，類似的商業競爭劇情也出現在韓國歷史劇中。

韓國電視連續劇《商道》是近年探討商業活動不可多得的好戲，這齣戲描述19世紀初的韓國商人林尙沃，如何由貧無立錐之地，奮鬥成功而躍居爲韓國第一富商。林尙沃早年在濟州的灣商工作，野心勃勃的競爭對手松商，想盡一切辦法欲併呑灣商，以便擴充它的商業地盤。在《商道》中有段十分發人深省的情節：松商收買了灣商的「高階經理人」鄭治壽，要求他想辦法打擊灣商。結果，鄭治壽利用灣商「總經理」及各店店主出差的機會，以查帳爲藉口，要求灣商的所有事業單位交出「財務報表」（帳冊），以便讓他找出灣商的罩門。

經過深入分析後，鄭治壽發現，當時灣商在大定江海口與清朝商人的黑市交易，不僅數量龐大，而且收取現金，因此成爲灣商事業體系的資金引擎。發現了這個罩門之後，鄭治壽於是建議松商「總裁」，要他說服濟州的地方政府，禁止清朝商人到大定江海口進行黑市貿易。這一招卡住灣商現金流量的咽喉，果然使灣商立刻陷入經營危機。這種因現金流量突然萎縮所產生的困境，在古今中外的商界不斷重演，有時連企業績優生也不例外。

傑出的企業家，都深刻地了解現金流量的重要性。

奇異前執行長威爾許（Jack Welch）曾宣稱：「如果你有三種可以依賴的度量方法，應該就是員工滿意度、顧客滿意度和現金進帳。」IBM前執行長葛斯納則認爲，要確保股東的持股價值，必須特別注意：「市場占有率上升，是否使現金流量增加，這裡所說的是扣除所有費用後的現金流量，不是惡名遠播的稅前盈餘和胡說八道的試算盈餘（財務預測）。」

1993年，面對戴爾第一季、也是唯一一季的嚴重虧損時，總裁戴爾曾經反省地說：「我們和許多公司一樣，一直把注意力擺在損益表上的數字，卻很少討論現金周轉的問題。這就好像開著一輛車，只曉得盯著儀表板的時速表，卻沒注意到油箱已經沒油了。」因此，他宣稱：「戴爾新的營運順序不再是『成長、成長、再成長』，取而代之的是『現金流量、獲利性、成長』，依次發展。」戴爾如此的自我檢討，讓我想起一位 F1 賽車名將所說的至理名言：「想先馳得點，你必須先抵達終點。」對企業而言，讓現金流量不中斷，是抵達終點的最基本條件。

但是，眞正感受到現金流量造成的沉重壓力，恐怕是那些面臨財務問題的企業了。2003 年，衛道科技無法如期清償公司債而導致信用危機，董事長張泰銘先生在一次專訪中說道：「人家說銀行是雨天收傘的，但是你沒有親身經歷的話，眞的不知道那個抽銀根的切膚之痛。」

*

本章將先介紹現金流量表的基本原理和觀念，其次以沃爾瑪 2007 年的現金流量表爲範例，說明如何解讀營運、投資及融資活動的現金流量。接下來，筆者以沃爾瑪相對於 Kmart、戴爾相對於惠普的現金流量型態，進一步說明現金流量表與競爭力衡量的關係，並用台灣幾家電子公司如華碩、力廣等來介紹現金流量與獲利之間的變化對企業經營的影響。最後，本章用聯想集團爲例子，看中國大陸企業的現金流量表特性。

現金流量表的基本原理

編製現金流量表的目的，是解釋資產負債表中企業的現金部位，在會計期間如何因營運、投資及融資活動而增加或減少。現金流量表自1989年才開始正式編製，最晚誕生，也最不被經理人與投資人了解，卻是企業生存最重要的憑藉。

回收現金是企業經營的最基本原則。就營運活動而言，由顧客端所收取的現金，必須大於支付生產因素所支付的現金（工資、材料、水電、房租等）；就投資活動而言，投資期間現金的總回收，必須大於現金的總支出；就融資活動而言，不管是短期或長期借款，經過一段時間後，必須連本帶利一併歸還。這麼簡單的原則，卻由於必須對企業進行定期的績效評估（也就是計算當期損益），經常遭到誤解及扭曲。舉例來說，根據收益承認原則，只要企業管理當局認為信用交易符合「賺得」及「實現」兩個標準，信用銷售就可以算成是收益，進而提高淨利。但是在應收帳款尚未回收前，這筆銷售交易事實上並未全部完成。部分企業以浮濫的信用制度來增加營收，隨後卻可能面臨應收款成為壞帳的困境。對銷售人員而言，獲得訂單並順利出貨是他們工作的重點；但是對企業而言，倘若無法收回現金，這筆交易不但不能為企業創造任何經濟價值，還增加了企業的財務風險。

企業的現金存量（stock）與現金流量（flow）可能有極大的不同。2007年，沃爾瑪的資產負債表顯示它的期末現金（存量）約有73億美元，僅占它總資產的5%左右。但是沃爾瑪當年的銷售金額高達3,450億美元，加上龐大的擴店資金支出（約157億美元），現金流量的總額十分驚人。

造成現金改變的活動有 3 大類：

1. **營運活動**：亦即所有能影響損益表的營業活動，例如銷售及薪資費用。
2. **投資活動**：主要指取得或者處分長期資產的活動。例如購買土地、廠房、設備的現金支出，或出售既有固定資產所回收的現金。
3. **融資活動**：包括企業的借款、還款、發放現金股利、購買公司庫藏股及現金增資等活動。有時一筆交易可能包含不同活動類型的現金流量，例如企業償還向銀行貸款的本金及利息，本金部分屬於融資活動，利息部分則屬於營業活動（因爲利息費用影響了損益表）。

現金流量表的觀念架構

欲了解現金流量表的觀念架構，必須回到第 4 章介紹的會計恆等式：

資產＝負債＋股東權益

在此，我們特別將資產區分爲現金與非現金資產。其中非現金資產包括短期流動資產（例如應收帳款及存貨等）與固定資產（例如土地、廠房、設備等）。因此，會計恆等式可以寫成：

現金＋非現金資產＝負債＋股東權益

經過移項可得到以下公式：

現金＝負債＋股東權益－非現金資產

若以△代表每一類會計項目的「期末金額減去期初金額」（也就是當期的變化量），則公式可改寫為：

△現金＝△負債＋△股東權益－△非現金資產

也就是說，當負債增加或辦理現金增資（股東權益增加），都會使現金流量增加。但是增加應收帳款、存貨與固定資產等非現金資產的項目，會使現金流量減少。

編製現金流量表的兩種方法

現金流量表的編製，可分成「**直接法**」及「**間接法**」兩種方法，主要差別在於對營運活動現金的表達方法不同。若以直接法編製，特色是直接列舉造成營運活動現金流入及流出之項目；而間接法則由損益表的淨利金額出發，經過加減相關項目的調整（稍後詳述），最後得到營運活動現金淨流入或淨流出的金額。至於投資及融資活動現金流動的表達方法，直接法及間接法則沒有不同。在實務上，目前大部分公司是以間接法來編製現金流量表。

營運活動現金的淨流入或淨流出，可想成類似現金基礎下公司的獲利或虧損。透過現金流量表，我們就可觀察應計基礎與現金基礎下獲利數字的差異。以劉備公司為例（請參閱

表 6-1），讀者可檢視以直接法與間接法編製的現金流量表，由該表可看出，兩種方法最主要的差別，在於對營運活動現金的表達方法不同。

間接法調整項說明

間接法是一般公司編製現金流量表最常用的方法，但它所牽涉的調整項目往往讓初學者不易了解。以下筆者將討論 3 個例子，說明損益表的淨利要經過哪些調整才能得到營運活動的現金流量。

1. 由淨利加回折舊費用

爲什麼必須把折舊費用加回淨利，以計算營運活動的現

表 6-1　劉備公司現金流量表

會計期間終止日：2006 年 12 月 31 日　　單位：百萬元

直接法		間接法	
營運活動現金		營運活動現金	
		淨利	9,000
收取顧客貨款	35,000	應收帳款增加	-2,200
支付員工薪資	-20,000	應付薪資增加	3,000
支付貨款	-3,200	應付帳款增加	2,000
營運活動現金淨流入	11,800	營運活動現金淨流入	11,800
投資活動現金		投資活動現金	
電腦設備投資	-3,000	電腦設備投資	-3,000
投資活動現金淨流出	-3,000	投資活動現金淨流出	-3,000
融資活動現金淨流出		融資活動現金	
現金股利支付	-11,600	現金股利支付	-11,600
融資活動淨流出	-11,600	融資活動淨流出	-11,600
本期現金淨減少	-2,800	本期現金淨減少	-2,800
現金餘額（2006年1月1日）	4,000	現金餘額（2006年1月1日）	4,000
現金餘額（2006年12月31日）	1,200	現金餘額（2006年12月31日）	1,200

金流量？請看以下釋例。

釋例：

假設劉備公司今年的淨利為21萬元，折舊費用為2萬元，那麼劉備公司今年的營運活動現金是多少？（假設劉備公司一切營業交易都以現金進行。）

按照應計基礎下淨利的定義：
淨利＝（收入－不含折舊的費用）－折舊費用

注意此處假設交易都以現金進行，因此：
淨利＝（現金收入－現金支出）－折舊費用

經過移項後：
（現金收入－現金支出）＝淨利＋折舊費用

按照定義：
淨營運活動現金流入＝（現金收入－現金支出）

因此，我們得到以下的關係：
營運活動現金流入＝淨利＋折舊費用
＝21萬＋2萬
＝23萬

雖然在現金流量表的營運活動中，折舊費用是正向調整（亦即由淨利加回折舊費用2萬元），但是我們不該說折

舊費用是公司現金的來源。正確的解釋應該是：由於折舊費用並沒有造成實質現金的支出，在應計基礎觀念下，淨利的計算高估了營運活動現金的流出，進而低估了今年營運活動現金的淨流入。因此在調整過程中，必須由淨利加回折舊費用。

2. 由淨利加回處分資產損失

為什麼必須把處分資產損失加回淨利，以計算營運活動現金流量？請看以下釋例。

釋例：

假設劉備公司今年的淨利為21萬元，在投資活動中，出售舊設備乙台得款2萬元。由於該設備的帳面價值為3萬元，必須承認處分資產損失1萬元，那麼劉備公司今年的營運活動現金是多少？（假設劉備公司一切營業交易都以現金進行。）

按照應計基礎下淨利的定義：
淨利＝（收入－費用）－處分資產損失

注意此處假設交易都以現金進行，因此：
淨利＝（現金收入－現金支出）－處分資產損失

經過移項：
（現金收入－現金支出）＝淨利＋處分資產損失

按照定義：

營運活動現金淨流入＝（現金收入－現金支出）

因此，我們可以得到以下的關係：

營運活動現金淨流入＝淨利＋處分資產損失

＝ 21 萬＋ 1 萬

＝ 22 萬

在現金流量表上，處分資產所獲得的 2 萬元，應該列入今年投資活動的現金流入。而處分資產損失的 1 萬元，雖然在現金流量表的營運活動現金中是正向調整，但不該說它是現金的來源。正確的解釋應該是：處分資產損失雖然列入淨利的減項，實際上公司今年卻未為此造成任何現金支出。在應計基礎觀念下，淨利高估了營運活動現金的流出，低估了今年營運活動現金的淨流量。因此在調整過程中，必須由淨利加回處分資產損失。同理可知，必須將處分資產利得由淨利中扣除，才能計算出營運活動的現金流量。

3. 流動資產及流動負債的調整

關於流動資產及流動負債的調整方向，讓我們暫時拋開嚴謹的會計推理，運用以下的直觀思維來理解。

- **應收款增加**：代表還沒收到錢，會對現金產生不利的影響，因此調整項爲負向；反之，若應收款減少，代表已經收回現金，將對現金產生有利影響，因此調整項爲正向。

- **存貨增加**：代表還沒收到錢，會對現金產生不利的影響，因此調整項為負向；反之，若存貨減少，代表已經由銷售回收現金，將對現金產生有利影響，因此調整項為正向。
- **應付帳款增加**：代表還沒付錢，會對現金產生有利的影響，因此調整項為正向；反之，若應付帳款減少，代表已經付出現金，將對現金產生不利影響，因此調整項為負向。

簡單地歸納，凡是流動資產增加，代表還沒收到現金，都做現金流量的負向調整；反之，若流動資產減少，代表已經收到現金，都做現金流量的正向調整。相對地，凡是流動負債增加，代表還沒付錢，都做現金流量的正向調整；反之，若流動負債減少，代表已經付錢，都做現金流量的負向調整。

沃爾瑪現金流量表範例

我們可拿沃爾瑪的現金流量表為例，觀察營運、投資、融資三大類型活動對現金流量造成的影響（參閱表 6-2）。

沃爾瑪的現金流量表顯示，2007 年它的現金及約當現金由期初的 64 億 1,400 萬美元，增加到期末的 73 億 7,300 萬美元（請參閱報表底部），增加金額為 9 億 5,900 萬美元，其中營業活動的現金淨流入為 201 億 6,400 萬美元。投資活動的淨現金流出是 144 億 6,300 萬美元，主要用途是支付土地、廠房、設備（高達 156 億 6,600 萬美元），處分固定資產則回收

表6-2 沃爾瑪合併現金流量表

會計期間終止日：1月31日　　單位：百萬美元

	2007	2006
營運活動之現金流量		
淨利	12,178	11,408
調整項		
折舊及攤提	5,459	4,645
應收款增加	(214)	(466)
存貨增加	(1,274)	(1,761)
應付帳款及應計負債增加	2,932	3,427
其他	1,083	382
營運活動之淨現金流入	20,164	17,635
投資活動之現金流量		
支付土地廠房設備	(15,666)	(14,530)
國際投資	542	(601)
處分固定資產	394	1,042
其他	267	(97)
投資活動之淨現金流出	(14,463)	(14,186)
融資活動之現金流量		
商業本票增加	(1,193)	(704)
發行長期負債增加	7,199	7,691
購買公司股票	(1,718)	(3,580)
支付現金股利	(2,802)	(2,511)
清償長期負債	(5,758)	(2,724)
其他融資活動	(567)	(594)
融資活動之淨現金流入	(4,839)	(2,422)
現金匯兌利得	97	(101)
本期現金及約當現金增加數	959	926
期初現金及約當現金餘額	6,414	5,488
期末現金及約當現金餘額	7,373	6,414
補充資料		
支付所得稅	6,665	5,962
支付利息	1,553	1,390

註：2006年期末現金及約當現金餘額為6,414百萬美元與P.93資產負債表的6,193百萬美元不相同，其原因在於此處包含一項停業部門現金流入221百萬美元。

了 3 億 9,400 萬美元的現金。融資活動則淨流出 48 億 3,900 萬美元，最主要的現金用途是購買自家公司股票（高達 17 億

1,800 萬美元）與支付現金股利（28 億 200 萬美元）。至於長期負債，2007 年發行了 71 億 9,900 萬美元，但也清償了 57 億 5,800 萬美元，因此淨增加金額只有 14 億 4,100 萬美元。

由於營業活動現金的調整過程容易造成誤解，所以在此簡單地解釋：2007 年，沃爾瑪的淨利是 121 億 7,800 萬美元，因爲折舊及攤提未使用現金，所以加回 54 億 5,900 萬美元；應收款在本期中增加，因此調整數爲減除 2 億 1,400 萬美元；存貨增加了 12 億 7,400 萬美元，屬於負向調整；至於應付帳款及應計負債則大幅增加了 29 億 3,200 萬美元，屬於正向調整。經過這一系列的調整，沃爾瑪由營運活動所產生的現金淨流入爲 201 億 6,400 萬美元，遠高於淨利 121 億 7,800 萬美元，差額達到 79 億 8,600 萬美元（約占淨利的 66%）。

由營運活動現金流量看競爭力

觀察企業獲利與營運活動現金淨流入（或流出）的關係，是檢視企業體質與競爭力的基礎。企業獲利與其營運活動現金流量間的關係，分成以下兩大類型：(1) 獲利與營運活動現金流量呈正方向變動；(2) 獲利與營運活動現金流量呈反方向變動。

獲利與營運活動現金流量呈正方向變動

⊙ 獲利增加，營運活動現金淨流入增加

營運正常的企業，獲利及營運活動的現金流量都應該爲正。當獲利成長時，營運活動的現金流量也應當隨之成長，甚至在部分企業，其營運活動現金流量的成長速度遠高於獲利。例如沃爾瑪 2006 年的獲利爲 114 億 800 萬美元，2007 年的獲利爲 121 億 7,800 萬美元，成長了 6.75%。相對地，2006 年的營運活動現金淨流入爲 176 億 3,500 萬美元，2007 年的營運活動現金淨流入爲 201 億 6,400 萬美元，成長了 14%。造成沃爾瑪 2007 年營運活動現金流量成長率遠高於淨利成長率，主要原因如下：

1. **應收帳款成長控制得當**。沃爾瑪 2007 年的營收成長爲 11.17%，應收帳款則增加約 10.3%，表示帳款都有及時收回。對於成長型企業，這是十分難得的情形。
2. **存貨成長控制得當**，成長率爲 5.56%，低於營收成長率，這也是沃爾瑪內部自行訂定的績效指標。
3. **應付帳款及應付票據大幅成長**，成長率爲 11.4%，高於營收成長率。

這種現象反映通路業者的常態——收款快，付款慢。財務健全且談判力強的通路商，較容易因收款及付款的時間差，擴大淨利及營運活動現金淨流入的差距。自 1987 年至 2007 年間，沃爾瑪的營運活動現金流量與淨利呈現同步成長（請參閱圖 6-1）；在 1990 年代後期，營運活動現金流量的成長率甚至明顯高於淨利成長率！

龐大的營運活動現金淨流入，提供企業更大的財務彈性。2007 年，除支付當年全部投資活動現金需求（144 億 6,300 萬美元），沃爾瑪的營運活動現金仍能充分支援公司的融資活動（買回公司股票 17 億 1,800 萬美元、發放現金股利

圖 6-1 沃爾瑪營運活動現金流量與淨利關係（單位：億美元）

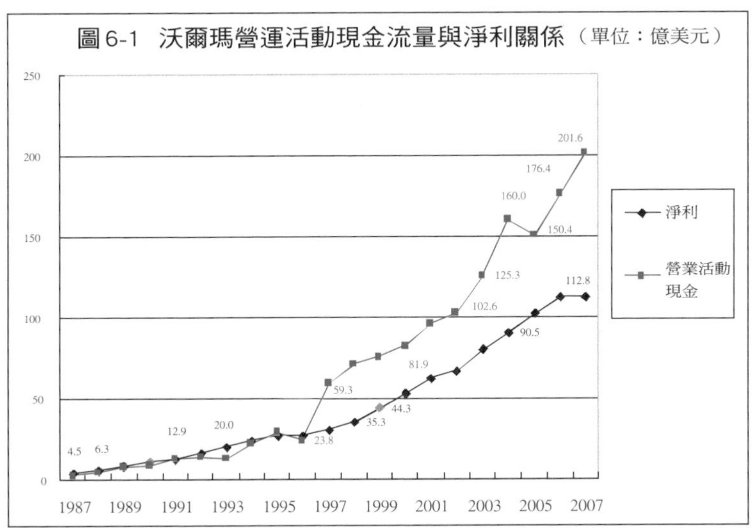

28 億 200 萬美元）。

在第 4 章，讀者觀察到 2007 年沃爾瑪與戴爾的流動比率（流動資產 ÷ 流動負債）都已小於 1。在一般的財務報表分析中，這種情形會被質疑爲流動性不佳，筆者卻認爲這反而是通路產業營運效率與競爭力的表現。不過，做出這種解釋要十分小心，如果一個公司維持相當低的「存量」，就必須有能力創造出卓越的「流量」。若我們以營運活動現金流量占流動負債的比率，檢視沃爾瑪與戴爾因應流動負債的能力，可看出除了少數年度之外，它們這個比率幾乎都高於競爭對手 Kmart 及惠普科技，且較爲穩定（請參閱圖 6-2、圖 6-3）。

就 Kmart 來說，在 2001 年該比率突然由 2000 年的 27.8% 暴增至 148.6%，主因是 Kmart 遭遇了財務困難，供應商要求以現金提貨或縮短可賒帳時間，流動負債大量減少所

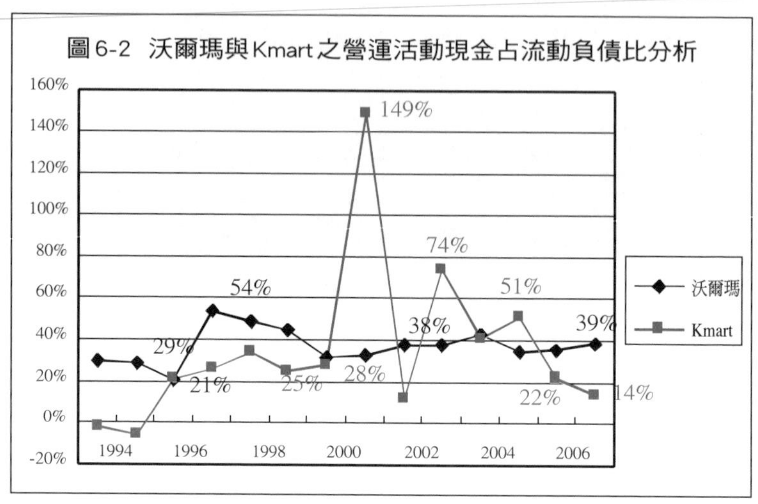

圖 6-2　沃爾瑪與 Kmart 之營運活動現金占流動負債比分析

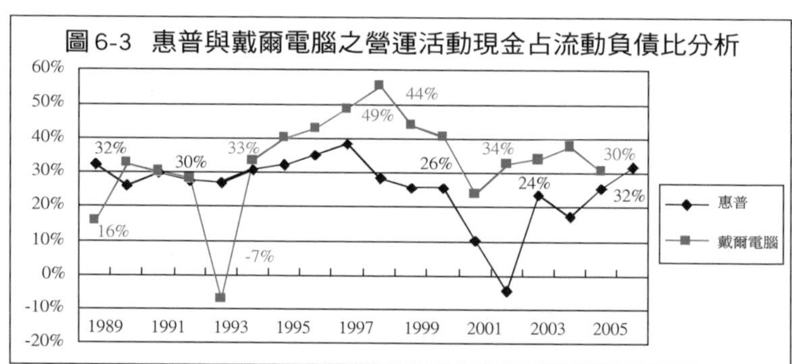

圖 6-3　惠普與戴爾電腦之營運活動現金占流動負債比分析

造成的結果，並不是創造現金能力的加強。對戴爾而言，該比率小於惠普是由於 1993 年出現應收款及存貨失控的情形，因此呈現營運活動現金淨流出的異常現象。

沃爾瑪創造現金的能力，也可由營運活動現金流量與淨利的比率看出（請參閱圖 6-4）。該比率衡量公司創造 1 美元

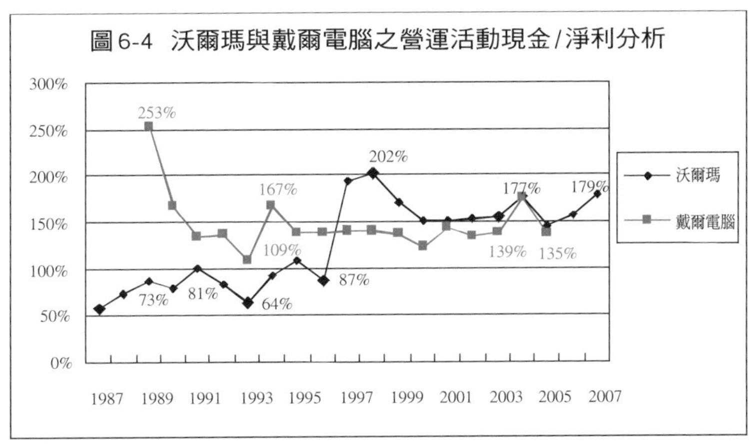

圖 6-4　沃爾瑪與戴爾電腦之營運活動現金/淨利分析

淨利時，可爲公司在經營上帶來多少現金流量。沃爾瑪創造營運活動現金流量的能力十分高強——1980 年代，沃爾瑪每 1 美元的淨利，只帶來約 0.6 美元左右的營運活動現金；但在 2000 年以後，沃爾瑪每賺 1 美元的利潤，卻可爲公司帶來約 1.6 美元的營運活動現金。這些現金其實就是供應商無息提供的資金，具有爲股東降低資金成本的實質經濟利益。戴爾的營運活動現金流量與淨利之關係，和沃爾瑪模式十分類似。2000 年以後，戴爾每 1 美元的淨利，大約可以帶來 1.3 美元的營運活動現金流量。以兩者擠壓營運活動現金流量的能力來看，它們都是競爭力超級強悍的公司。

然而，通路商若無沃爾瑪或戴爾的規模優勢及管理效率，卻刻意透過拉長應付帳款或其他應計負債的支付期間，以追求營運活動現金淨流入的擴大，可能會造成副作用。因爲拉長應付的流動負債項目，有可能使供應商採取以下不利於該通路商發展的行爲：

1. 提高售價或不願降價，以反映供應商利息積壓的機會成本。
2. 降低優先供貨的意願（特別在旺季缺貨或針對某些熱門商品）。
3. 降低供貨品質（特別是產品品質難以驗證之時）。
4. 懷疑清償貨款的能力（特別在景氣低迷或公司財務體質較差之際）。

如何看出上述的負面因素是否產生？一個可能的徵兆是：當應付帳款增加，而營收衰退或成長不如預期時，可能代表這些負面因素正發生作用。另外值得注意的一點：拉長付款時間所獲得的經濟效益，也會由於利率維持在低檔而隨之降低。

此外，沃爾瑪以遞延應付帳款取得營運活動現金的方式，主要是建立在信用交易高度發達的美國經濟體系之上，它本身也有強大的議價能力與健全的財務結構。相對地，如果在信用制度不健全的國家或地區，通路商較難進行信用交易，或賒欠時間較短，或必須以現金取貨，因此當公司擴張時，應付帳款金額的成長會較小。由於無法取得供應商充分的融通營運資金，部分大陸通路商不得不集中全力提高存貨周轉率，以迅速取得現金。至於規模較小的通路商，可能採取與沃爾瑪相反的營運資金管理策略，例如盡可能以現金或短天期票據支付貨款，以取得供應商較佳的交易條件，包括價格折讓、優先供貨、良好品質及售後服務等。

一個公司能產生正常的營運活動現金流量，往往是資本市場對該公司建立信心的重要來源。以著名的網路書店亞馬遜（Amazon）爲例，1999 年的每股股價曾高達 132 美元，但是在網路股股價泡沫化的過程中，始終無法獲利，使投資人失去信心，股價在 2001 年最低曾跌到只剩 6 美元左右。

但是，亞馬遜近年來的獲利急速改善。2000 年，亞馬遜仍然虧損 14 億 1,100 萬美元；2001 年，虧損縮小到 5 億 6,700 萬美元；2002 年，虧損進一步減少到 1 億 4,900 萬美元；到了 2003 年，亞馬遜第一次出現獲利 3,500 萬美元，至 2005 年，亞馬遜的獲利已增長至 1 億 9,000 萬美元。2000 年，亞馬遜的營運活動現金淨流出只有 1 億 3,000 萬美元；2001 年淨流出 1 億 1,900 萬美元；到了 2002 年，出現公司成立以來首次的營運活動現金淨流入，金額達到 1 億 7,400 萬美元，2005 年，亞馬遜的經營活動現金淨流入已經增長到 7 億 200 萬美元。令投資人大爲振奮。虧損縮小、營運活動現金由淨流出變成淨流入的現象，證明亞馬遜已經找到一個可以獲利的商業模式。因此，即使這幾年全球持續不景氣，亞馬遜的股價卻逐步上升，在 2007 年 5 月時來到每股 69 美元左右。

⊙ 獲利減少，營運活動現金淨流入減少，甚至變成淨流出

這種情況爲營運衰退型公司的常態。持續性的營運活動現金淨流出，可能會導致財務危機。以 Kmart 爲例，1990 年代，它的營業活動現金與淨利都微幅增加，呈現正向關係；但在 2000 年到 2003 年間，Kmart 的獲利大幅衰退，甚至產生嚴重虧損，它的營運流動現金也呈衰退趨勢（請參閱圖 6-5）。再以衛道科技爲例，當它的獲利由 2002 年的 6,700 萬元，衰退到 2003 年的 4 億 4,400 萬元虧損後，營運活動現金也由現金淨流入 4,000 萬元，變成現金淨流出 6 億 400 萬元。

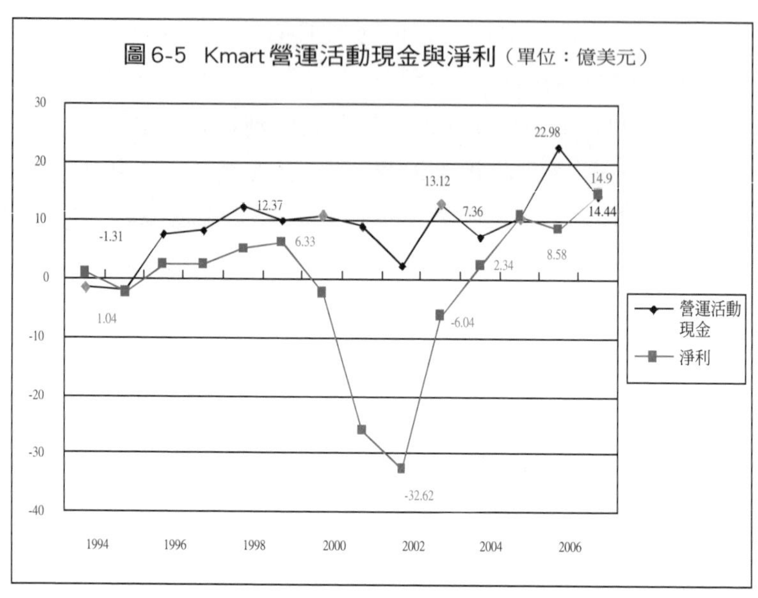

圖 6-5　Kmart營運活動現金與淨利（單位：億美元）

獲利與營運活動現金流量呈反方向變動

企業獲利與營運活動現金流量呈現反向變動，是較不尋常的現象，我們分成下列兩種情況來討論。

⊙ 獲利增加，但營運活動現金流量減少，甚至成爲淨流出

對於財務報表，大多數經理人及投資人關注的焦點，都放在損益表上的淨利變化，因此這種異常的情形，最容易造成誤判。一般而言，造成這種「似強實弱」現象的最主要原因是：

1. **應收款大量增加**：此現象顯示，公司可能以更寬鬆的

信用交易條件來提高銷售，進而美化獲利。例如提供財務不健全的客戶信用額度、或延長還款期間等。如果有下列 3 種現象則應收款品質不佳的情況更加嚴重：(1) 應收款來自於關係企業，未經過正常的信用調查；(2) 應收款集中於單一或少數客戶；(3) 應收款來自於財務不健全的企業。

2. **存貨大量增加**：此現象顯示，公司以銷售取得營運活動現金的能力大幅降低。如果有下列情形則更加嚴重：(1) 電子、時尚、服飾等產品存貨的生命週期很短，很容易造成未來的存貨跌價損失；(2) 所謂未完成的「在製品」(work in process)，是以投入製造的生產因素成本入帳（材料成本及人工成本等），在製品的品質難以驗證，很可能實際上已變成了廢品。這些在製品存貨的風險特別高，必須審慎處理。

根據過去的經驗，營收及獲利快速成長的公司若發生財務危機，多半是因爲應收款及存貨暴增。也就是說，這些公司無法維持成長中的營運紀律，往往爲了衝高營收及帳面獲利，忽略了現金流量才是企業生存的眞正基礎。

舉例來說，力廣科技（原力捷電腦，2003 年 1 月 1 日改名爲力廣科技）1995 年的獲利爲 3 億 3,000 萬元，營運活動現金流入爲 6,300 萬元；1996 年，獲利倍增爲 6 億 5,000 萬元，但是營運活動現金卻爲淨流出 3 億 2,000 萬元；1997 年，力廣科技獲利進一步增加到接近 8 億元，營運活動現金淨流出也擴大到 27 億 3,000 萬元（請參閱圖 6-6）。1998 年，力廣科技才正式認列高達 14 億 4,000 萬元的虧損。不過，自營運活

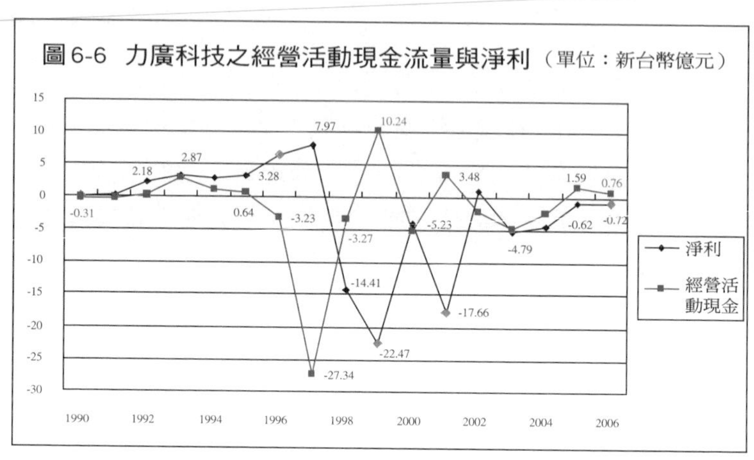

圖 6-6 力廣科技之經營活動現金流量與淨利（單位：新台幣億元）

動的現金流量中，早就已經能看到顯著的不正常現象。造成力廣現金嚴重失血的主因，正是應收帳款及存貨暴增。獲利增加，伴隨著營運活動現金流量的衰退，正是企業體質「似強實弱」的徵兆，經理人及投資人必須十分警覺。

然而，部分公司的營運活動現金大量減少，不見得都是負面現象，我們必須檢視發生的原因。以華碩爲例，2001 年的獲利爲 162 億元，較 2000 年的 156 億元小幅成長，營運活動現金卻由 151 億元大幅萎縮到 88 億元。華碩之所以看來不太正常，主因是營運活動現金的調整項目中，多了一項「以交易爲目的之短期投資」，金額高達 66 億元。也就是說，華碩花了同額現金進行短期投資，造成現金流出，而不是因應收款或存貨暴增所引起。只要該項流動資產的安全性與流動性良好，應該就在可接受的範圍內。又如部分公司的本期營運活動現金流入良好、且對未來營運樂觀，它們也可能大量償還應付帳款，以降低負債比例，這些都是合理的經營作爲。

檢視下圖 6-7 華碩營運活動現金占淨利的百分比，可發現它由 1992 年 142.5% 的高點，一路下降到 2006 年 46.84% 的低點，代表它創造營運活動現金流量的能力有所削弱。這種現象的主要原因是：筆記型電腦的銷售占華碩營收的比例愈來愈重要，而生產筆記型電腦會創造較高額的存貨金額，以致減少營運活動現金流量，另外近年來華碩調節現金的財務操作，例如將閒置現金做短期投資或借給關係企業也是造成它的現金流量不穩定的因素。

⊙ 獲利減少，營運活動現金流入增加

這種情形看似矛盾，它通常出現在正式清理過去錯誤的決策、而目前營運開始有所改善的時候。企業面對過去錯誤的決策，經常同時伴隨著承認損失的會計調整。舉例來說，美國著名食品公司家樂氏（Kellogg's）2000 年的淨利為 5 億 8,700 萬美元，2001 年衰退至 4 億 7,300 萬美元（衰退 19%）。在承認之前的營運決策問題後，家樂氏的營運活動現金淨流入便由 2000 年的 8 億 8,000 萬美元，快速成長到 2001 年的 11 億 3,200 萬美元（成長 28.6%）。至於家樂氏的淨利，

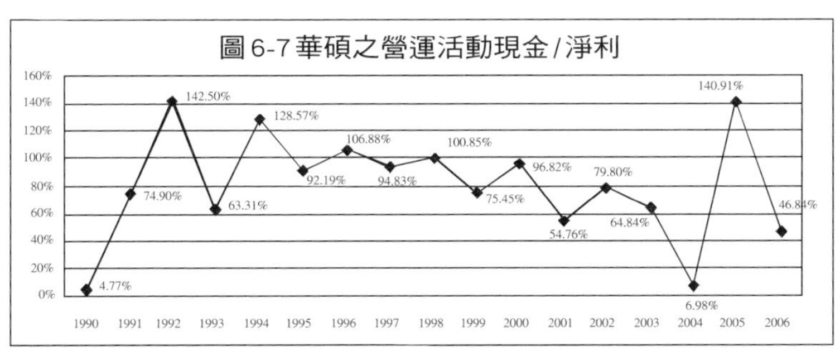

圖 6-7 華碩之營運活動現金/淨利

則在2002年及2003年快速成長到7億2,100萬美元及7億8,700萬美元。前文所討論的力廣電腦，在1998年承認巨幅虧損14億4,000萬元後，營運活動現金反而成為淨流入，呈現與淨利反方向的變化。在該年度，因為力廣一方面大量提列壞帳、存貨跌價及投資損失，以反映經營問題，一方面加緊推行回收應收帳款與處理存貨等危機因應，反而使企業朝體質改善的方向發展，近幾年力廣的營運活動現金與獲利都逐漸增加，顯示企業的經營有獲得改善。

短期來說，企業獲利與營運活動現金的流動方向可能不同；但長期下來，兩者的發展趨勢必定歸於一致。就企業活動的本質而言，它必須能創造營運活動的現金流入。對投資人來說，經常出現營運活動現金淨流出的企業，絕大多數都沒有投資價值。

投資、融資活動現金流量之管理意涵

營運活動現金流量的變化，可反映企業經營活動的紀律，以及因此產生的競爭力；而投資及融資活動現金流量的變化，則反映經理人對公司前景的信心與看法。企業投資活動現金的流出，大多為購買固定資產（例如土地、廠房、設備）或增加長期股權投資；反之，企業處分固定資產或減少長期股權投資，則會帶來投資活動的淨現金流入。投資活動的效益往往不能立即顯現，光是觀察企業投資金額的變化，很難評估其管理意義。

值得注意的是，由投資活動現金可推測公司的成長機會。高度成長且對未來樂觀的公司，往往會將營運活動帶來的現金再全數投資，甚至它的投資金額會超過營運活動現金的淨流入，使公司必須以融資方式支應（特別是以舉債方式籌措資金）。

我們再以沃爾瑪爲例，從1992年到1994年之間，沃爾瑪投資活動的現金都遠超過營運活動產生的現金。不過，沃爾瑪支援投資活動不足的現金（請參閱表6-3），全部採取長期或短期借款的方式來支應，從不進行現金增資，這代表沃爾瑪對未來投資的機會與效益具高度信心。相對地，當成長趨緩、投資機會相對減少時，沃爾瑪的現金流量關係也有所改變。2005年到2007年，沃爾瑪營運活動的現金，已足以支應所有投資活動的現金需求；至於多餘的現金，主要是用來購買自己公司的股票與發放現金股利（請參閱表6-4）。

若營運活動現金淨流入充沛，可減少企業融資需求及降低經營風險。但是，當剩餘資金出現後，企業則可能陷入「資金再循環」（capital recycle）機會減少的尷尬局面。除了沃爾瑪有這種隱憂，多年來華碩也面臨類似的問題。（1998年至2000年，華碩各項現金流量的關係請參閱表6-5。）

由於連續幾年的資金剩餘（營運活動現金淨流入大於投

表6-3　沃爾瑪各項現金流量(1992～1994)

單位：美元

	1994	1993	1992
營運活動現金流入	21.95億	12.78億	13.56億
投資活動現金流出	44.86億	35.06億	21.49億
投資資金不足數	22.91億	22.28億	7.93億
融資活動現金流入	22.98億	22.09億	8.10億

表6-4　沃爾瑪各項現金流量(2005～2007)

單位：美元

	2007	2006	2005
營運活動現金流入	201.64億	176.35億	150.44億
投資活動現金流出	144.63億	141.86億	123.51億
投資活動現金剩餘數	57.01億	34.49億	26.93億
融資活動現金流出	48.39億	24.22億	26.09億

表6-5　華碩電腦各項現金流量(1998～2000)

單位：新台幣元

	2000	1999	1998
營運活動現金流入	151.2億	107.8億	116.7億
投資活動現金流出	64.5億	33.1億	16.5億
投資活動現金剩餘數	86.7億	74.7億	100.2億
融資活動現金流出	38.5億	31.1億	1.9億

資活動現金流出)，造成華碩2001年的現金存量大幅攀升至新台幣300億元左右，因此遭來「不會理財」的批評。事後證明，在資金充裕下，能抗拒誘惑、不輕易投資並不容易。2002年，華碩展開大規模的大陸布局後，資金便獲得有效的運用（請參閱表6-6)。

2004年至2006年間，華碩的營運活現金淨流入，都小於投資活動現金流出，因此華碩不再有資金剩餘的情形，反而必須透過融資活動以取得資金。

表6-6 華碩電腦各項現金流量（2004-2006）

單位：新台幣元

	2006	2005	2004
營運活動現金流入	90億	215億	10.5億
投資活動現金流入	206億	225億	44.1億
投資活動現金不足數	116億	10億	33.6億
融資活動現金流入	132.68億	(0.81億)	72.4億

四大企業類型

由營運、投資、融資3大類型活動現金流量的搭配，往往可看出企業的性格及特質。茲分成以下4大企業類型：

信心十足的成長型公司

積極追求成長、信心十足且成功機會較佳的公司，其現金流量的特色通常是：

1. 淨利及營運活動現金淨流入持續快速成長（在對的產業做對的事）。
2. 投資活動現金大幅增加（仍看見眾多的投資機會）。
3. 長期負債增加，不進行現金增資（對投資報酬率高於借款利息充滿信心）。

穩健的績優公司

經營穩健且績優的企業，其現金流量的特徵通常是：

1. 淨利及營運活動現金流量持續成長，但幅度不大。
2. 營運活動現金流入大於投資活動現金支出。
3. 大量買回自家股票與發放大量現金股利。

危機四伏的地雷公司

這是最容易出現財務問題的公司，其現金流量的型態通常爲：

1. 淨利成長，但營運活動現金淨流出（好大喜功，管理紀律失控）。
2. 投資活動現金大幅增加（仍積極追求成長）。
3. 短期借款大幅增加，但同業應付款大量減少（短期內有償債壓力，知情的同業不敢再提供信用）。

營運衰退的夕陽公司

經營績效日益衰退的企業，其現金流量的特徵通常是：

1. 淨利及營運活動現金流量持續下降。
2. 投資活動現金不成長反而下降，甚至不斷處分資產以取得現金。
3. 無法保持穩定的現金股利支付。

中國大陸公司現金流量表介紹——聯想集團

聯想集團在 2005 年和 IBM 個人電腦（PC）事業部合併，成為繼戴爾和惠普之後的世界第 3 大 PC 供應商，這也是大陸 IT 產業目前為止最大的一宗海外併購案。聯想集團有限公司在香港證券交易所上市，因此它的財務報表是根據國際會計準則委員會頒布的《國際會計報告準則》編製的，因為聯想和 IBM 個人電腦事業部在 2005 年 4 月合併，事業體的擴大讓營收、成本及現金流量等數字在 2005 年到 2006 年這段期間大幅增加，如果公司在比較的期間內有併購案發生，我們就要注意到那兩年度的財務報表一定會有很大的差異（見表 6-7）。現在我們拿聯想 2007 年與 2006 年的財報相比，這兩年的數字因為都已經包含了在 2005 年被合併進來的 IBM 電腦事業部，所以比較的基礎一致。聯想 2007 年的報表獲利從前一年的 2,000 萬美元提升到 1 億 6,000 萬美元，顯示其合併的綜效有了初步的成果。

2006 年聯想的投資活動現金流量為流出約 7 億 7,000 萬美元，是因為去年收購 IBM 個人電腦事業部產生了龐大的支出約 6 億 5,000 萬美元，而 2007 年的投資活動現金流量主要是增加機器設備及廠房等投資，僅流出約 2 億美元。在籌資活動方面 2006 年聯想因為併購案向銀行貸款大筆金額以致於產生現金流入約 3 億美元，今年度則因為償還銀行貸款及發放股利等造成現金流出約 2 億 9,000 萬美元。

在第 4 章我們曾經提到沃爾瑪的流動性趨勢，現在來觀察聯想的流動比率。從 2004 年到 2006 年，聯想的流動比率分別為 1.85、1.86 及 0.87，呈現下降的趨勢，值得注意的是，2007 年新聯想的流動比率為 0.86，和沃爾瑪的 0.9 及戴爾

表6-7　聯想集團有限公司投資活動暨融資活動現金流量表

聯想集團有限公司

會計期間終止日：3月31日　　單位：美金千元

	2007	2006
投資活動之現金流量		
購買有形固定資產	(142,967)	(73,683)
收購業務所付款項	0	(651,612)
其他	(61,677)	(44,784)
投資活動之淨現金流出	(204,644)	(770,079)

聯想集團有限公司

會計期間終止日：3月31日　　單位：美金千元

	2007	2006
融資活動之現金流量		
發行可轉換優先股及認股權	0	350,000
購回庫臧股	(10,445)	(153,299)
銀行貸款（減少）	(120,000)	228,358
其他融資活動	(159,093)	(119,824)
融資活動之淨現金流入	(289,538)	305,235

2006年的1.1相去無幾。聯想創造出如此低的流動比率是否就像是利用像沃爾瑪和戴爾那樣特定的經營模式所造成，我們可以在未來持續觀察它的財務比率趨勢。

古戰場巡禮的啓示

2004年1月初，訪問台灣的麻省理工學院董事會主席米德（Dana Mead），曾談到他如何成功地把「古戰場巡禮」（battle ride）納入企業領袖的訓練課程中。米德曾帶著28位坦尼科（Tenneco）汽車的資深主管，花了兩個整天，跟著歷史學家與軍事學家，前往美國南北戰爭的戰場遺跡實際巡禮，讓他們試著在當年的戰場遺跡上，體會昔日指揮官為何做出這些攸關士兵們生死存亡的重大決定。

如果有機會，我最希望和同學一起造訪戰國時代「長平之役」的遺跡，那是一場血腥殘酷但令人警惕的戰役……

公元前264年，秦國攻打韓國北方領土上黨郡。韓國上黨郡郡守馮亭向趙國投降，趙國不費一兵一卒便獲得17座城池。秦王大怒，下令攻擊上黨郡。年輕的趙孝成王任命名將廉頗統帥趙軍西上，和秦軍對峙於長平（山西省高平縣）。

老謀深算的廉頗，採取築壘固守的戰略，靜待秦軍力量削弱。不久，秦軍果然因糧草補給艱難影響全軍士氣，於是秦王派人在趙國首都邯鄲散布流言，譏笑廉頗年邁畏戰，而秦國最害怕的是年輕將領趙括（趙國抗秦名將趙奢之子）。趙孝成王求勝心切，終於中了反間計，罷黜了廉頗，改用趙括為統帥。

秦國見計謀得逞，暗中改派當時最優秀的指揮官白起為大將。白起故意打了幾個敗戰，引誘趙軍主力出戰，在長平痛擊趙國大軍，並將數十萬大軍團團圍住。為了衝出包圍網，趙括發動數次猛烈的攻擊，但全部失敗。支撐了46天後，在彈盡糧絕下，趙括被迫做最後的困獸之鬥，兵分四隊，輪流突圍，卻終究還是失敗，自己也死在亂箭之下（名導演張藝謀《英雄》一片，便嘗試重現當年秦軍箭陣的震撼力）。趙軍還剩有40萬人，全數投降。白起命令這40萬投降的士兵，進入長平關附近的一個山谷，並把山谷兩端堵塞。預先埋伏在山頂上的秦軍，拋下土石，40萬趙軍全部被活埋。長平之役後，趙國從此沒落。

急躁的國君與輕率的將領，造成40萬大軍被全數殲滅的血淋淋教訓。以企業來說，資金就相當於軍隊的兵士，現金流量表就相當於布兵圖。不論是目前正在接戰的「營運活動現金部隊」，或是未來陸續投入戰場的「投資和融資現金部隊」，如果經理人不能謹慎部署，在營運、投資或融資決策上的一個輕忽，便會造成致命的錯誤。而一次致命的錯誤，就可能摧毀企業數十年的努力。經理人對現金流量的掌控，豈能不以「死生之地，存亡之道」的嚴肅心情對待！

對沒有紀律的戰鬥部隊（營運活動現金淨流出）與輕率地浪費後備部隊（投資和融資的現金流量）的企業經理人，投資人必須提高警覺。別忘了，在這個資本市場中，始終存在一群類似白起一般，專門坑殺投資人的邪惡將領！

【參考資料】

❶羅勃・史雷特（Robert Slater），1999，《企業強權：傑克・威爾許再造奇異之道》（*Jack Welch and the GE Way*）。袁世珮譯。台北：麥格羅・希爾。

❷路・葛斯納（Louis V. Gerstner），2002，《誰說大象不會跳舞》（*Who Says Elephants Can't Dance*）。羅耀宗譯。台北：時報出版。

❸麥克・戴爾（Michael Dell），1999，《Dell的祕密》（*Direct for Dell: Strategies That Revolutionized an Industry*）。謝綺蓉譯。台北：大塊出版。

❹《商業周刊》第896期，2005年1月20日。

第 7 章

是誰動了我的奶酪
——股東權益變動表的原理與應用

2004 年 7 月 29 日，微軟的蓋茲在第 2 季法人說明會上，告訴滿場的財務分析師一個小故事。話說幾天前他前往戲院看電影時，一個陌生人走來向他打招呼，還親切地說：「比爾，謝謝你那 3 塊錢！」他聽得一頭霧水，不知所云。電影散場時，又有一個陌生人走來向他說：「比爾，謝謝你那 3 塊錢！」這時他才恍然大悟，原來這兩個陌生人都是微軟的小股東，那「3 塊錢」指的是微軟 7 月 20 日對媒體發布的震撼性聲明：「微軟董事會通過每股 0.08 美元的單季現金股利，並計畫在未來 4 年內買回 300 億元的股票，以及發放每股 3 美元的一次性特別現金股利。」

這項計畫總共花費約 750 億美元，是全世界公司史上回饋股東金額破紀錄的壯舉。蓋茲宣稱在 2004 年以後，微軟現金管理的重點是增加對股東的現金股利支付，並保證公司前景樂觀，所有重大投資案絕不會受到股利發放的影響。蓋茲還充滿自信地說：「對微軟成長造成限制的，從來就不是財務資源，而是創新能力與實踐創新的執行力」。

未來微軟不太可能再維持過去那麼爆炸性的成長，但是中長期持有微軟股票的股東們，應該都是群快樂的投資人吧！ 1986 年，微軟以每股 28 美元初次上市，由於營收及獲利實在成長太快，微軟上市後股價一路大漲。爲避免每股股價過高，影響股票的流通性，自 1987 年到 2006 年間，微軟一共進行了 7 次「1 股變成 2 股」的股票分割，以及 2 次「2 股變成 3 股」的股票分割。更具體地說，如果你在微軟初次上市時持有它 1 股的股票，那麼 2006 年年底時，你這 1 股會變成 288 股（2 的 7 次方乘以 1.5 的 2 次方）。在這一段期間內，微軟的市場價值大約成長了 319 倍（以 2007 年 5 月底微軟的收盤價每股 31 美元計算）。

相較於充滿謝意的微軟小股東，部分台灣上市、上櫃公司小股東，近年來因股東權益被浮濫的員工紅利稀釋而大表不滿。例如 2004 年下市的博達科技，2000 年員工紅利總金額（以配發股票爲主）居然高達當年稅後淨利的 2.9 倍，非常不合理。部分企業這種罔顧股東權益的行爲，已經引起公權力的強制介入。根據 2004 年 12 月 9 日台灣金管會證期局公布的新規定，上市或上櫃公司的員工紅利，以現金及配發新股方式支付，必須按照市場價值計算總金額。若總金額高於當期稅後淨利的 50%，將成爲證期局審核該申請案時重要的退件原因，這項條文在 2005 年 1 月 1 日正式實施。

另外近幾年我國於資本市場的資訊透明化上，在各種國際評鑑最常被扣分的項目，就是員工股票分紅沒有列費用，而這也最常被外資詬病，認爲可能潛藏虛盈實虧的情形。95 年商業會計法修正後，經濟部已經發函規定有關員工分紅之會計處理參考國際會計準則之規定應列爲費用，並自 2008 年 1 月 1 日起生效。也就是說，未來公司發放員工紅利不管是現金或股票，都會被當作公司的費用，而非盈餘之分配。

電子業龍頭台積電 2007 年也已先擬定公司未來員工分紅

的政策，將從前一年度可分配盈餘的 8% 修改爲前一年度稅後盈餘的 15%，台積電爲了彌補員工分紅費用化可能削減的員工福利，將提撥比例由以往的 8% 提高到 15%，因此引起部分股東的不滿，認爲會影響未來可分配盈餘的空間。不過台灣電子業一向用股票分紅來留住人才，未來企業因應這項新政策除了提高分紅比率外，可能會改成多發現金少發股票，或用員工認股權憑證及庫藏股等方式來留住員工。

本書第 2 章介紹了史隆領導模型，它強調領袖必須具備五大核心能力，其中一項是在眾多利益攸關人間建立和諧的關係，並平衡他們的利益。股東的權益與經營團隊的權益要如何取捨，一直是個相當大的難題。沒有人反對公司必須雇用優秀的經理人才有競爭力，豐厚的薪資報酬與分紅制度，也的確是吸引人才的重要條件。然而，股東願意承受的權益稀釋程度有多高、這個稀釋股東權益的過程是否合理，都是經理人必須審愼面對的公司治理課題，也是投資人評估經營團隊誠信度的重要指標。

*

本章首先介紹股東權益變動表的基本原理和觀念，其次以沃爾瑪和台積電的股東權益變動表爲例，說明相關會計科目的定義。接下來，以沃爾瑪相對於 Kmart 的財務比率，說明股東權益變動表與競爭力衡量的關係。此外，與股東權益相關的融資活動，其背後的管理意涵，本章也將一併討論。最後，筆者將討論部分美國知名企業平衡股東與員工利益的一些新想法與做法。

股東權益變動表的基本原理

欲了解股東權益變動表，必須回到基本的會計方程式：

資產 t ＝負債 t ＋股東權益 t

其中小寫 t 指的是時間，代表會計方程式在任何時間點 t 都會成立。針對第 t 期的股東權益，可以進一步表達如下：

股東權益 t ＝股東權益 t-1 ＋淨利 t －現金股利 t
＋現金增資及股票認購活動 t －買回公司股票 t
＋ / －其他調整項目 t

這個關係式的意涵爲：本期（t 期）的股東權益，是以上期（t-1 期）的股東權益爲出發點。如果本期公司賺錢（淨利爲正），則股東權益會增加；如果本期公司賠錢，則股東權益會減少。因此，損益表的結果會間接影響股東權益變動表。此外，本期現金股利的發放，也會減少股東權益。若公司在本期中進行向股東籌資的活動（現金增資），或經理人執行股票選擇權（stock options），以低於市場的價格購買自己公司的股票，都會造成股東權益的增加。但是，若公司買回自家股票（例如購買庫藏股），則會造成股東權益的減少。此外，有些會計的調整項目（例如匯率變化引起的未實現損失、長期股權投資未實現的跌價損失等），則不經過損益表而直接影響當期的股東權益金額。

沃爾瑪的股東權益變動表

相較於其他的財務報表，沃爾瑪的股東權益變動表相當簡單。沃爾瑪的股東權益主要分成普通股股本、資本溢價及保留盈餘 3 大部分：

1. **普通股股本（common stock）**：普通股是公司資本形成所發行的基本股份。一般而言，普通股的股東享有：(1) 表決權（出席股東會，選舉公司董事、監事等權利）；(2) 盈餘分配權（按持股比例參與盈餘的分配及現金股利的分發）；(3) 剩餘財產分配權（在公司清算時，清償完負債與相關法律費用後，公司剩餘的財產爲股東所享有）；(4) 優先認股權（在公司發行新股時，可按照原來的持股比率，優先認購發行股份，避免股權被稀釋）。

   所謂的普通股股本，是指已流通在外的普通股股權的票面價值。沃爾瑪的普通股每股票面值爲 0.1 美元，2007 年流通在外的股數有 41 億 3,100 萬股，因此沃爾瑪的普通股股本爲 4 億 1,310 萬美元。
2. **資本公積（additional paid-in capital）**：意指投入資本中不屬於股票面額的部分，或經由資本交易、貨幣貶值等非營業結果所產生的權益。資本公積容中最常見的是股本溢價（capital in excess of par value），就是當股權發行時所收取的股款超過面值的部分。2007 年，沃爾瑪的溢價爲 28 億 3,400 萬美元。
3. **保留盈餘（retained earnings）**：指公司過去累積的

獲利，尚未以現金股利方式發還給股東、仍然保留在公司的部分。2007 年，沃爾瑪的保留盈餘高達 558 億 1,800 萬美元，占整個股東權益的 91% 左右。這代表沃爾瑪的資本形成主要靠過去所累積的獲利，而不是向投資人持續募集資金的結果。

*

以前文討論的股東權益變動關係式爲基礎，沃爾瑪 2007 會計年度股東權益的變動（請參閱表 7-1），主要來自下列經濟活動：

- 2006 年 1 月 31 日餘額：沃爾瑪 2006 會計年度的期末餘額，同時也是 2007 會計年度的期初餘額（所謂的 t-1 期），該金額爲 531 億 7,100 萬美元。
- 持續經營業務淨利：2007 會計年度，沃爾瑪由零售本業賺進了 112 億 8,400 萬美元，是造成當年股東權益增

表 7-1　沃爾瑪合併股東權益表

單位：百萬美元

	股數	普通股股本	資本溢價	保留盈餘	其他調整	總額
2006年1月31日餘額	4,165	417	2,596	49,105	1,053	53,171
持續經營業務淨利				11,284		11,284
終止業務淨利						
現金股利(每股0.67美元)				(2,802)		(2,802)
購買公司股票	(39)	(4)	(52)	(1,769)		(1,825)
執行股票選擇權	5		290			290
外匯轉換調整及其他					1,455	1,455
2007年1月31日餘額	4,131	413	2,834	55,818	2,508	61,573

加的最主要力量，這個數字也同時出現在損益表中（請參閱第5章）。

- 終止業務淨利：此項目表示當年度企業有中止了部分營業項目，這個數字也會出現在損益表中，2007年沃爾瑪並無中止了部分營業項目。
- 現金股利：沃爾瑪的現金流量充沛，決定配發每股0.67美元的現金股利，總金額達到28億200萬美元。
- 購買公司股票：目前沃爾瑪投資活動所需的現金，遠低於營業活動所創造的現金流入（請參閱第6章），在資金無法完全消化的情況下，沃爾瑪決定按照股東持股比例，購回他們手中的公司股票。這是另一種以現金回饋股東的方式，在2007年總金額高達18億2,500萬美元。
- 股票選擇權：2007會計年度，沃爾瑪並沒有進行現金增資（自沃爾瑪上市後，沒再向股東伸手拿過一毛錢），造成沃爾瑪流通在外股數增加的原因，是高階經理人執行股票選擇權，以當初訂定的執行價格（低於目前市場價格）買進公司股票500萬股，金額約2億9,000萬美元。
- 外匯轉換調整及其他：關於沃爾瑪美國境外的子公司資產及負債，由於以會計年度終止日的匯率轉換成美元，因而產生未實現損失（或利益），該金額約為14億5,500萬美元。
- 2007年1月31日股東權益餘額：經過以上各種經濟活動，沃爾瑪2007會計年度股東權益的餘額為615億7,300萬美元，較期初金額成長了15.8%。

股票選擇權的爭議

沃爾瑪給予高階經理人股票選擇權作爲獎酬的做法，在美國企業界十分普遍，在高科技業界更爲盛行。英特爾前總裁葛洛夫（Andy Grove），便曾強力捍衛員工股票選擇權對激勵士氣的價值：「以我在知識產業服務40年的經驗，我實在找不出有哪種方法，會比股票選擇權更能有效地讓員工與公司產生休戚與共的一體感。」

然而，員工選擇權是否該算成薪資費用的一部分？這是個近年來頗有爭議的會計問題。針對這個問題，巴菲特提出一針見血之論：「如果選擇權不是給員工的報酬，那它是什麼？如果報酬不算費用，它又是什麼？如果計算盈餘時不必考慮費用，它算哪門子盈餘？如果這種費用不列在損益表上，它到底該放在哪裡？」可口可樂的財務長菲雅德（Gary Fayard）也坦率地說：「毫無疑問地，股票選擇權是薪資的一部分。如果它沒有價值，我們（指經理人）都不會要它。」

根據統計，在2000年美國年收入前200名的高階經理人薪資中，股票選擇權就占總薪資的58%左右。若觀察前100大的網路公司，股票選擇權占薪資的比例更高達87%，重要性可想而知。有關股票選擇權的會計議題，筆者以範例簡單說明如下。

釋例：

2007年1月1日，劉邦公司授予總經理20萬股的股票選擇權。這些股票選擇權允許總經理的是：在未來10年內，隨時可用每股60元買進劉邦公司的股票，最高可到達20萬股。目前公司的股價為60元，假設這些股票選擇權產生的激勵效果為2年，試問這些股票選擇權是否該算是劉邦公司的費用？

若按照過去的一般公認會計原則，劉邦公司可以完全不承認該公司有任何費用。因為在授予總經理股票選擇權時，當時市價及總經理的可執行價格都是60元，總經理尚未得到任何好處。如果公司未來股價能上升，超過60元的部分才是總經理所得到的利益。

目前不管是美國的財務會計準則委員會（FASB）或國際會計準則委員會（IASB），均規定應以公平價值（fair value）來衡量員工股票選擇權，並且在選擇權產生激勵效用之期間，承認員工股票選擇權為營業費用的一部分。例如劉邦公司利用適當的財務評價模型（為財務管理課程的討論項目），在股票選擇權授予時，評估這20萬股選擇權的公平市價為200萬元。由於激勵效果預估為2年，因此在2007年及2008年，該公司必須各認列100萬元的股票選擇權費用。

此外，經理人執行選擇權會造成流通在外股數的增加，產生降低每股盈餘的不良效果。根據最近的研究報告，在標準普爾500大的公司中，因發放員工認股權所造成的每股盈餘降低，在2001年、2002年、2003年分別降低每股盈餘約20%、19%及8%左右。

台積電的股東權益變動表

除了受到一般公認會計原則的影響，企業的股東權益變動表亦和各國公司法、相關證券法令關係密切。由於法令因素，台灣的股東權益變動表比美國來得複雜，除了發行股本（每股以票面值 10 元計算）之外，另外還設有公積項目，包括資本公積、法定盈餘公積與特別盈餘公積等 3 種。

1. **資本公積**（additional paid-in capital）：意指投入資本中不屬於股票面額的部分，或經由資本交易、貨幣貶值等非營業結果所產生之權益。資本公積的內容包括股本溢價（沃爾瑪也有此項目）、資本重估價值（例如公告地價超過當初購買成本的部分，美國公司無此項目）、處分固定資產利益、企業合併所獲利益與受領捐贈所得等。
2. **法定盈餘公積**（legal reserve）：按照台灣公司法規定，公司分派年度盈餘時，在繳納稅款及彌補虧損後，就其餘額提存 10% 為公積金，法定盈餘公積依性質是屬於保留盈餘。
3. **特別盈餘公積**（special reserve）：公司因特定目的自願撥指保留盈餘，例如公司未來有重大投資計畫，或是保留資源為償債之用。特別盈餘公積依性質是屬於保留盈餘。

在保留盈餘中，台灣的股東權益還特別區分「已分配保留盈餘」（已經分配給法定及特別盈餘公積，及這兩項金額的

合計數）與「未分配保留盈餘」（可自由進行員工紅利、股東股票股利及董監酬勞等分配）。

＊

以下以台積電 2006 年的股東權益變動表爲例（請參閱表 7-2），對此加以說明。

- **2005 年底餘額**：也就是台積電 2006 年股東權益的期初餘額，金額爲 4,456 億 3,000 萬元。
- **贖回並註銷特別股**：除了一般的普通股之外，有些公司會發行特別股，例如台積電在 2000 年發行不得上市的甲種特別股 13 億股，並於 2003 年按面額全數贖

表 7-2　台灣積體電路製造公司股東權益變動表

2006年1月1日至12月31日　　單位：新台幣百萬元

	發行股本	資本公積	保留盈餘		其他	合計
			已分配	未分配		
2005年底餘額	247,300	57,118	36,575	106,196	(1,559)	445,630
贖回並註銷特別股						0
盈餘分配包含下列各項：						0
法定及特別盈餘公積			7,772	(7,772)		0
員工紅利-股票	3,432			(3,432)		0
員工紅利-現金				(3,432)		(3,432)
現金股利-2.5				(61,825)		(61,825)
股票股利-0.15	3,709			(3,709)		0
資本公積撥充資本	3,709	(3,709)				0
董監事酬勞				(257)		(257)
2006年度純益				127,009		127,009
其他事項	146	698			12	856
2006年底餘額	258,296	54,107	44,347	152,778	(1,547)	507,981

回，並辦理註銷變更登記。這些特別股的主要權利義務如下：

1. 現金股利為年報酬率 3.5%，股利優先於普通股分派，而且具有累積性。也就是說，如果以前年度因故未分發股息，以後必須補發。
2. 不得參加普通股股票股利的分派。
3. 對於剩餘財產權之求償權優先於普通股，但以不超過發行金額為限。
4. 於股東會與普通股股東有相同之表決權。
5. 發行期限為 2 年 6 個月，且不得轉換為普通股。

特別股發行時，會清楚列舉其特殊的權利與義務，而國外的特別股常包括對投票權的限制。特別股往往因為有現金股利年報酬率的保障，在經濟性質上較類似債券。

- **法定及特別盈餘公積**：台積電 2006 年按公司法規定提列的法定盈餘公積及自行提列的特別盈餘公積合計約 77 億 7,200 萬元，該金額會累積在已分配保留盈餘欄之下。
- **員工紅利——股票**：2006 年，台積電分配給員工的配股總面額為 34 億 3,200 萬元，相當於 3.432 億股（以總面額除以每股面額 10 元），或一般所謂的 34 萬 3,200 張（股票 1,000 股為一張）。若以 2006 年 12 月 31 日收盤價每股 67.5 元計算，台積電員工配股的總市值約為 232 億元，占當年稅後獲利（約 1,270 億元）的 18%。

特別值得注意的是，前面提過台灣會計原則與美國會計準則在員工分紅配股的認列上存在差異，我們看看台灣將員工分紅配股認列爲公司費用對財報數字的效果。舉例來說，台積電在台灣及美國皆掛牌上市，在台灣的會計原則下，台積電2006年稅後淨利約新台幣1,270億元；若依美國會計準則，將員工分紅配股認列爲公司費用，則台積電當年獲利會減爲新台幣1,038億元。可見員工分紅配股的會計處理方式不同，對公司的財務報表影響相當重大。

- **股票股利1.5%**：2003年，台積電配發1.5%的股票股利，每擁有1,000股股票的股東，可以獲得15股的股票，通俗的說法即是「配股0.15元」（以面額10元來看）。這些股票的面額爲37億900萬元，亦即配發給股東3.709萬股的股票。應該留意的是，不論是給員工的股票紅利或是給股東的股票股利，都造成未分配保留盈餘減少、股本以相同金額膨脹（即流通在外股數增加）的結果。
- **董監事酬勞**：台積電2006年的董監酬勞爲2億5,700萬元。
- **2006年度純益**：台積電2006年的獲利爲1,270億元（亦顯示在損益表中）。
- **其他事項**：台積電2006年的其他事項約8億5,600萬元。
- **2006年底餘額**：在2006年年底，台積電的股東權益達到5,079億8,100萬元，比起期初股東權益金額增加了14%。

企業減資的意涵

根據金管會統計，自從2000年底政府通過庫藏股制度（上市上櫃公司可透過買回自家股票並註銷，以達到減資目的）之後，辦理減資的上市上櫃公司數，從原本每年的個位數開始大幅增加，在2006年就有246家上市櫃公司辦理減資，而最令人矚目的是在台灣宜蘭發跡的「旺旺集團」，它宣布由原先的4億5,000多萬的資本額減資爲1,000萬。而台灣半導體大廠聯電也在2007年1月宣布現金減資573億9,300萬元，減資比率約30%，其實聯電已於2006年實行庫藏股減資100億了。

我們現在來瞭解一下何謂減資。減資可分爲以下3種：庫藏股減資、現金減資及減資彌補虧損。

1. 庫藏股減資

依證交法的規定，公司可以爲了維護公司信用及股東權益而買回庫藏股，並在買回之日起6個月內辦理減資變更登記。用庫藏股減資，等於是拿公司的現金去買庫藏股，再將股本消除。簡單來說，假設一家公司減資前股本100億（10億股），保留盈餘50億，股東權益合計是150億，每股淨值是15元（150億元÷10億股），當年獲利100億，則每股盈餘10元（100億元÷10億股），此時假設每股市價20元，公司等於花了20億元買進庫藏股1億股，股本減爲90億元，因爲股價超過面額，超過股價的金額要用資本公積或保留盈餘扣除，減資後的每股淨值爲14.44元（130億元÷9億股），每股盈餘爲11.11元（100億元÷9億股），因爲股本減少，使得減資後每股盈餘向上提升。聯電在 2006 年宣布以庫藏股減資 100 億的作法即是此類。

2. 現金減資

現金減資就是將股份消除並將等同於股本的金額直接以現金返還給股東，例如聯電 2007 年宣布辦理減資 30%，即每 1,000 股減資 300 股後剩下 700 股，每位股東可以拿到退回的股款 3,000 元（300 股 ×10 元 =3,000 元），如果以上面的例子來看，若公司支付 20 億現金給股東，相當於 2 億股（2 億股 ×10 元），股本則減爲 80 億元，減資後的每股淨值爲 16.25 元（130 億元 ÷8 億股 =16.25），每股盈餘爲 12.5 元（100 億元 ÷8 億股）。2006 年晶華酒店辦理現金減資退還股東股款每股 7.2 元，凌陽也辦理減資 50%，這幾家企業減資的原因多是因爲獲利穩定且手頭上現金充裕，但短期內沒有再投資的計畫，所以決定退錢給股東，同時可以提升每股盈餘及投資報酬率，並消除股本過大及閒置資金的情形。

3. 減資彌補虧損

還有一種常見的減資方式爲減資彌補虧損，就是當公司虧損連連，保留盈餘爲負數（此時的財報用語稱爲累積虧損）時，每股淨值已經低於 10 元，公司利用減資的方式將股本的金額拿來彌補累積虧損，假設一家公司減資前股本 100 億（10 億股），累積虧損 40 億，股東權益合計是 60 億元（100 億元 － 40 億元），每股淨值是 6 元（60 億元 ÷10 億股），此時公司宣布減資 40%，即每 1000 股減資 400 股後剩下 600 股，減資的股本 40 億元可以拿來彌補累積虧損，彌補完其實股東權益的總數60億元還是不變，只是將股本的金額轉40億去彌補累積虧損。減資後的每股淨值則增加為10元（60億元÷6億股）。近年來辦理減資彌補虧損的公司例如2007年彩晶宣布減資約104億元，2006年旺宏減資約41.63%，約208億元，旺宏在減資前每股淨值約5.83元，減資後則提升至9.95元。雖然這種減資方式使每股淨值提升了，但每位股東手上的股票也大幅縮水。這種減資方式通常表示公司的營運不好，需要藉由減資來改善財務結構，若公司經營階層有意改善營運策略，減資會對股東有正面的效果，像旺宏在經歷多年虧損後努力改善經營策略，業績開始成長的同時股價也慢慢上漲，從2005年底每股僅5元成長至2007年中約13元。

雖然目前資本市場中宣布減資的企業，短期內股價大都上漲，但這只是肯定公司退還閒置資金給股東的負責態度，並不代表企業競爭力的提升。

股利政策的意涵

一般而言，股利政策的變化，顯示出經理人對產業與公司前景的看法。以台積電為例，它過去發給普通股股東的幾乎都是股票股利。但是到了2004年，台積電的股利政策改成「以現金股利為優先」——每股現金股利為2元，股票股利為0.5元。原本公司章程規定，「現金股利分派比例不超過股利總額50%」的限制，也修改為「股票股利分派比例不超過股利總額50%」。

台積電股利配發政策的改變（多配現金股利，少配股票股利），除了反映台灣證期會對平衡現金與股票股利的要求，也隱含了一個重要訊息——公司對產業未來成長的前景，態度轉趨保守。在不希望影響每股獲利力道的考慮下，台積電採取了避免未來股本過度膨脹的配股方式。台灣電子產業經過近 20 年的發展，有不少上市櫃的電子公司，由當時的小公司蛻變成大型企業。在公司獲利成長的高峰時期，股利分派通常以股票股利（公司保留現金以便進行投資）爲主。也因爲如此，近年來台灣上市櫃電子股股本膨脹快速，導致每股獲利遭到稀釋，幾乎成了共同的通病。

除了台積電在 6 年內（1999 年至 2004 年）股本膨脹 3 倍外，聯電的股本在同一期間也膨脹了 2.67 倍，其他股本膨脹 1 倍以上的半導體類股，還包括日月光、力晶、茂德、矽統、聯發科及聯詠等。威盛 6 年來股本膨脹 3.37 倍，而聯發科及聯詠的股本膨脹更分別達到 6.59 倍及 4.09 倍。台泥、亞泥、中鋼、台塑、台化及遠紡等績優傳統產業股，6 年來的股本膨脹率均在 16% 至 52% 之內。相較之下，電子股股本膨脹的速度的確快上許多。

未來台積電以分派現金股利爲主要政策，對各上市櫃公司往後的股利政策應具有指標作用。在獲利成長速度跟不上股本擴張速度的情況下，讓股利分配中的現金分配百分比增加，看來是未來的潮流。事實上，沃爾瑪也有類似的傾向，它在 2005 年將現金股利由 2004 年的每股 0.36 美元，大幅提高到 0.52 元，反映出沃爾瑪的成長力道趨緩，不再需要保留龐大現金以進行投資。

員工分走多少盈餘？

員工分紅是一種股權參與的激勵機制。美國的股票認購權，通常高階主管才能享有；台灣的員工分紅，適用的員工範圍較大，早已成爲一種「合夥人資本主義」。

將盈餘分紅給員工時，大部分公司的公司章程都有規定標準，其中將股票無償發給員工分紅，是台灣企業最普遍的分紅方式。在股東權益變動表中，公司以無償配股的方式給予員工分紅，按照台灣目前的商業會計法規定，它被視爲盈餘的分配而不是公司的薪資費用。因此，我們在檢視公司的股東權益變動表時，往往能在盈餘分配的項目下，找到「員工紅利－股票」這個項目。只要將此項目的數值除以10（員工無償配股是以一股面值10元計算），就能知道公司無償發給員工多少股數了。

近來有個與員工分紅攸關且頗受爭論的議題——員工分紅配股的會計處理問題。它可分爲「員工分紅的性質」及「員工分紅的衡量」兩個層面。所謂的性質層面，是判斷公司分給員工的股票，究竟屬於公司的費用還是盈餘分配；所謂的衡量層面，則是討論費用或盈餘分配的金額，究竟是股票票面金額還是市場價值。

就性質的層面來說，若將員工分紅視爲盈餘分配，則應列入股東權益變動表的盈餘分配項目；若將員工分紅視爲費用，則應列入損益表，在計算稅前盈餘時應先行扣除。這兩種做法最明顯的差別，在於對公司損益表獲利數字的影響——員工分紅配股費用化的做法，會使帳面獲利數字降低，容易遭到企業界反對——但這種做法才符合會計學原理。（前述巴菲特對員工選擇權費用化的意見，在此一樣適用！）至於在衡量的層面，以面額及市價分別計算員工分紅的金額，其間的差距將非常大。以票面值衡量時，會讓股東覺得員工分紅金額只占盈餘的一小部分；如果以市場價值衡量，股東才會對員工分紅的金額有所警覺，因爲金額有時甚至超過公司一整年的獲利。關於員工分紅金額的計算，筆者贊成應以市價衡量員工配股的價值。

股東權益與競爭力

除了參考股東權益變動表的數字，經理人和投資人若能搭配資本市場資訊，還能看出公司競爭力的強弱。

保留盈餘與股東權益的比率

分析沃爾瑪的股東權益變動表時，我們應先注意保留盈餘占整個股東權益的比率。假使該比率較高，代表公司帳面的財富大多由過去獲利所累積。相對地，如果股本與溢價占股東權益的比率較高，則代表公司可能不斷地透過現金增資，向股東取得資金。根據現代財務學的理論和實證結果，現金增資在資本市場中乃屬負面消息（後續章節將加以討論）。

由下頁圖 7-1 可清楚地看出，沃爾瑪的保留盈餘占股東權益之百分比，約在 83% 至 94% 之間；自 1990 年代初期以來，Kmart 該比率由 80% 左右持續下降，遠低於沃爾瑪。因此，保留盈餘與股東權益的比率，可透露企業相對的體質與競爭力。值得注意的是，2003 年因 Kmart 承認了巨額虧損，

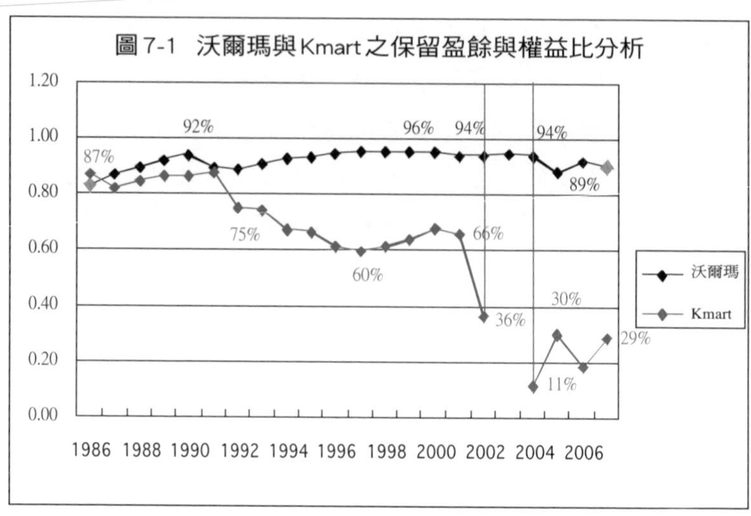

圖 7-1　沃爾瑪與Kmart之保留盈餘與權益比分析

註：Kmart 2003年的數字為911%，但不具經濟意義。

保留盈餘及股東權益雙雙變成負數，所以該比率的計算沒有任何經濟意義。

市場價值顯現長期競爭力

對投資人而言，他們最在乎的是股價變化帶來的資本利益，而不是財務報表上股東權益（帳面淨值）的變化。短期內，公司市場價值（每股股價乘以流通在外的股票數目）的變化可能脫離基本面因素，但長期來看，市場價值是外界對公司競爭力相當公允的看法。由圖 7-2 可清楚地看出，1990 年代後期，沃爾瑪的市場價值突飛猛進，由不到 500 億美元暴漲至 2002 年的 2,670 億美元。有這樣的表現，部分原因是來自於投資效益的展現，部分原因則是股市整體的樂觀氣氛。隨後因美國景氣衰弱、股市不振，沃爾瑪的市場價值在 2003

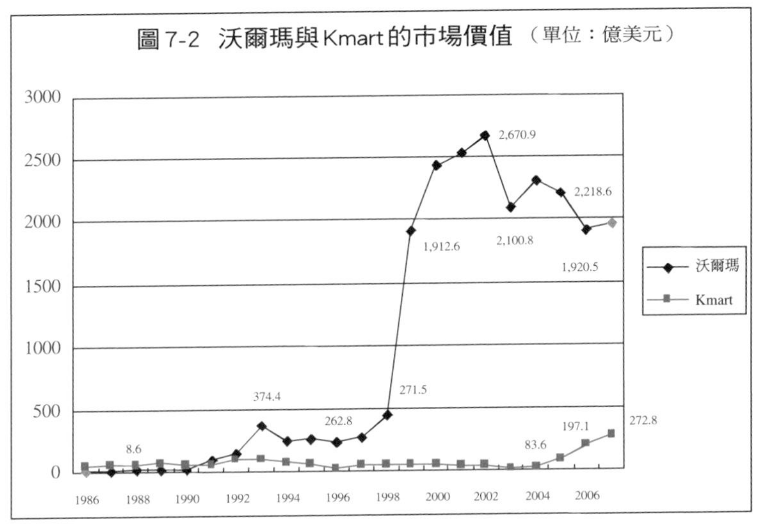

年下跌至 2,100 億美元左右。自 2006 年以來美國股市表現優異，但沃爾瑪成長速度明顯減緩，因此雖然它的營收及獲利遠超過 2002 年水平，但市場價值卻下跌至 1,920 億美元左右。對沃爾瑪投資的最佳時間是在 1990 年代初期，因爲此時財報數字優異但市場尚未初步反應其經營績效。而當 2000 年以後，投資這個眾所皆知的績優股反而沒什麼利潤可賺。

反觀 Kmart 的市場價值一直停滯不前，2005 年以前最高不超過 99 億美元，尤其 2003 年更因爲財務危機，市值下跌至 13 億 5,000 萬美元。但在 2004 年 Kmart 與美國 Sears 零售集團合併成爲美國第 3 大零售業者後，整體獲利情況逐漸改善，獲利的改善也反映在股價上，我們可以看到 Kmart 的市值從 2004 年約 25 億美元逐漸上升，以 2007 年 1 月底的股價計算，市值已超過 270 億美元。

市值與淨值比顯示未來成長空間

企業的市值與淨值比（也就是市值除以股東權益），反映資本市場對公司未來成長空間的看法，也是衡量競爭力的指標之一。市值與淨值比愈高，代表公司透過未來營收獲利成長所能創造的價值，比公司的清算價值（資產減去負債）要高出許多。由圖 7-3 可看出，在 1995 年以後，沃爾瑪的市值與淨值比幾乎都在 5 倍以上，只有在這兩年雖然獲利仍然持續增長，但因股價波動較大，市場價值下跌，市值與淨值比也在 2007 年 1 月時降至 3.2 倍。相較之下，同時期 Kmart 的市值與淨值比幾乎都維持在 1 倍左右，顯示市場對 Kmart 未來創造價值的能力十分悲觀，一直到這兩年才逐漸開始上升並在 2007 年 1 月時上升到 2.15 倍。

現金股利顯示財務體質

除了股價上升可為股東創造財富之外，現金股利的發

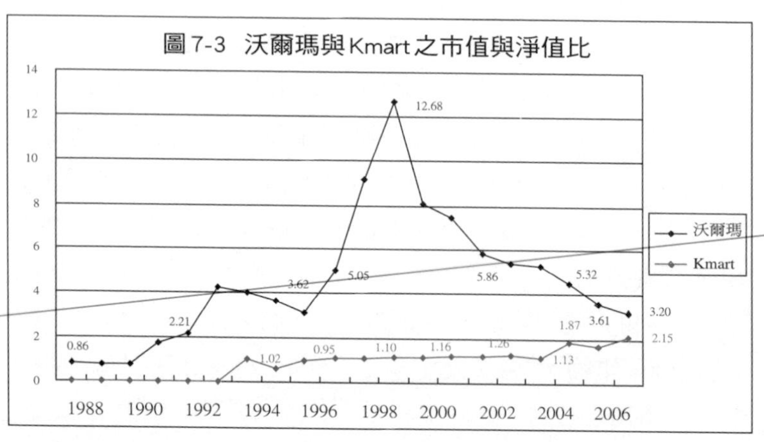

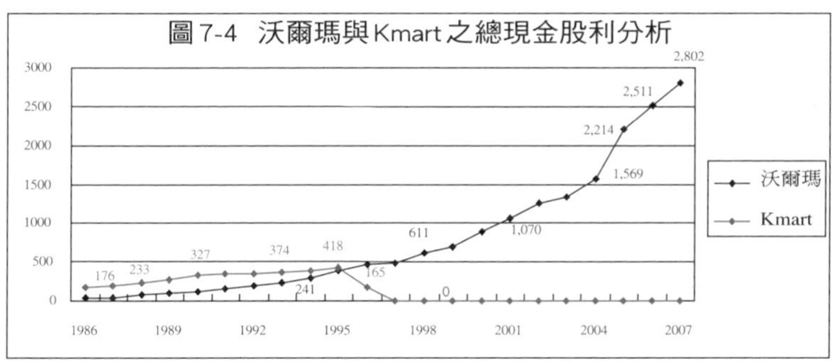

圖 7-4　沃爾瑪與 Kmart 之總現金股利分析

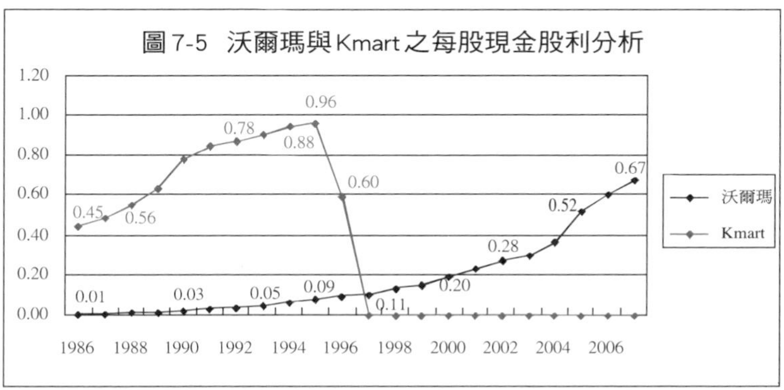

圖 7-5　沃爾瑪與 Kmart 之每股現金股利分析

放也是股東報酬的一個來源。隨著沃爾瑪規模擴大及獲利增加，它所發放的現金股利也持續地增加：1990 年，它的股利突破 1 億美元；2007 年，現金股利則已高達 28 億 200 萬美元（請參閱圖 7-4）。相對地，Kmart 的現金股利在 1995 年達到頂點，共計分配 4 億 1,800 萬美元。隨著 Kmart 在零售市場競爭的節節敗退，現金股利也隨之縮水，自 1997 年起完全停止配發。

若以每股所配發的現金股利來看（請參閱圖 7-5），1980 年代到 1990 年代中期，沃爾瑪所配發的現金股利每股不到

0.1 美元。這代表沃爾瑪將大部分的獲利留在公司，以便繼續投資。隨著獲利與現金流量的增加，沃爾瑪 2004 年每股配發 0.36 美元的現金（2007 年已增加到每股 0.67 美元），呈現緩步上升、十分穩健的趨勢。相較之下，在 1990 年以前，Kmart 每股配發的現金都遠超過沃爾瑪，1995 年時最高還曾每股配發 0.96 美元。不過，Kmart 每股現金股利的分配卻呈現暴跌的現象。通常公司都有維持每股現金股利不下降的市場壓力，若棄守這個「穩健配股」的原則，一般被解讀爲目前財務實力的衰弱與競爭力的下降。

股利與淨利比應求穩定

如果由現金股利占淨利的百分比來看（請參閱圖 7-6），在 1980 年代及 1990 年代中期，沃爾瑪該比率大約在 10% 左右，隨後逐步增加到 2000 年代的 17% 至 25%，呈現長期平穩向上的趨勢。相對地，Kmart 的淨利自 1980 年代起呈現衰退與成長交錯的不穩定狀況，因此它的股利與淨利比也變得

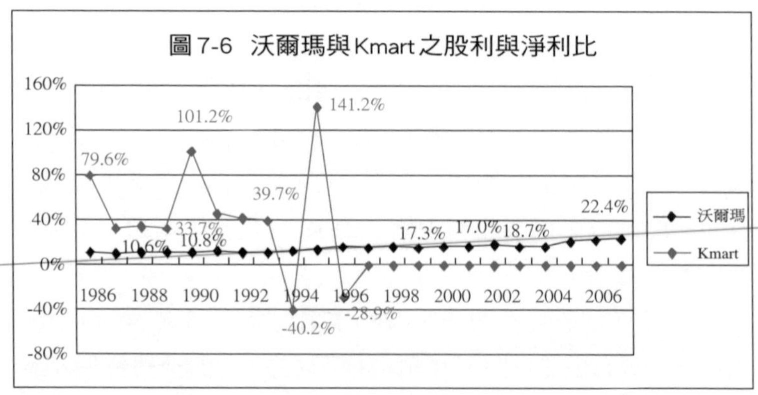

起伏不定。一般而言，具有高度競爭力的公司，經常對業務積極而對財務保守。因此，不穩定的股利與淨利比率，往往顯示該公司體質不良，無法有效、穩定地照顧它的股東。

由融資順位看企業前景

近年來，會計學與財務學的研究都顯示，沒有競爭力的企業才會不斷透過融資活動向股東籌資。以沃爾瑪爲例，自上市以來它一直積極地廣建賣場，每年的投資金額都十分龐大，它取得資金的融資活動，一直遵循以下的順序：

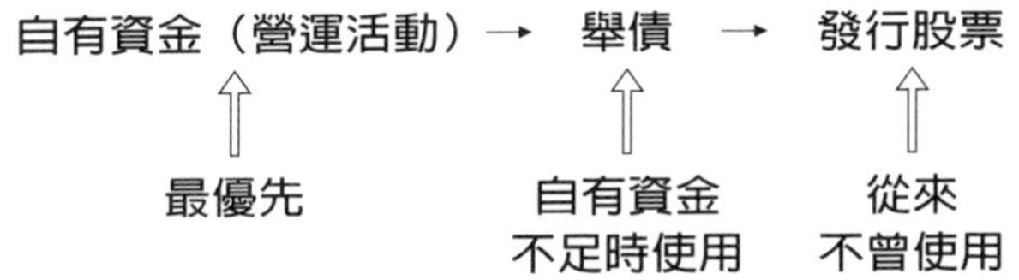

這種取得融資活動資金的順序並不是巧合，它符合了財務學著名的「**融資順位理論**」(pecking order theory)。該理論認爲，公司經理人與投資人之間存在資訊不對稱的現象。也就是說，比起投資人，公司經理人對公司未來的發展、眞正的價值，擁有較多的資訊。當公司經理人認爲公司股價被高估且有資金需求時，傾向於對外採取權益融資（現金增資），而使財富由新股購買者轉移至公司原有股東。由於理性的投資人了解這種情況，在公司宣告發行新股時，將向下修正他們對該公司的評價，使公司股價下跌。資訊不對稱的幅度愈大，發行新股所造成的股價向下修正幅度也會愈大。可轉換公司債因兼具普通股的性質（通常可享有在股價上升過程中轉換成股票的權利），當宣告發行可轉換公司債，股票市場也會出現負向的反應。

表 7-3 爲美國股票市場（較成熟，因此股價反應較理性）有關公司進行融資活動的部分實證結果，由該表的資料可發現，對於發行權益融資，股價通常出現負的反應。相對地，採用銀行借款者，股價則有正向反應（1.93%）。向銀行借款之所以產生正面反應，一方面是因爲企業勇於借款，代表對未來償還利息與本金有充分的信心。另一方面則顯示，具有專業能力的銀行在審核公司借款計畫後，同意公司對未來前景的樂觀看法。

股權首次公開發行的解讀

雖然發行股權是融資順位的最後一項，對股權首次公開發行（initial public offering，簡稱 IPO）的公司來說，自資本市場取得資金，是企業擴張、成長的重要方式。不過，公司

表 7-3　美國股市對企業融資活動的反應

融資來源	股價反應
發行普通股	-3.14%
發行可轉換公司債	-2.07%
發行可轉換特別股	-1.44%
發行私募債券	-0.91%
發行一般公司債	-0.26%
發行特別股(其經濟性質類似公司債)	-0.19%
簽訂銀行貸款協定	1.93%

首次公開發行後的經營績效，是變好還是變壞呢？

知名財務金融學者瑞德（Jay Ritter）彙整 IPO 相關實證研究後，說明 IPO 市場特有的 3 種現象：

1. **短期折價（short-run underpricing）**：新上市的公司，爲吸引投資人以順利集資，通常會採取折價發行的方式。亦即以較低的發行價格，透露其中隱藏超額利潤，吸引投資人購買該公司股票。這種現象一般稱爲「蜜月期」，目前國內外研究都一致地發現這種短期的超額利潤現象。但是以台灣股市而言，蜜月期卻有逐漸縮短、甚至完全消失的趨勢。
2. **熱門市場（hot issue market）**：採取折價發行的方式，原本就會吸引大量投資人購買，加上新股上市的宣傳，會使新上市公司的股票成爲熱門標的。例如知名的網路搜尋引擎 Google 公司，它以競標拍賣進行 IPO，在承銷手法上不同以往，吸引許多投資人以直接競標參與 IPO，使 Google 不僅是網路業的熱門品牌，也成爲華爾街的熱門股票。
3. **長期績效較差（long-run underperformance）**：多數研究與觀察發現，IPO 的公司在上市、上櫃後一段期間（1 年到 3 年），公司股價的表現平均而言會顯著下降，並明顯低於同時期大盤及各類股指數的績效。在歐美及台灣股市，這種現象同時存在。因此，剛上市的公司通常不是中長期投資的良好標的，投資人必須耐心觀察 IPO 公司是否具有長期競爭力。

近年來大陸及香港股市掀起 IPO 熱潮，新上市的股票因爲在短期有不錯的漲幅讓投資人紛紛加入投資，在這裡我要提醒讀者們應該對這些投資標的作長遠的評估。根據觀察研究發現，IPO 的公司在上市 1 年到 3 年後股價表現平均來說普遍下降，也發現公司股價能維持良好表現的，多是在資產報酬率和營收增長率也表現優異的公司。因此，剛上市的公司股票通常只適合短期持有，不一定是中長期投資的良好標的，投資人必須耐心觀察 IPO 公司的後續營運質量是否具備長期競爭力。

現金股利的資訊意涵

在融資活動中，現金股利的支出具有特殊資訊意涵，而現金股利的分配也受到相當多限制，以下列舉 5 點：

1. **法令限制**：關於股利的分配，公司法規定股利不得超過保留盈餘。另外，公司有盈餘時，必須先彌補虧損、扣除稅額、提存法定公積、支付員工紅利與薪資，有所剩餘時才能分配股利。
2. **條款限制**：某些借貸契約可能限制現金股利發放的時機與金額。
3. **變現性考量**：當公司用於營運周轉的現金不足時，將限制現金股利的發放。
4. **盈餘穩定性考量**：公司維護穩定的現金股利發放，可維護資本市場對公司的信心。
5. **成長前景考量**：當公司面臨良好投資機會或擴張契

機，爲利於投資，會盡量將現金保留在公司，因此會限制現金股利的發放。

公司發放現金股利會有諸多考量，當公司宣告股利相關資訊時，也會引起投資人的注意，進而反映於股票價值的波動（表 7-4 即爲美國股票市場的實證結果）。

由表 7-4 可看出，不管公司是增加現金股利或買回股票（想像成以現金回饋給股東的另一種方式），市場都給予正面肯定。相對地，當公司現金股利減少或不配發現金股利時，會被市場解讀爲背後有重大、不利於公司的訊息，股價因而有負面反應。

同舟共濟話未來

部分美國著名的公司，近年來也一直思考如何使股東權益與員工利益更加調和。以微軟爲例，2003 年 7 月時，它宣布以「**限制性配股**」（restricted stock）取代以往的員工認股權。

表 7-4 美國股市對企業股利政策的反應

股利相關資訊	股價反應
正向資訊	
向一般股東收購股票	16.20%
從公開市場買回庫藏股	3.60%
股利增加	0.90%
首次股利發放	3.70%
特別股利	2.10%
負向資訊	
股利減少	-3.60%
不配發股利	-7.00%

微軟也要求員工在未來5年內必須在職，才能取得出售配股的權利。微軟改變政策的原因，是爲了讓員工也承擔市場風險，並與股東的利益一致。微軟將依員工2004年至2006年6月30日的績效表現（指標包括長期銷售成長、顧客滿意度等），分配不同等級之股數。在可享有的股數決定後，限制性配股將自2006年起分3年平均給予。若員工中途離職，則未給予之股數自動失效。

2004年3月，IBM也公布旨在調和員工及股東利益的「高階主管股票獎酬報法」。該辦法包括以下主要內容：

1. **股票增值計畫（premium price plan）**：只有當公司股價成長10%之後，高階主管才能享受分紅。
2. **高階主管認股權**：高階主管必須將年度獎金的10%，以市價買進公司股票並擁有兩年，公司才會提供2倍價值的股票選擇權。也就是說，IBM希望高階主管體會投資人的處境——以自有資金長期持有公司股票的心情及後果。

此外，IBM高階執行主管的酬勞計畫，將依每年績效發給現金與紅利；而股票選擇權則依長期績效而定，分4年給予，行使期限爲10年。至於績效股票（performance stock），則依2003年至2005年這3年的績效達成度而定（指標爲每股盈餘與現金流量）。若達成績效目標，可在2005年年底以1：1方式換IBM股票或折合成現金。限制性股票則不定期給予，以留任重要經理人，使其再留任5年。

2003年，奇異電器首次發放限制性股票，經理人只有在允諾未來服務期間後（約 3 至 10 年）才會給予。其次，針對高階經理人，奇異額外的特殊獎酬方案之一爲「5 年績效目標酬勞」。奇異爲高階經理人訂定的績效目標爲：

1. 提升股東權益報酬率（當期淨利除以股東權益），必須高於標準普爾 500 同期平均值。
2. 提升營運活動的淨現金流量。

在 2003 年至 2007 年間，若高階經理人達成績效目標，可享有 25 萬股權利；兩項目標若只有一項達成者，則只能領取一半。

優厚的員工分紅制度，雖然有吸引人才以增強公司競爭力的功能，卻可能造成員工重視短期財富增加、長期激勵效果不彰的後遺症。例如部分高科技公司的員工，往往在領完巨額的員工分紅股票後，發生集體跳槽或提早退休的情形。有鑑於此，聯發科技董事長蔡明介先生也曾參考上述最新潮流，在 2003 年提出限制性股票的建議（例如員工分紅配股後，應該有不能出售的閉鎖期間），認爲它比現行的員工股票分紅制度，更具有長期激勵的效果。

保障股東權益是經理人實踐「課責性」最重要的指標。只有當財富及資訊都處於弱勢的小股東，都能獲得股東權益充分的保障，經理人的天職才算圓滿，而股東權益變動表正是檢視經理人是否忠於所託的重要工具。

【參考資料】

❶ Kieso, Donald and Jerry Weygandt, 2004, *Intermediate Accounting*, 9th edition, Wiely.

❷ Ritter, J.R., 1991, "The Long-Run Performance of Initial Public Offerings." *The Journal of Finance*, March, 3-27.

❸ Teoh, S. H., Wong, T.J., Rao, G. R., 1998, "Earnings Management and the Long-Run Market Performance of Initial Public Offerings." *The Journal of Finance*, Vol. LIII, No.6, December, 1935-1974.

❹ 陳俊合，2005，《員工紅利與後續公司績效之關聯性》，國立台灣大學會計學研究所未出版之博士論文。

3 進階篇

第 8 章

踏在磐石而不是流沙上——談資產品質與競爭力

遠在1835年，年輕、才氣縱橫的法國思想家托克威爾（Alexis de Tocqueville, 1805～1859），在其名著《美國的民主》（Democracy in America）一書中提出一個問題：當時歐洲和美洲之間的貿易，爲什麼大部分被美國的商船所壟斷？他的答案是：美國商船渡海的成本，比其他國家商船的成本低。但是，欲進一步解釋何以美國商船有這種成本優勢，可就有點困難了。美國商船的建造成本不比別人低，但是耐用時間比別人短。更糟糕的是，美國商船雇用船員的薪水還比其他國家的商船高，表面上看來眞是一無是處。托克威爾卻認爲：「美國商船之所以擁有較低的成本，並非來自有形的優勢，而必須歸功於心理與智性上的品質」。

爲了應證這個論點，托克威爾在書中生動地比較歐洲水手與美國水手航海行爲的不同。歐洲水手做事謹愼，往往等到天氣穩定才願意出海。在夜間，他們張開半帆以便降低航行速度；進港時，他們反覆地測量航向、船隻和太陽的相對位置，希望避免觸礁。相形之下，美國水手似乎愛擁抱風險。他們不等海上風暴停止就急著拔錨啓航，日以繼夜地張開全帆以增加航行速度，一看到顯示快靠近岸邊的白色浪花，立刻加速準備搶灘。這種不畏風險的航海作風，使得美國商船的失事率遠高過其他國家的商船（這種風險頗能解釋為什麼支付水手較高的薪資），但確實能縮短飄洋過海的時間，並大幅降低成本。

以十九世紀初在波士頓進行的茶葉貿易為例，美國商船在將近 1 年 10 個月的航行中，除了到達目的地中國廣州採購茶葉之外，都不再靠岸補給，水手們只以雨水及醃肉裹腹。相對地，歐洲商船一般會停靠幾個港口，以便補給淡水與新鮮糧食。這種艱苦的航海生活，讓美國商人的每磅茶葉比英國商人便宜 5 分錢，取得價格優勢，進而擴大市場占有率。

至於美國商船為什麼建造品質不良？托克威爾在訪問一個美國水手後豁然開朗。那位水手理直氣壯地說：「航海技術進步得這麼快，船隻可以用就好，品質不必太高，反正用壞了就換。」看到美國商船狂熱追求速度及擁抱風險的行為，托克威爾當時就大膽地預測：「美國商船的旗幟現在已經使人尊敬，再過幾年它就會令人畏懼……而我不得不相信，美國商船有一天會成為全球海權霸主。美國商人註定要主宰海洋，正如古代羅馬人註定要統治全世界一樣。」如同托克威爾所預言的，百年之後，美國果真成為全球第一大經濟強權。

無形資產決定長期競爭力

托克威爾的觀點絕對是進步的，目前會計學界的研究指出，對企業的經營而言，無形資產比有形資產更為重要。十九世紀時，美國商船的競爭力主要來自他們的企業家精神。他們絕對不是冒無謂的風險，如果沒有這種實事求是、無懼沉船的精神，他們如何與歐洲經驗豐富的水手、設備精良的商船競爭？又如何能以些微的成本優勢，在大西洋的貿易戰爭中勝出？

美國水手所擁有的無形資產，是他們身爲新興民族自然流露的冒險犯難性格，並不需要額外的投資。然而，現代的企業若想擁有高競爭力的無形資產，必須進行系統性、持續性的投資。例如企業的研究發展支出，雖然其未來效益的不確定性太高，基於會計學穩健原則，被歸類爲當期費用而不是資產，但是研發活動確實是創造無形資產的重要來源。著名的會計學者萊夫（Brauch Lev）曾估計，每 1 元的研究發展支出，在未來平均可產生 20% 左右的投資報酬率，效益能延續 5 年到 9 年。因此，爲了加強競爭力，國際級企業莫不積極從事研發活動。（表 8-1 彙整 2006 年部分知名企業研發支出占營收的百分比。）

因此，所謂企業經營的「磐石」，其實不是財務報表上的土地、廠房、設備，離開了企業家精神和良好的管理制度，有形資產便很容易變成「流沙」。不論是有形資產或無形資產，它們的價值都建立在「能爲企業創造未來實質的現金流

表8-1　2006年知名企業研發支出占營收比例

	金額（億美金）	占營收百分比
默克藥廠（Merck）	47.83	21.13%
微軟	65.84	14.87%
英特爾	14.26	14.71%
Google	12.29	11.59%
3M	5.09	8.80%
IBM	61.07	6.68%
蘋果電腦	7.12	3.69%

量」之上。針對這個觀點，本章稍後將進一步闡述。

「內在價值」與資產評估

在資產價值評估中，最重要的觀念即是「**內在價值**」(intrinsic value)，亦即資產價值中可用未來獲利能力合理解釋的部分。更具體地說，內在價值指的是資產在它存續期間所能產生的現金流量折現值。

我們不妨用以下的例子，說明如何衡量一個資產或一項投資案的內在價值。

釋例：

如果你想報考台大EMBA學程，但不知道這項投資是否划算，不妨計算一下EMBA的內在價值。假設一旦進入EMBA學程，你每年的所得會增加10萬元，而這筆金額會在每年年底收到。你的年齡目前爲45歲，如果你預定65歲退休，你仍然有20年的工作時間。爲了簡化計算，假設台大EMBA學費共計新台幣60萬元，必須於入學當年的1月1日一次全部支付。

試問你的EMBA教育投資之內在價值爲多少？

如果只考慮接受EMBA教育所增加的總薪資所得，往後20年工作時間所獲得的加薪總金額爲200萬元，遠比學費60萬元高得多。但是，未來的錢其實比較不值錢。爲什麼？如果你想在1年後拿到10萬元，而你能使資金獲得每年10%的投資報酬率，目前你只要擁有90,909.09元（也就是 100,000÷1.1）就能達到這個目標。換句話說，1 年後的 10 萬元，只相當於目前的 90,909.09 元，因為以 90,909.09 元為本金，再加上 1 年 10% 的利息，1 年後正好可獲得 10 萬元。這種以投資報酬率來降低未來現金價值的過程叫做「**折現**」（discounting），而 90,909.09 元（經過折現的數字）則叫做「**折現值**」（present value）。同理，2 年後的 10 萬元，只值 82,644.63 元（$100,000 \div (1.1)^2$）。按照這個邏輯，20 年後的 10 萬元，只值 14,864.36 元（$100,000 \div (1.1)^{20}$）。更誇張的是，40 年後才獲得的 10 萬元，只值 2,209.49 元（$100,000 \div (1.1)^{40}$），可見長期折現對未來現金價值的殺傷力。

利用折現的觀點，本例 EMBA 教育的內在價值可計算如下：

EMBA 教育的內在價值

$$= \frac{100,000}{1.1} + \frac{100,000}{(1.1)^2} + \frac{100,000}{(1.1)^3} + \cdots\cdots + \frac{100,000}{(1.1)^{20}}$$

$$= 100,000 \left(\frac{1}{(1.1)} + \frac{1}{(1.1)^2} + \frac{1}{(1.1)^3} + \cdots\cdots + \frac{1}{(1.1)^{20}} \right)$$

$$= 100,000 \times \boxed{8.5136}$$

$$= 851,360$$

在這個計算過程中，讀者通常可由會計或財務學教科書現成的表格查出，每年拿到 1 元，連續 20 年，則第 1 年到第 20 年折現值的加總爲 8.5136 元。由內在價值來看，顯然 EMBA 學程是個不錯的投資，因爲產生的內在價值 851,360 元遠大於教育投資的 60 萬元。不過，仍有下列幾項關鍵因素會影響 EMBA 教育的內在價值：

1. **對未來薪資增加金額的假設是否正確**。若你每年平均薪資的增加金額只有 70,475.47 元，那麼你這筆 EMBA 教育投資就是不賺不賠。高於 70,475.47 元，你的教育投資算是有利可圖；低於 70,475.47 元，你的教育投資就是賠本。

   如何算出這個數字呢？假設讓 EMBA 教育不賺不賠的薪資增加額爲未知數，按照上述折現的過程，讓教育投資打平的關係式爲：

   $$600{,}000 = \text{損益平衡薪資增加額} \times 8.5136$$

   $$\longrightarrow \text{損益平衡薪資增加額} = \frac{600{,}000}{8.5136} \cong 70{,}475.47$$

   另一種估算錯誤的可能，來自於你低估未來加薪的幅度。假設第一年的加薪金額是 10 萬元，以後每年加薪的幅度是 5%，那麼你 EMBA 投資的內在價值可計算如下：

EMBA 教育的內在價值

$$= \frac{100{,}000}{1.1} + \frac{100{,}000 \times 1.05}{(1.1)^2} + \frac{100{,}000 \times (1.05)^2}{(1.1)^3} + \cdots\cdots + \frac{100{,}000 \times (1.05)^{19}}{(1.1)^{20}}$$

$$= \frac{100{,}000}{1.05}\left[\left(\frac{1.05}{1.1}\right)+\left(\frac{1.05}{1.1}\right)^{2}+\left(\frac{1.05}{1.1}\right)^{3}+\cdots\cdots+\left(\frac{1.05}{1.1}\right)^{20}\right]$$

而 $\frac{1.05}{1.1}=\frac{1}{1.1/1.05}\approx\frac{1}{1.05}$

因此，EMBA 教育的內在價值爲

$$\cong \frac{100{,}000}{1.05}\left(\frac{1}{1.05}+\frac{1}{1.05^{2}}+\cdots\cdots+\frac{1}{1.05^{20}}\right)$$

$$= 100{,}000 \times \boxed{\frac{12.4622}{1.05}}$$

$$= 1{,}186{,}880 = \underline{851{,}360} \times 1.3941$$

↓

原來固定加薪金額之內在價值

由以上的計算可發現，只要持續 5% 的加薪幅度，EMBA 教育的內在價值就能由原來的 851,360 元增加到 1,186,880 元，成長幅度約爲 39.41%。

2. **對自己資金未來投資報酬率的假設是否正確**。如果你認爲未來的景氣普遍不佳，你的平均年投資報酬率只有 5% 而不是 10%，根據上述折現的計算過程，EMBA 教育的內在價值就會上升（請看以下的計算）。

EMBA 教育的內在價值

$$= \frac{100{,}000}{1.05} + \frac{100{,}000}{(1.05)^2} + \frac{100{,}000}{(1.05)^3} + \cdots\cdots + \frac{100{,}000}{(1.05)^{20}}$$

$$= 100{,}000 \left(\frac{1}{1.05} + \frac{1}{(1.05)^2} + \frac{1}{(1.05)^3} + \cdots\cdots + \frac{1}{(1.05)^{20}} \right)$$

$$= 100{,}000 \times \boxed{12.4622}$$

$$= 1{,}246{,}220$$

由於投資報酬率出現在折現值計算式的分母，在分子（薪資增加額）固定的情況下，資金在其他地方的投資報酬率（經濟學所謂的「機會成本」）愈低，則EMBA教育的內在價值愈高。相對地，如果你的投資報酬率愈高，則EMBA教育的內在價值便愈低。假設你相信自己能產生22%的投資報酬率，相關的計算如下：

EMBA教育的內在價值

$$= \frac{100{,}000}{1.22} + \frac{100{,}000}{(1.22)^2} + \frac{100{,}000}{(1.22)^3} + \cdots\cdots + \frac{100{,}000}{(1.22)^{20}}$$

$$= 100{,}000 \left(\frac{1}{1.22} + \frac{1}{(1.22)^2} + \frac{1}{(1.22)^3} + \cdots\cdots + \frac{1}{(1.22)^{20}} \right)$$

$$= 100{,}000 \times \boxed{4.4603}$$

$$= 446{,}030$$

這個數字比你必須付出的學費少了 153,970 元，顯然 EMBA 教育的投資已經變成不值得。因此我們可以推斷，凡是自己能產生年投資報酬率超過 22% 的經理人，若念書後每年薪資增加額只有 10 萬元，便不值得念 EMBA 學位。若是年投資報酬率小於 22% 的經理人，就值得念 EMBA 學位。

3. **你的薪資報酬與外匯匯率是否有關**。假設你服務的是外商公司，老闆給你的加薪金額以美元計算。在匯率是 32 元新台幣兌換 1 美元的情況下，新台幣 10 萬元相當於 3,125 美元。如果台幣匯率升值到了 30 比 1，而你的年度加薪始終以美元計算，則 3,125 美元等於新台幣 93,750 元，EMBA 教育投資的內在價值會因台幣升值而降低，相關的計算如下：

EMBA 的內在價值

$$= \frac{93,750}{1.1} + \frac{93,750}{(1.1)^2} + \frac{93,750}{(1.1)^3} + \cdots + \frac{93,750}{(1.1)^{20}}$$

$$= 93,750 \left(\frac{1}{1.1} + \frac{1}{(1.1)^2} + \frac{1}{(1.1)^3} + \cdots + \frac{1}{(1.1)^{20}} \right)$$

$$= 93,750 \times \boxed{8.5136}$$

$$= 798,150$$

我們清楚地看到，由於美元貶值，EMBA 教育的內在價值由原來的 851,360 元，下跌至 798,150 元，損失金額爲 53,210 元（6.25%）。

巴菲特強烈地主張，利用折現的概念來衡量投資案，是財務上最適當的做法，所有會計或財務學的教科書，也和巴菲特的觀點一致。但是，由本節的討論可發現，未來薪資、投資報酬率、甚至匯率變動等因素，都會造成內在價值的改變。

「內在價值」的廣泛應用

內在價值可以有非常廣泛的應用。凡是能產生未來預期現金淨流入的資產，都適用於透過折現來評估內在價值的方法。如果一台機器每年可產生 10 萬元的淨現金流入，並且效益可持續 20 年，在市場利率水準爲 10% 的假設下，這台機器的內在價值應該是多少？我們可套用前文將 10 萬元現金折現 20 次後再全部加總的程序，計算出該機器的內在價值爲 85 萬 1,360 元。凡是理性的投資人，會要求賣方以不高於內在價值的金額出售該機器，否則就不願購買。

折現的道理也能用在企業購買其他公司股票（即轉投資）的決策中。在第 4 章中，我們討論了商譽的計算方法——購買其他企業股權的金額，超過它合理的帳面淨值（重估後的資產減去負債），就會產生商譽。如果一家公司每年能爲你帶來 10 萬元的淨現金流入，並且持續 20 年，在假設 10% 的投資報酬率之下，利用對未來現金流量的折現，推算出這個企業的內在價值是 85 萬 1,360 元。如果你眞的以 85 萬 1,360 元購買這個企業，而它的帳面淨值只有 45 萬元，你便必須承認 40 萬 1,360 元的商譽。

內在價值的觀念也可用在負債金額的衡量。假設某公司發行一種特殊的債券，藉以在資本市場籌措資金，這種債券不必還本，只要每年年底支付債權人 10 萬元，連續 20 年，則發行此債券對企業眞正的經濟負擔是多少？在這 20 年之間，雖然該企業總共必須支付債權人 200 萬元，但就折現的概念來看，把 10 萬元現金折現 20 次再全部加總，此債券對企業的實質負擔是 85 萬 1,360 元。又例如企業租用一台機械 20 年，每年必須支付業主 10 萬元，而資金的機會成本爲 10%，按照折現的計算方式，該租約對企業造成的負債也是 85 萬 1,360 元。

利率的變動對資產與負債都會造成重大影響。如果你擁有的資產使你享受每年年底固定 10 萬元的淨現金流入，而市場利率由 10% 下降至 5%，則資產的內在價值會從 85 萬 1,360 元上升到 124 萬 6,220 元（請參閱之前 EMBA 教育折現值的計算式）。相反地，若一個保險公司必須支付保險人每年 10 萬元退休金，連續 20 年，當市場利率由 10% 下降至 5%，該筆負債會由 85 萬 1,360 元大幅增加到 124 萬 6,220 元。

由此我們可看出，即使沒有交易發生，只要利率或匯率發生變化，就會對企業資產及負債產生重大影響。有時候，資產與負債呈現同方向變動，且金額相當，如此就能抵消利率變動對公司財務結構的影響。企業通常會使用衍生性金融商品，以緩和利率或匯率對企業造成的財務衝擊，這種行爲稱爲「避險」。不過，若操作衍生性金融商品不當，有可能愈避愈險，產生巨額虧損。

資產減損與第 35 號公報

2004 年 7 月公布的第 35 號公報「資產減損之會計處理準則」，於 2005 年開始適用，目前造成企業界極大的關心。第 35 號公報的精神很簡單——資產如果不能獲利，甚至發生潛在損失，應該立刻承認；資產如果有增值利益，基於穩健原則，還是不能承認利得。具體來說，企業必須確保資產帳面價值不超過「可回收金額」，資產帳面價值如果超過可回收金額，就產生資產減損。所謂的可回收金額，意指資產的「淨公平價值」與其「使用價值」中較高的一個。淨公平價值是正常交易中資產銷售扣除相關處分成本後（例如佣金及稅金）取得的金額；至於使用價值，是指預期可由資產產生之估計未來現金流量的折現值（計算方法參閱前文討論的內在價值）。

第 35 號公報適用的範圍，包括使用權益法的長期投資、固定資產、商譽等項目。舉例來說，企業擁有的一台機器在 2007 年 12 月 31 日的帳面價值爲 500 萬元（取得成本 750 萬扣除累計折舊 250 萬），如果評估該機器生產的產品因市場競爭程度超過預期，未來價格將顯著下跌，預期將對企業發生不利之影響。該機器的可回收金額爲 455 萬元，由於該機器的帳面價值超過其可回收金額，所以會發生 45 萬元（500 萬－ 455 萬）的資產減損損失，必須在損益表上認列。

當損失確定發生時，用資產帳面價值減去可回收金額，差額即爲資產減損損失，將資產減損損失計入當期損益，同時提列相對應的資產減損準備。資產減損損失一經確定，以後會計期間不得轉回。

劉教授提醒你

對台灣企業而言，因企業合併所取得的商譽，或進行轉投資所取得的其他企業股票（即一般所謂的長期股權投資），在第 35 號公報要求承認資產減損的條件下，都是可能對當年企業發生重大衝擊的項目。2004 年，被動元件大廠國巨在第 4 季提前實施第 35 號公報，一口氣承認 2000 年購併菲利普全球被動元件部門產生的 120 億元商譽損失。

以國際標準來看，這個金額還不算大。2002 年，華納決定收購世界通訊（America On Line, AOL）時，因為華納未能從財務報表中瞭解真實價值，導致 2002 年底華納不得不針對世界通訊商譽價值減損的部分，一口氣提列了 54 億美元的損失，是目前的世界紀錄。若當初世界通訊有確實遵照資產減損的計算方式編制報表，則華納可能就會改變其收購世界通訊之決策。

一般來說，承認了巨額的資產減損損失後，對公司反而有「利空出盡」的作用。由第一章提及的「心智會計」論點來看，經理人最難辦到的事是坦承失敗，並以具體作爲來處理失敗的投資（如處分虧損事業）。承認資產減損往往是面對現實、重新出發的契機。

資產比負債更危險

對一般人而言，資產代表有價值的事物，應該是好的；而負債代表存在的財務負擔，應該是壞的。然而，對管理階層來說，資產卻比負債更加危險。理由很簡單：資產通常只會變壞，不會變好；而負債通常只會變好，不會再變壞。很少有銀行或投資機構看到一個公司負債比率極高，仍然勇於提供借款，或者願意進場投資。許多公司負債比率之所以偏高，常常是資產價值出乎意料地快速降低所造成。以下讓我們檢視幾個資產價值惡化的例子。

資產通常只會變壞，不會變好

⊙ 存貨會因價格下跌造成重大損失

美國美光半導體（Micron）以生產 DRAM 為主要業務，因為自 2002 年第 3 季以來的 DRAM 產品價格下跌超過 30%，美光必須在第 4 季承認高達 1 億 7,000 萬美元的存貨跌價損失，使美光該年度虧損金額高達 4 億 7,000 萬美元。曾經是華爾街化工類股寵兒的歐姆集團（OM Group），2003 年 11 月 4 日發布高達 1 億美元的存貨跌價損失。一天之內，它的股價由 27 美元暴跌至 8.75 美元，跌幅達 68%。

創下資訊產業存貨跌價損失最高紀錄的公司，其實是著名的網路設備供應商思科（Cisco）。2001 年 5 月 9 日，思科宣布了高達 22 億 5,000 萬美元的存貨跌價損失，這個巨額損失源自於管理階層的誤判。1990 年代，思科營業額由 7 億美元成長到122億美元，平均年成長率爲62%。思科認爲網路設備爆炸式的需求將持續，因此不斷地增加存貨，但是當景氣突然反轉時，這些存貨的價值立刻暴跌。存貨跌價損失的消息一經公布，當天思科的股價由20.33美元跌到19.13美元，下跌幅度爲6%。一般而言，科技產業的產品生命週期較短，3個月到半年間若無法順利售出，價值往往會蕩然無存。加上科技產業存貨中的在製品品質難以查證，也很容易造成後續評價的誤差或扭曲。

⊙ 應收貸款會因倒帳而造成重大損失

花旗銀行1967年至1984年的執行長溫斯頓（Walter Winston）留下這麼一句名言：「國家不會倒閉。」（Countries never go bankrupt.）1982年，即使墨西哥政府片面宣布停止對外國銀行支付利息及本金，震驚國際金融圈，溫斯頓對回收開發中國家的貸款仍舊信心滿滿。正是因爲這種信念，溫斯頓在1970年代才會率領美國銀行團，大舉放款給開發中國家。但是，美國政府介入斡旋好幾年，仍看不到明顯成果後，1987年5月，花旗銀行新任執行長瑞德（John Reed）率先宣布，貸款給開發中國家的放款中，有30億美元可能無法回收，占花旗銀行擁有的開發中國家債權總金額的25%。

在花旗的帶頭下，美國貸款給開發中國家的前十大銀行，紛紛進行類似的會計認列，光是在1987年第2季，它們所承認的壞帳損失總計就超過100億美元。在接下來的1990年代，國際金融界一片淒風苦雨，高達55個國家出現還債困難，總共倒債3,350億美元，對開發中國家的放款平均22%左右無法回收。銀行家曾以爲，對國家放款的資產品質堅若磐石，他們卻發現自己踩在流沙上。

⊙ 長期股權投資因投資標的經營不善，成爲壁紙

部分公司經由現金增資或銀行貸款取得巨額資金，轉投資往往十分浮濫。更糟糕的是，有些公司投資的子公司，主要目的是購買母公司產品，以虛增業績進而操縱股價。有些上市公司常以海外子公司作爲塞貨的工具，子公司向母公司所購買的產品，又往往無法順利銷售。這些海外子公司其實不具有經濟價值，資產負債表卻未能公允地呈現。

過分複雜的轉投資，就算沒有操縱母公司股價的動機，也會造成企業管理的死角。例如已經下市的太平洋電線電纜公司（太電），它所轉投資的子公司與子公司再轉投資的「孫公司」就高達 130 家以上，多半虧損累累。就連當時太電的財務長，也搞不清楚每家轉投資公司的詳細財務狀況，更談不上有效的管理。

資產品質與未來願景

假設你是一個銀行家或投資人，當知道以下資產負債表的資訊後，試問你是否願意放款或投資這家公司：

> A 公司資產總共是 21 億 6,000 萬美元，遺憾的是，經過多年的虧損，A 公司已經賠光了當初股東投入的所有資本，並產生負 10 億 4,000 萬美元的股東權益。經由會計方程式得知，A 公司的總負債金額是 32 億美元（21.6 億＋ 10.4 億）。

對一個上市的企業而言，這種負債遠大於資產的情形很少發生。

前幾年我教授 EMBA 的管理會計課程時，蓋住 A 公司的名稱，只顯示上述的資產負債表給同學看，獲得同學們壓倒性的負面評價，類似「經營不善」、「地雷股」等警語不絕於耳。你是否也和我的學生們看法相同呢？當我宣布答案，告訴大家 A 公司就是大名鼎鼎的網路書店亞馬遜之後，同學們紛紛改變看法，強調亞馬遜未來獲利的前景亮麗，這種因未來遠景而忽略目前經營問題的心態當時並不奇怪。

在網路泡沫還沒吹破前，投資人普遍存在的熱烈信心，使亞馬遜在 1999 年每股股價曾高達 132 美元，市值爲 1,380 億美元。當 2000 年網路泡沫化時，亞馬遜最低股價曾跌到每股 6 美元，市值只剩下 28 億 5,000 萬美元，直到 2004 年，亞馬遜的淨資產負 2 億美金，尚未能算脫離歷史低潮。一個虧損累累的公司，憑什麼有這個市值？買亞馬遜股票的投資人，是不是站在流沙上？

如果依第 4 章關於商譽的說明，欲併購亞馬遜的公司，必須把它的購買總值都列在商譽一欄。以一個經理人或投資人的立場來看，你會不會對這種無形資產心驚膽跳呢？然而已建立品牌地位的網路公司的確有其商業價值，到了 2007 年 5 月底，亞馬遜的股價已經突破 70 美元，市值成長至 176 億美元，營收獲利也逐漸穩定成長（2004 年營收爲 16 億美元，淨利爲負 2 億美元；2006 年營收已成長至 25 億美元，淨利爲 4 億美元）。亞馬遜的案例再度證明一個不變的事實——任何公司要能有良好的市場價值，必須證明擁有可以獲利的商業才能，而不只是夢想。

負債通常不會變壞

太多的負債絕對不是好事。但弔詭的是，負債通常只會變好（不用償還），而不會變壞（最多按照原來金額償還）。我們檢視以下幾個例子：

- 1982 年，因爲墨西哥宣告無法支付其國際債務，引發開發中國家的負債危機。1994 年，18 個開發中國家透過美國的安排調解，最後達成協議，把高達 1,900 億美元的負債減免了 600 億美元。
- 在亞洲金融風暴橫掃時，由於韓國政府積極地介入協調，大宇集團（Daewoo Group）與外國銀行團（以花旗銀行爲首，總共約 200 個銀行）達成協議，取消平均約 60% 的銀行負債，總金額高達 67 億美元。
- 2003 年伊拉克戰爭後，伊拉克政府一直尋求完全取消其 1,200 億美元的外債。據報導，美國及其他工業大國傾向同意。日本在 2005 年 11 月時，同意免除伊拉克 80% 的債務，以協助該國的重建計畫；2005 年 12 月時，伊拉克也與國際貨幣基金組織（International Monetary Fund, 簡稱 IMF）協議在 18 個月內逐步免除其債務；目前美國、英國及俄羅斯均已在該協議中承諾免除伊拉克的債務。時至 2006 年，伊拉克的外債已經從 1,200 億美元降低到 300 億美元。

高負債的確有害，但它的危害顯而易見，企業或銀行不容易一開始就犯錯。負債會成爲問題，經常是因爲資產價值縮水，或獲利能力萎縮所造成。例如 2001 年廣受矚目的亞世集團（因大亞百貨及環亞飯店發生財務危機），在1970年代時，由鄭周敏先生藉著土地投資建立起多角化事業體系，並號稱擁有千億以上資產。乍看之下，集團250億元的負債並不算高。由於當時房地產長期低迷，資產大幅縮水，實際的負債比率遠高於帳面所顯示的數字。更糟的是，大筆土地的流動性較低，想瘦身都十分困難。由此可知，負債問題常是資產減損問題的延伸。

管理資產減損才是重點

公允地表達資產減損的情況，是近年來財務報表編製最重要的發展方向之一。但是，對公司而言，根本之計還是管理資產減損，避免資產品質惡化。以下列出兩項重點加以說明：控制存貨跌價風險、控制應收帳款倒帳風險。

控制存貨跌價風險

不同類型的廠商，規避存貨跌價損失的方法也有所不同，例如通路商可能以「託銷」（consignment）來減少風險。託銷是指製造商完全負擔存貨跌價的風險，即使產品在通路商的賣場，所有權仍屬於製造商；當產品銷售出去，才由通路商與製造商拆帳。這種託銷的型態，不只是通路商與製造商就個別商品所訂定的銷售契約，也可擴大爲通路商的商業模式。也就是說，通路商只提供銷售平台，不介入存貨的買賣，目前具有規模優勢的通路商（例如沃爾瑪），正全力朝著此方向邁進。因此，在託銷的商業模式下，營收成長往往只需要較小幅度存貨的成長。

此外，透過簽訂存貨跌價保護契約的方式，通路商可讓製造商補貼產品價格下跌的部分或全部損失，使本身的存貨跌價損失得以減少。通路商除了必須先簽訂這種契約，也必須確定經理人能有系統地執行這些條款，而不是徒具虛文，這就牽涉到執行力的落實。針對通路商本身擁有的存貨，要求加快出售現有存貨的速度（存貨周轉率），是通路商管理的重點。最直截了當的做法，便是把存貨周轉速度列入賣場經理人的績效評估指標。關於如何設計適當的誘因機制，則屬於「管理會計學」的討論範圍。

至於製造商，它們主要以先下單、後生產、增加存貨周轉速度來降低存貨風險。1980 年代，豐田汽車（Toyota）創造了「**零庫存**」（just in time）的管理模式——有市場需求才製造汽車，在製造時才將零組件送上生產線。豐田汽車這種創新的管理流程，大幅降低汽車成品、半成品及零組件存貨的風險。1970 年代晚期的克萊斯勒是個鮮明的對比，因爲對景氣復甦過於樂觀，克萊斯勒大幅增加生產，在需求不振的情形下，汽車存貨暴增，甚至必須堆到倉庫外面，被媒體嘲笑爲「整個底特律都是克萊斯勒的停車場」。克萊斯勒差一點因此倒閉，後來透過美國聯邦政府的協助，以及傳奇執行長艾科卡（Lee Iacocca）的救援行動，才能起死回生。

1990 年代，製造業透過供應鏈進行管理，最卓越的應該算是戴爾電腦。戴爾的存貨控制由 2000 年的 6 天，下降至 2004 年的 3 天，爲業界之冠。台灣科技廠商的存貨管理，以鴻海最爲著名。鴻海生產線執行嚴格的材料庫存控制，創造了生產成本的競爭力。鴻海工廠的備料時間比同業短，當備料到了一定時間還沒出貨，就會被打成庫存呆料，先折價一半。經理人要是未嚴格執行生產計畫時間表、準確地拿捏出進貨時間，財務報表上的業績就會變差，甚至會拿不到年終獎金，這種機制使得經理人嚴格控制材料庫存。由此可見，財務報表的每個數字，必須以適當的管理機制扣緊企業活動，才能產生競爭力。

控制應收帳款倒帳風險

除了落實客戶信用調查外，爲避免應收帳款發生倒帳風險，部分企業會將應收帳款賣斷給金融機構。這種交易會使公司資產負債表的應收帳款金額減少、現金金額增加。不過，賣斷應收帳款的做法，是否眞能解除公司的信用風險呢？這可不一定。部分銀行爲求自保，在應收款賣斷的合約上故意留下灰色地帶，不僅要求現在必須存放在該銀行，萬一有倒帳情事，銀行可優先由該公司存款餘額中直接扣款。因此，現金並非完全由公司自由支配，反而成爲「**受限制資產**」（restricted assets）。就財務報表公允揭露的精神而言，現金中受到限制的部分，應該在附註中加以解釋。就務實的管理來說，應收帳款賣斷是否達到風險轉移的目的，經理人應在相關契約上加以釐清。

此外，還有一個使應收帳款倒帳風險增加的原因：不恰當的績效評估制度。若銷售人員的獎金完全根據業績而定，可能會誘使銷售人員只顧衝刺業績，忽略客戶是否有還款意願與能力。信用風險的控制，不該完全推給後段的財務或稽核人員。銷售人員站在第一線，透過與客戶的直接接觸，往往更能有效地評估其信用風險。至於銷售人員的獎金發放，應該與應收帳款能否回收加以聯結，才是根本改善應收帳款品質的方法。

啥都沒剩下！

2004年美國總統大選，尋求連任的共和黨候選人布希（George W. Bush）和民主黨候選人凱瑞（John Kerry）競爭得十分激烈，兩方陣營莫不挖空心思宣揚己方政績，並攻詰對方，其中一個嘲諷布希的笑話相當經典。話說布希總統在競選期間頭痛欲裂，幕僚找來美國最權威的腦科醫師替他診斷。以最精密的儀器徹底檢查後，醫生面色沉重地說：「總統先生，您有大麻煩了！」布希很緊張地問：「我腦袋瓜到底出了什麼問題？」醫生說：「正常人的腦袋分成右腦和左腦，總統您也不例外。但是，在您的右腦，沒一樣是對勁的；而在您的左腦，啥都沒剩下。」（In your right brain, there is nothing right. In your left brain, there is nothing left.）。這個笑話利用英文「右邊」（right，也為「正確」之意）與「左邊」（left，亦為「剩下」之意）的雙關語，把有著西部牛仔粗線條形象的布希，狠狠地嘲諷了一番。

對學會計的人來說，在這個笑話背後，其實有個十分嚴肅的聯想。讀者還記得會計方程式嗎？在會計方程式的右邊，代表資金的來源，讓人擔心「沒一樣是對勁的」（nothing right），例如企業的負債比例太高、以短期負債支應長期投資等。在會計方程式的左邊，代表資金的用途，也就是企業所持有的各種資產，讓人害怕的是「啥都沒剩下」（nothing left）。畢竟在公司資產中，不論是現金、應收帳款、存貨、固定資產、長期投資等各個項目，都存在著風險——堅硬的磐石可能突然變成流沙。

對於企業來說，無論是資產、負債或是所有者權益，都對於企業競爭力的評估有著重大影響，尤其是無形資產的評價，儘管看不到實體，卻也潛藏企業的眞實價值，又如 EMBA 提及的內在價值的計算，若不估計一個決策的實際價值是否超過負擔的成本，又如何知道這樣的決策是否有施行的必要。

經營企業不能不面對風險，也不能不控制風險。在討論內在價值如何計算時，讀者應該已經發現，我們所謂資產的價值，主要是建立在假設「未來能創造的現金流量」之上。對企業而言，未來的現金流量，不是一連串可任意假設的數字，而是發揮競爭力、在市場中獲得實際經營績效的成果。170 年前，托克威爾就清楚地指出，在 19 世紀大西洋的貿易戰中，美國水手「道德與智性上的品質」，造成了他們的競爭優勢。由此可見，公司的磐石其實根基於：以無形資產結合優質有形資產，藉以創造競爭力，再轉化競爭力爲具有續航力的獲利成績。

【參考資料】

❶ Alexis de Tocqueville, Democracy in America. J. P. Mayer ed. *Garden City*, NY: Anchor Books, 1969.

❷ 張殿文，2005，《虎與狐：郭台銘的全球競爭策略》。台北：天下文化。

❸ Lev, Baruch and Theodore Sougiannis, 1996, "The Capitalization, Amortization, and Value Relevance of R&D." *Journal of Accounting and Economics*, 107-138.

第 9 章

卓越管理而不是盈餘管理

——談盈餘品質與競爭力

2004 年 8 月 19 日，美國網路搜尋引擎的領導廠商 Google，第一次在那斯達克市場掛牌交易，創造了網路泡沫化之後最亮眼的股價表現。Google 初上市的承銷價爲每股 85 美元，它由資本市場共籌措到 16 億 7,000 萬美元。Google 在 2006 年底相對於去年同期獲利倍增，大幅超越了分析師所預估的 20% 的增長率。這種卓越的經營成果大大地刺激了股價，使該公司的市場價值突破 1,400 億美元，超過了更早上市的網路股老大哥雅虎與亞馬遜書店，甚至也超過了 IT 產業的龍頭英特爾及 IBM 的市值。

本益比高達 42 倍（2007 年 5 月股價約 470 美元，每股獲利約 11.17 美元）的 Google，會是另一個泡沫嗎？

沒有人敢如此斷言，因爲 Google 和其他先前狂飆的網路公司不同，它的確有驚人的獲利成長。2003 年，Google 的營收是 14 億 7,000 萬美元；2004 年，營收成長到 31 億 9,000 萬美元，淨利達 3 億 9,900 萬美元；2005 年，營收增長到 61 億 4,000 萬美元，增長了 92.48%，淨利達 14 億 6,500 萬美元，增長了 2.7 倍；到了 2006 年底，Google 營收已經達到 106 億 500 萬美元，淨利達 30 億 7,700 萬美元，至今仍呈現快速增長的趨勢。

不少華爾街分析師對 Google 的商業模式極爲欣賞，這些分析師認爲，Google 線上廣告的收費方式，是近 50 年來廣告界最大的革命。舉例來說，如果你上了美國 Google 的網站，在搜尋欄位打上折價汽車保險業龍頭「蓋可」（Geico，波克夏．哈薩威旗下的汽車保險公司），Google 的搜尋引擎一面找尋與蓋可有關的資訊，一面搜尋與 Google 簽訂廣告合約的其他汽車保險公司。當搜尋結果出來，頁面左邊將顯示「蓋可」的資訊，右邊則是其他保險公司的建議連結。每當你點選任何一個建議的連結，Google 就賺進 1.53 美元的廣告收入；當合約期滿後，廣告商必須透過競標，以決定下回每次點選的廣告費用。當你使用《紐約時報》（*New York Times*）線上版的搜尋引擎時，背後使用的也是 Google 提供的技術。若你在《紐約時報》網頁透過搜尋引擎點選任何廣告連結，Google 也同樣賺進一筆廣告收入，當然這時必須和《紐約時報》拆帳。

除此之外，2005 年華爾街分析師發現 Google 的廣告收入已經有 52% 是直接由自己網頁所創造，這代表 Google 的品牌力量極強。在全球 100 多個國家，Google 與數目眾多的公司簽訂這種廣告合約，當使用者免費享受威力龐大的搜尋服務時，也同時讓 Google 賺進大把鈔票。目前《財星》雜誌前一百名的大型公司，線上廣告業務大多交給 Google。但問題是，這種快速的營收及獲利成長究竟能維持多久？

Google 目前面臨許多訴訟案件，判決結果將影響 Google 的未來營收，也將影響獲利成長的持續性。例如蓋可已向法院正式控告 Google，因爲 Google 將蓋可商標與產業競爭對手並列，傷害了蓋可的商標權。2004 年年底，美國法院初審結果判決 Google 勝訴，因爲法官認爲，無明顯證據顯示蓋可的實質經濟利益遭受損害。在 2005 年 2 月，精品大廠路易威登也對 Google 所提出侵權訴訟，巴黎地方法院初審判決成立。Google 必須賠償路易威登 20 萬歐元，因為與路易威登搜尋資料並列的廣告連結，大多販賣路易威登的仿冒商品，法官認為路易威登的經濟利益的確遭受損害。這個賠償金額雖然不大，但在法國和歐盟其他國家，類似訴訟案件目前已大排長龍，挑戰 Google 商業模式的合法性。

然而，對 Google 威脅最大的並不是這些訴訟案，而是四周虎視眈眈的超級競爭對手。2004 年 12 月，微軟執行長鮑莫（Steve Ballmer）接受《富比士》（*Forbes*）專訪，他不服氣地宣稱：「我們的網路搜尋服務，目前雖暫時落後於 Google，但是一定會後來居上。」2005 年 2 月 1 日，微軟終於擺脫對雅虎的技術依賴，推出屬於自己的 MSN 搜尋引擎。此外，雅虎、電子海灣、亞馬遜等其他頂尖網路公司，也都大力加強自己搜尋引擎的威力，企圖瓜分日益重要的網路廣告市場。

目前 Google 在搜索引擎的市場中，仍占有最重要的地位，也依舊是所有搜索引擎中獲利能力最高者。面對競爭對手的壓力，Google 也通過各種策略進行和解，例如，2005 年底 Google 與微軟簽訂「微軟、Google 訴訟停止的協定聲明」達成和解。不過才不到一年的時間，微軟在 2006 年 7 月為了與 Google 競爭中國大陸市場，公開招募「競爭官」，看來 Google 還必須繼續與競爭對手抗衡。

除了相對競爭力的消長會影響企業營收及獲利成長，美國前證管會主席賴維特（Arthur Levitt）對美國上市公司以財務報表大玩數字遊戲的情況，在 1998 年做過一段發人深省的評論：「我愈來愈擔心，符合華爾街獲利預期的動機已遠超過對基本管理實務的關注。太多公司的經理人、會計師及財務分析師投身於數字遊戲。在急迫地滿足獲利預期、營造平滑獲利軌跡的心態下，一廂情願的樂觀數字凌駕忠實的呈現。因此，我們看到盈餘品質的降低，進而導致財務報導品質的降低。管理被操縱取代，誠信不敵幻覺。當同業的財務報導遊走於合法及犯罪的灰色地帶，要求經理人保持忠實的會計表達，變得極爲困難。在這個灰色地帶，會計的操縱充滿誘惑，獲利數字反映管理階層的期望，而非公司眞正的財務績效。」

事實上，不論對經理人或投資人，盈餘數字的高低固然是關心重點，但盈餘的品質（earnings quality）才能眞正反映企業的競爭力，創造企業的長期價値。什麼是盈餘品質？盈餘品質一般由 5 項條件所構成：盈餘的持續性（persistence）愈高，則品質愈好；盈餘的可預測性（predictability）愈高，則品質愈好；盈餘的變異性（variation）愈低，則品質愈好；盈餘轉換成現金的可能性（realization）愈高，則品質愈好；盈餘被人爲操縱（manipulation）的程度愈低，則品質愈好。以下將針對這 5 項重要因素進行討論，並進一步說明盈餘品質如何反映競爭力。

盈餘的持續性

根據《財務金融期刊》（*Journal of Finance*）2003 年的一篇論文，自 1951 年到 1997 年之間，能維持每年盈餘成長 18%、又持續 10 年之久的美國上市公司，不到 10%，可見維持盈餘持續成長的難度非常高。沃爾瑪是盈餘持續成長的最佳範例之一，1971 年上市以來，沃爾瑪的盈餘平均年成長率爲 32%。這種紀錄讓投資人對它的管理階層產生信心，他們認爲只要沃爾瑪能持續開店，營收、獲利都會一直成長。波克夏產物保險也是盈餘持續成長的好例子，自 1969 年巴菲特擔任執行長至 2004 年爲止，波克夏以每年平均盈餘成長 50% 的速度，持續展現傲人的成績。然而，不論是沃爾瑪或波克夏，近年都遭遇盈餘成長率下滑的瓶頸。例如沃爾瑪 2004 年的盈餘成長率剩下 9%，而波克夏 2004 年的盈餘成長率更變成負的 10.34%。在 2004 年的年報上，巴菲特還特地發表一封給所有股東的特別信，讓股東們瞭解問題的嚴重程度。

美國第 3 大零售商家居倉庫前執行長納德利（Robert Nardelli，2004 年獲選爲美國《商業週刊》年度最佳執行長之一），在 2004 年的年報上說：「家居倉庫的經營目標是可持續的獲利成長（sustainable profit growth）。」這句話道出盈餘品質的最核心要素。

的確，家居倉庫不僅持續地在全美各地擴店，而且總是可以提供給顧客良好的購物經驗，每次我到家居倉庫購物，都發現一些驚喜。我第一次和定居美國的好友前去家居倉庫，是爲了解決一個麻煩——防止小蟲由院子草地爬到客廳地毯——服務人員熱心地提供諮詢，建議我們在大門底下裝上有毛刷的長條擋縫條，這一招果然有效。讓我驚訝的是，像這樣的小東西，在家居倉庫的庫存裡竟有將近 10 種選擇，無怪乎光是普通家庭的 DIY 用品，家居倉庫就有接近 5 萬種的商品庫存。第二次到家居倉庫是爲了買油漆，爲客廳弄髒的牆壁補漆。我們碰到一點小麻煩，店裡現成的油漆和原來客廳的油漆顏色不一致。幸好家居倉庫提供調漆的服務，我們攜帶一小片油漆顏色的樣本，店裡經驗豐富的服務人員看過樣本後，替我們調好一小桶顏色幾乎一樣的油漆。

後來，我發現家居倉庫也開始進入非 DIY 市場，以外包技術工匠的方式幫顧客裝地板、地毯、瓷磚，儼然成爲解決家居問題的全方位公司。在這種不斷將核心能力向外延伸的模式下，它的盈餘也持續成長，1985 年到 2006 年的平均年盈餘成長率爲 20.15%，也擁有良好的盈餘品質。雖然 2007 年，董事長兼執行長（CEO）納德利因爲股價下跌及房地產不景氣，加上個人分紅數高達 6,500 萬美金，被指責忽視股東利益，終於在 2007 年 1 月份，被董事會開除，離職補償金高達美金 2.1 億元，但此事件仍無損於家居倉庫目前產業龍頭的地位。

台灣 IC 設計的領導廠商聯發科是另一個具有高度盈餘持續性的公司。

聯發科從 2000 年開始連續 3 年獲利呈現倍數成長（淨利數於 2000 年至 2002 年分別爲新台幣 33 億元、新台幣 67 億元及新台幣 120 億元），在 2001 年公開上市後，不到兩年時間，獲利超過百億新台幣，之後還是穩定的維持超過 25% 以上的成長率，2006 年獲利已超越新台幣 200 億。穩定的成長，就是建立在不斷革新創造新產品的研發活動上，創新同時提升產品的競爭能力，也就是聯發科之所以可以穩坐其產業領導者的地位。

2005 年，金誠（W. Chan Kim）與莫伯恩（Renee Mauborgne）在《藍海策略》（*Blue Ocean Strategy*）一書中強調要創造新的企業經營版圖或商業模式，以幫助企業在缺乏競爭對手的蔚藍海域中，得到更大的成長空間，並獲得更具續航力的盈餘成長。相對地，如果一個企業被局限在高度商品化（高同質性）的市場，互相以價格戰作爲主要競爭方式，就是陷入「**紅海策略**」（Red Sea Strategy）、苦戰不已的企業，通常它們的成長空間有很多限制，不易有良好的盈餘品質。就該文作者所觀察，家居倉庫正是實行「藍海策略」的代表性企業之一。一般而言，具高度盈餘持續性的企業，都會享有較高的本益比，也都是產業中擁有高度競爭力的公司。

盈餘的可預測性

除了應具有獲利的續航能力之外，高度的盈餘品質還要求盈餘具有可預測性——亦即利用過去的盈餘歷史，可以相當準確地預測未來的盈餘發展。例如盈餘以每年超過30%速度成長的，通常是快速成長的公司；以10%至20%速度成長的，則是穩定成長的公司。即使公司盈餘完全沒有成長，若能穩定地保持現狀，每年固定發放定額現金股利，也可稱爲好的盈餘品質。盈餘可測性高的公司，投資人容易評估企業的內在價值，因此可以用合理價格進行投資，不易產生投資虧損。

華爾街有一句名言：「價格是你付出的，價值是你享有的。」（Price is what you pay, value is what you get!）許多投資人投資於優秀的公司，依然受傷慘重，原因是付出太高的價格，盈餘可測性高的公司能大幅降低這種風險。

通常在較成熟產業（例如塑化、半導體）中的企業，無法每年保持盈餘持續成長，而會出現景氣循環的現象。若企業能在景氣循環的過程中，依然保持可預測的盈餘（例如賺兩年虧一年），這種情形也算是具有可預測性。相對地，有些體質較差的企業，會在景氣谷底被淘汰，就不具有盈餘可預測性。

盈餘的穩定性

2004 年 10 月 27 日，在友達第 3 季的法人說明會中，董事長李焜耀先生公開地向投資人道歉，因爲在友達第 2 季的法人說明會裡，他還自信地保證當年預估獲利至少爲每股 9 元。然而第 3 季供過於求，液晶面板價格下跌了三成，導致友達第 3 季只能損益兩平（獲利 400 萬左右），第 4 季可能虧損超過 10 億元（實際虧損 22 億 3,000 萬元）。友達股價也由 2004 年 4 月 19 日的最高點 73.55 元，跌到 11 月 2 日的 33.0 元。像這樣的情形，最能說明液晶面板公司盈餘高度的不穩定。

此外，DRAM 產業也「分享」液晶面板價格暴漲暴跌的特性。1998 年，世界先進就曾因 16Mb DRAM 景氣極度不佳，半年之內三度調降財務預測。上述這些情況，顯示液晶面板及 DRAM 產業的公司盈餘穩定性不足，會被歸類爲較低的盈餘品質。目前世界先進已經轉型，成爲以晶圓代工爲主要業務的半導體公司，盈餘穩定性可望提升。

再以廣達電腦爲例，它是全球筆記型電腦第一代工大廠，1999 年剛上市時，廣達的營收爲新台幣 753 億 1,000 萬元，稅後淨利爲 92 億 5,000 萬元（純益率 12.2%）。2003 年，廣達的營收爲 2,922 億 9,000 萬元，獲利爲 132 億 5,000 萬元（純益率 4.53%）。由於廣達的客戶分散，在微利時代仍能維持獲利成長。比廣達更早上市、曾風光一時的筆記型電腦廠商英業達，除了遭遇與廣達相同的淨利率快速下滑，由於英業達的營收來源過分集中於康柏（Compaq），也曾在2001年康柏銷售不佳的情況下，一度造成營收大幅下滑的窘境（2001年營收淨額與2000年相較，下跌了33.6%）。英業達的盈餘較不穩定，所以盈餘品質比起廣達要差。

有些企業因策略定位較佳或經營能力出眾，較能抵擋產業景氣循環，也較能抵擋外在突然變故對公司盈餘的影響。例如第五章曾提及911恐怖攻擊對航空業的影響，若以盈餘穩定性的角度來看，美國航空連續幾年的虧損，直到2006年才從虧損8億美金，成長至2億美金的淨利，反觀西南航空，營收一直穩定地維持在美金5億元左右，顯示西南航空的應變能力遠比美國航空要好得多，也擁有優於美國航空的盈餘品質。

盈餘轉變成現金的可能性

對企業進行績效評估的最主要方式——損益表——是建立在應計基礎之上，而應計基礎的特色是著重經濟事件是否發生，不著重現金是否收到或是支出。在信用交易中，只要企業認爲應收款可以回收，就可在尚未收到現金時，將這一筆交易認列爲當期收益，並增加當期盈餘。當然，企業最後還是必須回收現金。雖然無法回收的應收款虛增了當期盈餘，未來終究還是必須承認壞帳損失。有些企業過分著重於衝刺業績、拚帳面獲利，容易造成信用管理鬆散、盈餘空洞化而沒有現金意義的危險狀況。因此，企業盈餘轉換成現金的可能性愈高，則它的盈餘品質也愈高。

有關盈餘與現金的關係，第6章已利用沃爾瑪與戴爾的例子來說明。它們平均每 1 塊錢的盈餘，可轉變成 1.3 至 1.5 元的營運活動現金流量，這種優質的管理能力，就是造成高度盈餘品質的重要因素。

盈餘品質與人為操縱

在第 3 章，我們了解會計數字的結構可分成經濟實質、衡量誤差、人爲操縱 3 個部分。就盈餘品質而言，人爲操縱造成的殺傷力最大。但是，我們是否可用最嚴格的會計規則來避免經理人操縱數字呢？例如：一般公認會計原則可規定應收帳款必須固定提列 10% 爲壞帳費用，超過 6 個月沒賣出的存貨必須提列 50% 的存貨跌價損失。如此一來，經理人操縱盈餘的空間就大大減少。然而，假設你是沃爾瑪、戴爾或 IBM 的供應商，你被這些國際級企業倒帳的機率幾乎是零，因此提列 10% 的壞帳費用還嫌太多。

反過來說，若企業的母公司塞貨給海外子公司，以虛增營收的做帳方式處理，對於授信浮濫的關係人，應收款提列 10% 的壞帳費用又嫌太少。對電子產業而言，半年未出售的產品可能變得完全沒價值，因此 50% 的存貨跌價損失仍嫌太少。相對之下，又有部分商品的價值十分耐久（例如路易威登的皮包及皮件），幾乎沒有存貨跌價的問題，因此 50% 的存貨跌價損失又嫌太多。

簡單地說，機械性地要求一體適用的會計方法或會計估計，會使經理人喪失向投資人溝通企業活動眞實狀況的空間。因此，人爲操縱是企業與資本市場溝通的「必要之惡」。近年來，企業操縱會計數字的例子不勝枚舉，除了廣爲人知的安隆、世界通訊、博達之外，本章將再提供一些足以令人警惕的例子。連績優生也作弊，最教投資人震驚！

績優生的墮落——芬尼梅不再是 A⁺

2004 年 12 月，美國證管會正式要求美國最大的抵押貸款公司芬尼梅（Fannie Mae）調整 2001 年以來的獲利數字。證管會指控芬尼梅在 2001 年到 2004 年之間，對其衍生性金融商品的處理，違反了一般公認會計原則。如果該項指控成立，芬尼梅必須承認的損失高達 90 億美元，而且會被金融監理單位列於「資本嚴重不足」的黑名單上。芬尼梅一直是美國金融界的績優公司，總資產金額高居全美上市公司的第 2 名，是全美最大的房屋貸款來源，也躋身在全球超大型金融服務公司之列。芬尼梅的股票（FNM）在紐約和其他證券交易所掛牌上市，是標準普爾 500 的成分股，可見芬尼梅在資本市場的指標性和重要性。

2001 年，柯林斯從全美 1,435 家公司裡，挑選出 11 家「從 A 到 A⁺」的公司，由於芬尼梅在 1984 年至 1995 年間卓越的股價表現，它被選爲金融儲貸業的績效代表。1984 年至 1999 年之間，芬尼梅的執行長麥斯威爾（David Maxwell）爲公司創造了新的商業模式。他利用新發展的衍生性金融工具，大幅降低利率變化對公司帶來的損失，使得芬尼梅的經營蒸蒸日上。從 1999 年開始，芬尼梅由雷恩斯（Franklin D. Raines）接任執行長。雷恩斯出身於勞動階級家庭，畢業於哈佛大學法律系，於 1996 年至 1998 年期間，擔任過柯林頓總統的財政主任及內閣成員。在雷恩斯的領導下，芬尼梅持續保持 16 年來盈餘成長的紀錄，致力於產品的多樣化，並穩住金融科技發展的領導地位。絕大多數人都想不到的是，連這種績優公司都會出現財報醜聞。

以目前調查所得的證據來看，芬尼梅高階主管利用遞延衍生性金融商品的投資損失，捍衛每年巨額的績效獎金。美國證管會發現芬尼梅違反會計規定後，2004 年 12 月 21 日，執行長雷恩斯與財務長霍華德（Timothy Howard）被迫辭職下臺。由此案例可看出，企業領導者的一念之私，可以在短期內摧毀一家績優公司的盈餘品質。

衍生性金融商品及第 34 號公報

從上述芬尼梅的例子，可看出衍生性金融商品爲盈餘品質帶來的殺傷力。台灣有關衍生性金融商品的相關作業，現規範於第 34 號公報「金融商品之會計處理準則」之下。由於第 34 號公報的相關規定十分複雜，連大型金融企業都曾私下表示，短期之內實在無法充分消化，何況是一般的經理人或投資人。有關衍生性金融商品的會計表達問題較爲複雜，已經超出本書討論的範圍，但是經理人對衍生性金融商品應抱持兩個基本態度：

1. **別想靠操作衍生性金融商品創造財務績效**。著名的工業電腦廠商研華科技，於 2003 年上半年操作衍生性金融商品，過度放空歐元選擇權，導致匯兌損失金額高達 7 億 3,000 萬元，和研華股本 34 億 1,300 萬元相較，損失約達資本額的 21.38%，2003 年的稅後純益也下跌至 10 億 7,200 萬元，較 2002 年的實績衰退 13.1%。事件發生後，研華除了股價跌到近年最低點，總經理也因此異動。在 2003 年的法人說明會中，研華董事長劉克振先生表示，這是研華成立 20 年來首次發生的重大虧損，並鄭重宣示日後不再參與任何選擇權操作，且在避險上僅限制於遠期外匯的買賣。事件落幕後，研華除了延攬新的經理人，加強公司財務管理的專業性，在經營方向及策略面，也回歸到專注本業與經營全球品牌。2004 年後，研華的營收及獲利恢復成長，股價亦恢復正常。

2. **不要盲從於金融機構的行銷手法**。企業若未徹底了解該衍生性金融商品的性質，就涉入大部位的交易，即使初衷往往是為了避險，但結果卻是「愈避愈險」。部分金融機構之所以推銷衍生性金融商品，主要動機是增加自己的手續費收入，未必能就企業的立場及營運特色，思考衍生性金融商品對該企業的潛在風險。企業必須對此建立獨立思考的專業能力。

企業合併財務報表與第 7 號公報

2001 年爆發的安隆案，把當時企業編製合併財務報表的弱點暴露無疑。過去一般公認會計原則規定，公司必須把持股超過 50% 的子公司編入合併財務報表，以便顯示企業財務活動的全貌。1990 年代，安隆快速地由天然氣油管事業轉型成各種能源買賣（石油、電力等），並投資與能源相關的各種新興事業，這些交易主要是透過安隆與其所謂「特殊目的單位」（special purpose entity，簡稱 SPE）來進行。在複雜的財務安排下，這些「特殊目的單位」逃避了當時一般公認會計原則的規範，不用納入安隆的合併財務報表。但是這些「特殊目的單位」，幾乎清一色是由安隆的高階主管（例如財務長）所控制。安隆雖沒有持股的控制，若按照「實質控制」的概念編製合併財務報表，則安隆與「特殊目的單位」交易所產生的獲利，將因互相抵銷（安隆賺而「特殊目的單位」賠）而不復存在；而「特殊目的單位」所欠下的龐大債務，會在合併財務報表中顯露出來。

在調查安隆案的過程中發現，安隆 2000 年的獲利有 96% 是利用「特殊目的單位」做帳產生的。如果把「特殊目的單位」的負債合併計算，安隆在 2000 年年底的總負債應為 221 億美元，而不是 102 億美元。

*

台灣第 7 號公報的修正重點，是將原先規定「股權」控制 50% 以上才須編製合併財務報表，改成只要有「實質」控制（例如指定經理人及董監事的能力）就必須編製。此外，連半年報也必須是合併財務報表。合併財務報表的編製，可防止企業把虧損及負債隱藏在沒有合併的其他受控制公司（例如安隆的「特殊目的單位」），對增加財務報表的透明度非常重要。但是，若經理人想找出個別企業的管理問題，還是必須回到非合併報表，因為合併報表資訊的加總性太高，不易看出個別公司的特色。

Sunbeam 的轉機？

1996 年，鄧樂普（Albert Dunlap）受聘爲 Sunbeam（全球著名小家電公司）的總裁，2 個月後他宣布大規模的組織重整，並承認了高達 3 億 4,000 萬美元的「重整損失」（restructure charge）。1997 年，在宣布重整的 14 個月後，Sunbeam 驕傲地宣稱改造成功，具體成果包括 31% 的營收成長、每股盈餘由 1996 的年 0.1 元變成 1997 年的 1.41 元。因爲這些振奮人心的消息，Sunbeam 股價一路走高，1996 年的股價爲 19 美元，到了 1998 年 3 月則高達 52 美元。但是，隨後一連串的獲利衰退事件與重整的做帳疑慮，重創 Sunbeam 股價，1998 年第 2 季由股價 52 美元暴跌至 10 美元。Sunbeam 被財務分析師認爲有做帳嫌疑的項目包括：

1. **銷售已經沖銷（write-off）的存貨**：1996 年 Sunbeam 重整時，承認存貨喪失銷售價值的部分高達 9,000 萬美元，但是這些存貨其實仍可銷售，且於隔年靠出售這些帳面價值爲零的存貨，創造 4,500 萬美元的銷售利潤。
2. 由於 1996 年**提列過量的保固（warranty）費用**，1997 年的保固費用得以大量降低，使獲利大幅增加了約 1,900 萬美元。
3. **降低固定資產的折舊**：1996 年將大量固定資產（約 9,200 萬美元）的帳面價值降至零，因此於 1998 年無須再提折舊費用（約 600 萬美元）。
4. **將行銷費用資本化**：一般公認會計原則要求將行銷費

用當成當期費用，但 Sunbeam 將之列爲資產，分年提列折舊，所以 1997 年的行銷費用得以減少 1,500 萬美元。Sunbeam 並且減少備抵壞帳的金額，儘管 1997 年銷售增加 19%，但壞帳費用的提列卻少了 1,500 萬美元。

5. **利用存貨增加遞延費用**：1997 年，Sunbeam 的存貨增加 40%，達到 9,300 萬美元。過量的存貨，有助於將固定費用遞延到未來期間，利潤因此增加了約 1,000 萬美元。關於這種做帳方法的原理，將在稍後進一步討論。

根據美國著名財經雜誌《霸榮》（*Barron's*）的估計，1997 年 Sunbeam 的獲利，幾乎全是透過各種會計調整做帳產生的。

＊

2002 年，世界通訊也利用類似 Sunbeam 的做帳手法，虛增公司獲利，成爲企業史上扭曲財報數字金額最大的個案。世界通訊所扭曲的主要項目包括：

劉教授提醒你

特別值得注意的是，凡是在前期進行大規模的組織重整或資產減損認列者，未來都可能有盈餘品質問題。因為部分未來可能發生的費用可能提早認列，使得未來的經營績效有虛增之嫌。

1. 將當期39億美元的電信維修費用，歸類爲資本設備支出，以便在未來40年間分攤提列巨額的折舊費用，虛增當期淨利。
2. 大幅降低公司先前提列的各項壞帳準備、法律訴訟準備等項目，且不當地以相關費用的減少與收益的增加，虛增當期獲利，總金額高達38億美元。

*

對經理人而言，上述個案提供的教訓是：扭曲財務報表無法解決公司面臨的競爭力及管理問題，只是將問題延後，並使問題惡化。對投資人而言，別太自信於自己能看穿企業的財務數字操縱（困難度太高），應該專注地觀察企業長期競爭力的變化，避開沒有競爭力的公司。舉例來說，即使在安隆的做帳事件未被發現前，敏感、精明的投資人由財務報表就可估算其資金報酬率只有7%，遠小於資金成本9%，顯示它是一個在財務績效上不具競爭力的公司。

遵守一般會計原則也能做帳

除了以不法方式扭曲財務報表，遵守一般公認會計原則也能達到做帳的目的。例如對製造商而言，增加存貨具有遞延當期費用、進而增加當期獲利的功能。以下將討論《華爾街日報》（*Wall Street Journal*）報導過的實例（Sunbeam也用過同樣伎倆），讀者可看出利用存貨增加來轉虧爲盈有多麼簡單。

假設劉德華公司2006年生產且銷售10萬單位的產品，當年完全沒有存貨。在此假設材料及人工費用是變動成本，亦即多生產一單位的產品，該項成本就增加 90 元；工廠租賃費用則是固定成本，亦即不管增加或減少生產量，公司每年都必須付出固定的租金。以此案例推論，劉德華公司的租賃費用為 2,100 萬元（210 元 單位 ×10 萬單位，請參閱表 9-1）。

表 9-1　劉德華公司 2006 年的營運狀況

銷貨收入（$300 /單位100,000）	30,000,000
銷貨成本	(30,000,000)
材料與人工費用（$90 /單位）	
租賃費用　（$210/單位）	
其他管理費用	(7,000,000)
淨營業所得	(7,000,000)

該公司 2007 年將生產增加到 30 萬單位，結果只銷售了 10 萬單位，產生了 20 萬單位的存貨，則公司淨營業所得會變成什麼樣子（請參閱表 9-2）？

由結果來看，短短一年內，劉德華公司的獲利就轉虧為盈，增加了 1,400 萬元，但是公司營運真有如此大的改善嗎？觀察以上的資料，兩年間的營收及其他管理費用皆不變，差

表 9-2　劉德華公司 2007 年的營運狀況

銷貨收入（$300 /單位100,000）	30,000,000
銷貨成本	(16,000,000)
材料與人工費用（$90 /單位）	
租賃費用　（$70/單位）	
其他管理費用	(7,000,000)
淨營業所得	7,000,000

別是銷貨成本由 3,000 萬元變成 1,600 萬元，降低了 1,400 萬。因此，我們將分析集中在銷貨成本的改變。

2007 年，劉德華公司生產 30 萬單位，單位工廠租賃費用由前一年的 210 元，降低為 70 元（2,100 萬元 ÷30 萬單位）。該公司只銷售 10 萬單位，因此銷貨成本中的租賃費用只有 700 萬元（70×10 萬單位）。由於存貨有 20 萬單位，因此 2/3 的固定成本（高達 1,400 萬元，亦即 2,100 萬 ×2/3）會留在資產負債表的「存貨」項目，不會在費用中表現出來。由此可見，存貨增加可遞延固定成本的承認，進而造成 2007 年獲利暴增 1,400 萬元。

若這些存貨持續無法出售，未來就必須承認存貨跌價損失。這位《華爾街日報》所報導的經理人，在領取高額的工作獎金後，就向董事會提出辭呈，另謀高就了。

當經理人把重心放在「盈餘管理」，透過種種不適宜的會計方法或會計估計提升盈餘，而不是從改善管理活動著手，這種做法註定失敗。盈餘品質的背後是管理品質，只有真正地改善管理活動，才能創造競爭力，進而達到「基業長青」的目標。

延伸核心競爭力，創造盈餘品質

2004 年 12 月中旬，我前往哈佛大學商學院，參加由波特教授主持、有關提升企業及國家競爭力的兩日講習會。我離開波士頓時，在機場看到當地報紙商業版的頭條，大幅報導哈佛大學圖書館將與 Google 聯手，將哈佛收藏的 1,500 萬冊藏書，逐步納入 Google 線上全文搜尋的範圍。參加此計畫的還有史丹佛大學、牛津大學、密西根大學與紐約公立圖書館等單位。然而在2006年7月時，Google因爲把英、美兩地圖書館藏書掃描、數位化和放到網上搜索的計畫，與出版商再起衝突，出版商痛批Google的數位圖書館計畫對著作權產生的不利影響。

在當時，記者爲此專訪Google創辦人之一的佩吉（Larry Page），問他這是否爲了增加Google的競爭力，欲甩開微軟、雅虎、電子海灣、亞馬遜等強敵在搜尋引擎上窮追不捨所採行的新策略。佩吉淡淡地說：「這和競爭無關，我們只是想實現Google創立之初的夢想——希望能在網際網路無所不『搜』的夢想。」不管他願不願承認所面臨的嚴峻競爭，Google的確需要更多的「搜」主意和執行力，以確保獲利的持續性及穩定性。盈餘品質其實就是管理品質，若競爭力不存在，就沒有盈餘品質可言。

Google從來沒有停止創新過，從2006年至2007年間，Google不斷推出吸引網路使用者的新介面，諸如：Google Earth（透過網路可以看到地球的每個角落）、Docs & Spreadsheets（只要連上電腦，無須安裝Office軟體，即可閱讀或修改Office相關文件之功能）、Picasa網路相簿（可如同在自己電腦中移動檔案般方便的上傳或下載相片之功能）和Google Talk（在連上Google的Gmail網路信箱之後，即可透過網路介面與世界各地朋友聯繫的即時通訊系統）等功能。2007年3月時，Google的網路廣告已達美國網路廣告市場的32%，短短一年的時間（從2005年至2006年間），Google的營業收入從61億美金暴增至106億美金，充分顯示創新爲Google所帶來強大的競爭力。

另一方面，對華爾街分析師來說，Google 一向採取特立獨行的作風，嚴禁管理階層向分析師提供任何財務預測，一切以實際交出的營收及獲利成績單爲主。事實上，Google 上市時創辦人就曾宣稱，他們不會爲了迎合華爾街的預期改變管理作風，也會爲確保 Google 的長期發展，不惜犧牲短期的獲利。2005 年 2 月 9 日，在 Google 上市後的第一次法人說明會中，佩吉清楚地說：「我們會毫不留情地追求最高效率的經營方式。」因爲自創業開始，他一直熱切地想證明——網路公司是會賺錢的。

能賺錢不一定代表有競爭力；但是能持續、穩健地賺錢，就一定有競爭力。因此，盈餘品質就是競爭力最有力的代言人之一。

【參考資料】

❶ "GOOGLE @ $165: Are These Guys For Real?" *Fortune*, December 2004, 120 (12).

❷ Levitt, Arthur, "The Numbers Game." the speech was delivered at the NYU Center for Law and Business, New York, NY, September 28, 1998.

❸ Chan, Louis K C, Jason Karceski, and Josef Lakonishok. "The Level and Persistence of Growth Rates." *The Journal of Finance*, Cambridge: April 2003, 58 (2): 643-644.

❹ Colman, Robert, and Patrick Buckley. "Blue Ocean Strategy." *CMA Management*, Hamilton: March 2005, 79 (1): 6

第10章

歷久彌新的股東權益報酬率——談經營品質與競爭力

我聽過不少知名企業的執行長演講，但是沒有一場這麼刺激。

1993 年，我還在馬里蘭州立大學教書，10 月份的一個下午，國家銀行（Nations Bank，當時美國第 4 大銀行）執行長修麥克（Hugh McColl），受邀前來馬里蘭州立大學對 MBA 學生演講。他的個頭短小精悍，一進會場，雙手一攤地說：「我沒有準備講題或講稿，但我有超過 30 年的金融業實戰經驗，購併過超過 100 個銀行。你們現在就開始問問題，15 秒之內如果沒有問題，我立刻走人，我的司機還在外面等我！」

在 10 秒鐘略帶震驚的沉默後，因受挑戰而激發的鬥志滿場洋溢，MBA 學生尖銳的問題此起彼落。在幾輪問答後，修麥克丟出一個問題，把大家全部考倒了：「我畢業於全美最棒的管理學院，你們猜猜看是哪一所？」

他的簡歷好像沒提到他有 MBA 學位，眾人只好亂猜：「哈佛？華頓？史丹佛？……」修麥克不斷搖頭，然後得意地說：「我是海軍陸戰隊中尉退伍。海軍陸戰隊教會我什麼是團隊精神，那是一種可以在戰場上把生命交給旁邊夥伴的精神。請問，美國有哪個管理學院有這樣的訓練？」

舉座愕然，但沒人敢直接挑戰他的論點。為了替馬里蘭州立大學扳回一城，有位同學移轉話題，直截了當地逼問他：「在你的管理工作中，如果只能挑選一個最重要的數字，你會挑什麼數字？」直到現在，我仍忘不了修麥克那犀利且堅定的眼神，他盯著那位發問的同學，清清楚楚地說：「那就是『股東權益報酬率』（return on equity，簡稱 ROE）！」

*

1998 年秋天，修麥克打完了他職場生涯中最大、也是最後的一場戰役。他主導國家銀行和美國銀行（Bank of America）的合併案，創造了美國當時最大的金融機構。合併案由國家銀行主導，但是合併後仍用美國銀行的名稱。修麥克把合併後的銀行總部搬到國家銀行的總部所在地——北卡羅萊納州的夏洛特市（Charlotte）。兩家銀行合併後，在一個月之內，修麥克以迅雷不及掩耳的速度，逼退美國銀行原來的執行長，同時開除了一批美國銀行的高階主管，並在 2001 年完成全盤的人事及策略布局後，順利退休。他出手整頓人事的勁道又快又狠，被當時媒體戲稱爲「讓美國最多金融機構主管被炒魷魚的老闆」。然而，美國銀行後來的股東權益報酬率還眞不錯，2006 年高達 22%。相對地，目前號稱全世界規模最大的花旗銀行，2006 年的股東權益報酬率還稍遜一籌，爲 19.8%。

呼應修麥克看法的經理人其實不少。例如知名的投資家巴菲特就強烈主張：「成功的經營管理績效，便是獲得較高的股東權益報酬率，而不只是在於每股盈餘的持續增加。」此外，許多投資機構也相當重視股東權益報酬率，把它當作長期投資選股的重要指標。

本章的主要目的就是介紹股東權益報酬率以及它的 3 個組成因數——淨利率、總資產周轉率及槓桿比率的概念，並討論不同部分的意義，再以國際、台灣及中國大陸著名企業爲例加以說明。

檢查經理人的成績單

2000 年到 2006 年，台灣與中國大陸上市櫃公司的股東權益報酬率分布詳見表 10-1。如果你是經理人或投資人，看到這樣的成績單，你感到滿意嗎？

由表 10-1 的統計資料來看，台灣上市櫃公司的股東權益報酬率大約五成落在 0% 至 15% 之間，大陸上市櫃公司的股東權益報酬率大約七成落在 0% 至 15% 之間，這個數字比同時期的定存利率高，但台灣及大陸分別有 22% 及 10.59% 的投資人必須承受負值的投資報酬率，您是否能接受這樣的成績單呢？此外，IC 設計大廠聯發科從 2000 年至 2006 年間投

表 10-1　2000 ～ 2006 年台灣與大陸上市櫃公司 ROE 總表現

ROE(%)	台灣百分率% (公司家數=9751)	中國大陸百分率% (公司家數=9508)
<-10%	12.93%	7.81%
-10%~-5%	3.91%	1.34%
-5%~0%	5.10%	1.44%
0%~5%	16.92%	27.65%
5%~10%	16.90%	28.66%
10%~15%	15.66%	13.62%
15%~20%	11.77%	6.17%
20%~30%	11.30%	5.30%
高於30%	5.51%	5.51%

資報酬率維持在 30 至 50% 間，是少數能夠每年維持高額報酬率的公司，顯示欲持續成為高股東權益報酬率的公司，並非如此容易。

股東權益報酬率的定義及組成因子

重視股東權益報酬率的企業，執行長往往在年報上公開宣告公司預定的目標，以及可以容忍的底限。例如沃爾瑪設定股東權益報酬率的底限為不低於 15%，成立迄今，它的股東權益報酬率幾乎都一直高於 20%。

股東權益報酬率的定義為：淨利除以期末股東權益或平均股東權益。若是比較合理地計算股東權益報酬率，應該要調整非經常性的會計項目（例如排除當年處分資產利得的影響）。在財務報表分析中，股東權益報酬率通常可分解成下列 3 項因子，亦即有名的「**杜邦方程式**」。

$$\text{股東權益報酬率} = \frac{\text{淨利}}{\text{期末股東權益}}$$

$$= \underset{\text{（純益率）}}{\frac{\text{淨利}}{\text{收益}}} \times \underset{\text{（資產周轉率）}}{\frac{\text{收益}}{\text{總資產}}} \times \underset{\text{（槓桿比率）}}{\frac{\text{總資產}}{\text{期末股東權益}}}$$

事實上，在各種財務比率中，股東權益報酬率是其中最具代表性的一項。首先，它本身就是對股東展現課責性的最重要數字，亦即第 2 章所謂的「一個堅持」。其次，除了對股東交代「事實」（即股東權益報酬率）之外，拆解成 3 個財務比率則是要提供合理的「解釋」，這就是所謂的「兩個方法」。在這 3 個比率中，純益率代表當期營運活動的成果，資產周轉率代表過去投資活動累積所產生的效益，而槓桿比率則是融資活動的展現，這即是前文提到的「3 種活動」。

此外，其中所謂的槓桿比率，如果透過會計方程式的恆等關係，它可以轉換成負債對資產的比率，或是負債對股東權益的比率。假設一個公司的股東權益為 10 億元，又向銀行貸款 10 億元，那麼它的資產會是 20 億元，槓桿比率便是 2。或者也可說它負債對資產的比率為 50%，而負債對股東權益的比率為 1，這些都是衡量公司融資程度常見的財務比率。

為了控制公司的財務風險，股東權益報酬率的增加通常不應依賴於提高槓桿比率。穩健經營的公司會責成財務及會計部門，針對公司所處的產業與其營運特性，訂定合理的槓桿比率目標區間，然後動態地調整財務工具，使實際的槓桿比率能控制在目標區間內。至於企業的純益率及資產周轉率，它們亦各有其管理意義，管理階層也應訂定目標區，並注意造成它們變化的主要原因。

例如強調成本領導策略的公司，當發生資產周轉率降低的現象時，必須注意它是否陷入薄利卻無法多銷的困境。對於強調差異化策略的公司，如果純益率降低，則必須注意它的品牌力量是否減弱，導致顧客不願再支付高於競爭對手的價格，來購買其產品或服務。

對於股東權益報酬率及其組成的 3 項因素，要做綜合分析，不能單獨地只看一個比率。例如，當公司股東權益報酬率很好、淨利率卻不如預期時，要評估該公司是否過度削價競爭；又若當股東權益報酬率很高，但是槓桿比率也相對非

常高的話，就需要檢視是不是潛藏著高度的財務風險等等。

股東權益報酬率同時涵蓋營運、投資及融資 3 大活動，因此最能表達企業整體經營品質，並透露公司的競爭力強度。

股東權益報酬率實例分析

企業可分為 3 大類：成長型、穩定型及景氣循環型。一般來說，公司會經歷 3 個階段：第一個階段是成長期，主要特徵是規模逐漸擴大、獲利逐漸好轉、策略持續改善等；第二階段為穩定型，當公司已確立其經營策略、獲利及市場占有率均已達到一個不易突破的程度時為此類型；最後是景氣循環期，當公司已達最大規模、市場占有率達到最大時，能影響該公司獲利的就剩下景氣的循環，若沒有這方面的影響，則該公司面臨無法經營的可能性微乎其微。

本章將討論部分海內外知名公司與它們重要競爭對手的股東權益報酬率的變化，這些公司分別為成長型企業和景氣循環型企業。

成長型公司

⊙ 沃爾瑪 vs. Kmart

首先，我們簡要地比較沃爾瑪與 Kmart，觀察兩者股東權益報酬率與其分解細項的變化。

由圖 10-1 可看出，在經濟學投資報酬率遞減的定律下，沃爾瑪雖無法維持 1970 及 80 年代動輒約 30% 至 40% 的股東權益報酬率，但是能長期維持 20% 以上的成績，已經可說是鳳毛麟角了。相對於沃爾瑪始終保持股東權益報酬率的優異及穩定，Kmart 的股東權益報酬率則由 1980 年代中期的 29%，一路下滑到 1990 年代中期後的時正時負。2001 年以後，Kmart 更是江河日下，最後落得在 2002 年破產重整的命運（2003 年 5 月重整成功）。若分別比較股東權益報酬率的 3 項因子，自 1990 年以來，當沃爾瑪把純益率穩定保持在 3% 左右的低水準時，Kmart 的純益率曲線全部低於沃爾瑪，在 1990 年代晚期更經常處在赤字邊緣，毫無競爭力（請參閱圖 10-2）。

就總資產周轉率而言（請參閱圖 10-3），沃爾瑪相當穩定地保持在 2.6 左右（一塊錢資產創造 2.6 元收益）。但是正如本書第 5 章所分析的，雖然沃爾瑪流動資產的周轉率持續上升，長期資產的周轉率卻有逐年下降的趨勢。目前兩股力量

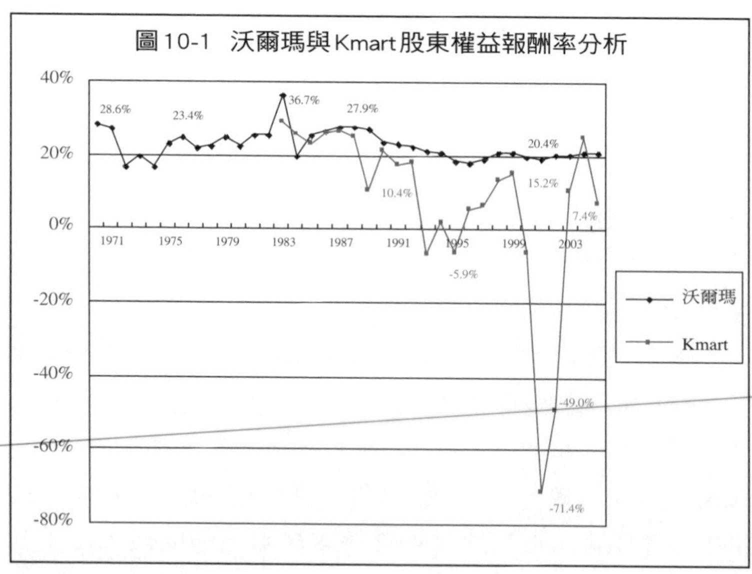

圖 10-1　沃爾瑪與 Kmart 股東權益報酬率分析

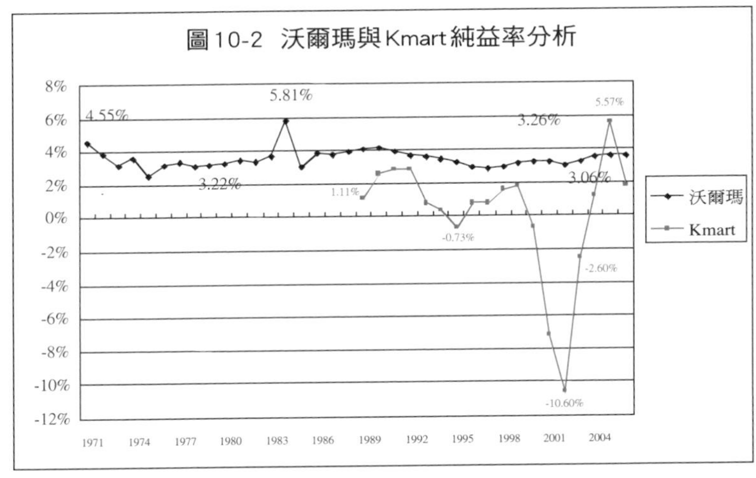

圖10-2 沃爾瑪與Kmart純益率分析

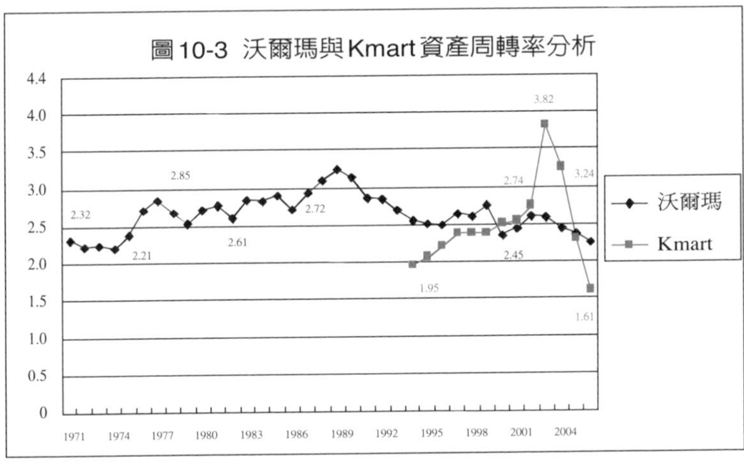

圖10-3 沃爾瑪與Kmart資產周轉率分析

一上一下，即使能互相抵消，維持績效不墜，但是未來的發展對策值得管理階層深思。相較之下，Kmart 的資產周轉率自 1994 年以來大多都低於沃爾瑪。2001 年以後，由於 Kmart 較積極地處分閒置資產，因此資產周轉率有提升的趨勢。在

1994年至2000年期間，沃爾瑪與Kmart的財務槓桿比率相差不大（請參閱圖10-4），它們的負債內容卻有很大的差異。正如第4章提及的，沃爾瑪的負債以流動負債爲主（2006年，其流動負債占總負債約61%），但Kmart則以長期負債爲主（2006年，其流動負債只占總負債約46%），顯示沃爾瑪以其規模優勢與管理效率，獲得供應商充分的信心，因此得以增加流動負債，遞延貨款現金的支付。

⊙ 戴爾電腦 vs. 惠普科技

戴爾與惠普都是舉世知名的資訊產業龍頭，兩者的股東權益報酬率卻有相當大的差異（請參閱圖10-5）。

除了唯一一年的虧損（1993年），戴爾的股東權益報酬率都遠高於惠普甚多。在1996年至1998年間，戴爾創造了60%以上驚人的股東權益報酬率；在景氣不佳的1990年代末期及2000年代初期，戴爾也幾乎能維持30%以上的股東報酬

圖10-4 沃爾瑪與Kmart財務槓桿比率分析

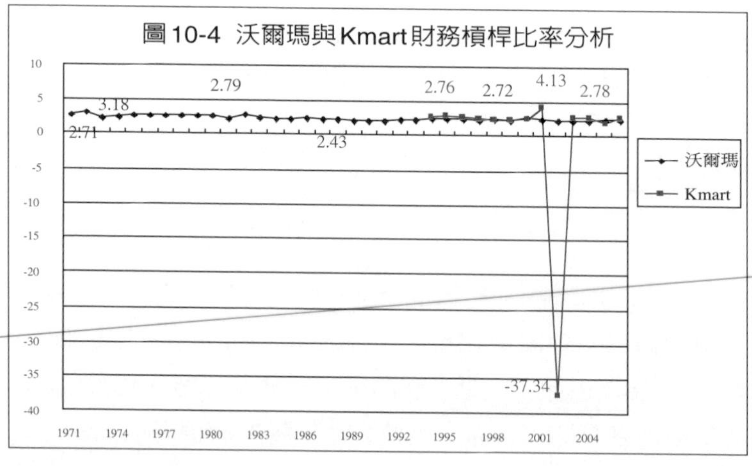

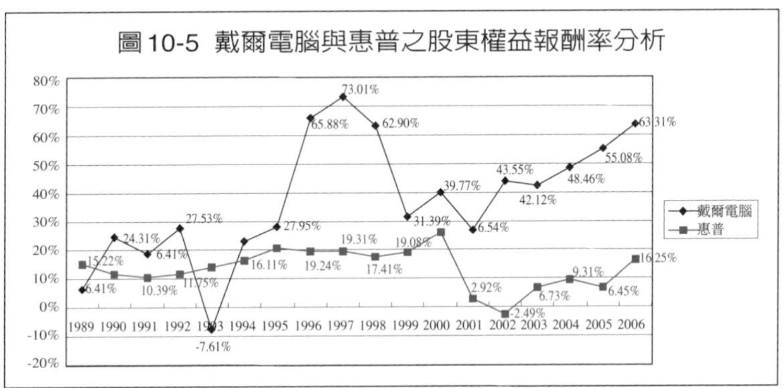

圖 10-5 戴爾電腦與惠普之股東權益報酬率分析

率，績效十分驚人。相對地，1990 年代惠普的股東權益報酬率大多在 10% 至 30% 之間。2001 年惠普與康柏合併後，受到個人電腦產業不景氣所影響，更一度出現虧損，到 2003 年之後才慢慢回升，目前已達 16.25% 的股東權益報酬率。

以純益率而言，戴爾大部分時期維持約 2% 至 8% 之間；惠普因為有印表機業務的優勢，在 2000 年前大致上在 6% 至 8% 之間。但是合併康柏後，曾在 2002 年跌落到負 1.6%（請參閱圖 10-6），2003 年後才慢慢回到 4% 上下，直至 2006 年惠普更換執行長赫德（Mark Hurd），並採取控制成本與裁減人員的策略之後，終於使淨利率從 2004 年的 400 萬美元成長到 2006 年的 2.9 億美元。

就資產周轉率而言，戴爾一直維持在 2 倍以上，遠超過惠普（約在 0.8 至 1.5 之間），可見戴爾營運效率的傑出（請參閱圖 10-7）。

相對於惠普而言，戴爾的股東權益報酬率較高，但是財務槓桿的比率也較高（請參閱圖 10-5 及圖 10-8）。面對這樣的資訊，往往會給人以該公司通過高風險的經營模式取得高

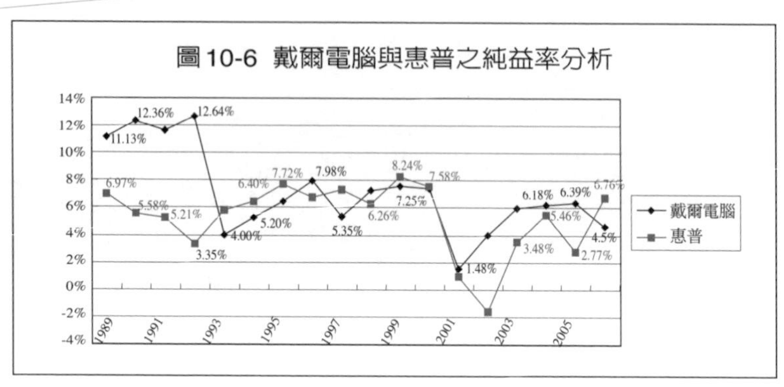

圖 10-6 戴爾電腦與惠普之純益率分析

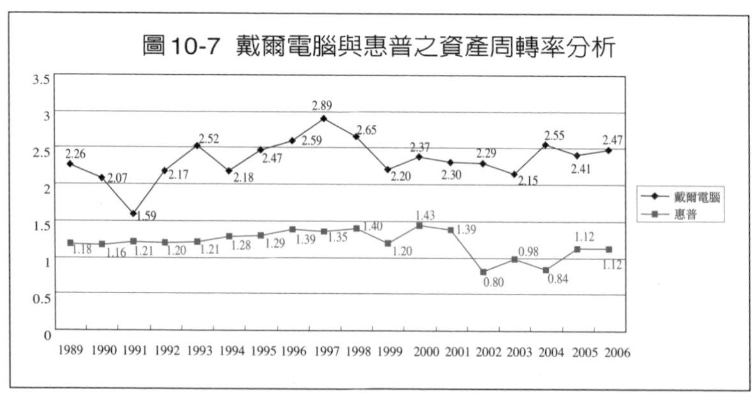

圖 10-7 戴爾電腦與惠普之資產周轉率分析

額報酬的印象，然而，戴爾是否在財務操作上面太過躁進？其實不然。從圖 10-8 顯示可發現，主要影響戴爾財務槓桿變化（從 2002 年的 3.17 攀升至 2006 年的 5.60）的原因在於營收的成長（從 2002 年的 311.68 億美元增加至 2006 年的 559.08 億美元）所帶動的流動負債增加（流動負債從 2002 年的 75.19 億美元增加至 2006 年的 159.27 億美元，而長期負債 2002 年至 2005 年間均維持在 5 億美元上下，只占總資產的 2% 左右），加上庫藏股的買回，使股東權益報酬率由 40% 增

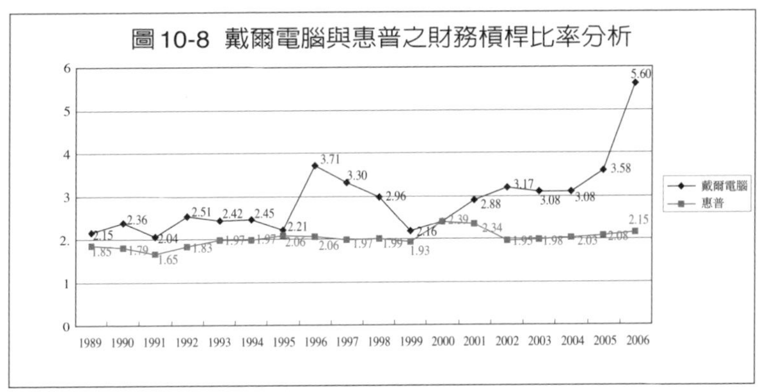

加至 63.31%，顯示了戴爾與供應商的談判能力的提升，及利用閒置資金增加股東權益的努力。惠普在財務槓杆的使用上則較爲保守，一直維持在 2 倍左右（負債占總資產 50%）。

⊙ 鴻海的跨國競爭對手——旭電及偉創力

鴻海的頭號國際競爭對手，是全球前兩大專業電子製造服務廠商（Electronics Manufacturing Services，簡稱 EMS）的旭電（Solectron）及偉創力（Flextronics）。旭電成立於 1977 年，總部位於美國加州，在世界各地擁有 23 個生產據點，股票在美國那斯達克市場上市。偉創力總部設在新加坡，主要業務是爲摩托羅拉（Motorola）與易利信（Ericsson）等公司組裝電腦、印表機與行動電話，同時代工生產微軟的 Xbox 電玩遊戲主機，股票也在美國那斯達克市場上市。

如今，偉創力及旭電已是全球 EMS 營收規模的第一、第二大公司，由下頁的圖 10-9 及 10-10 可清楚地看出，過去 10 年來，旭電及偉創力的股東權益報酬率都遠低於鴻海。2001

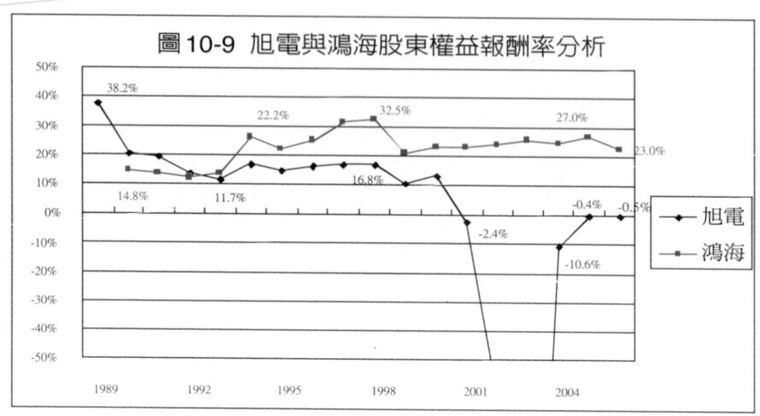

註：旭電2003年的股東權益報酬率為負218.3%

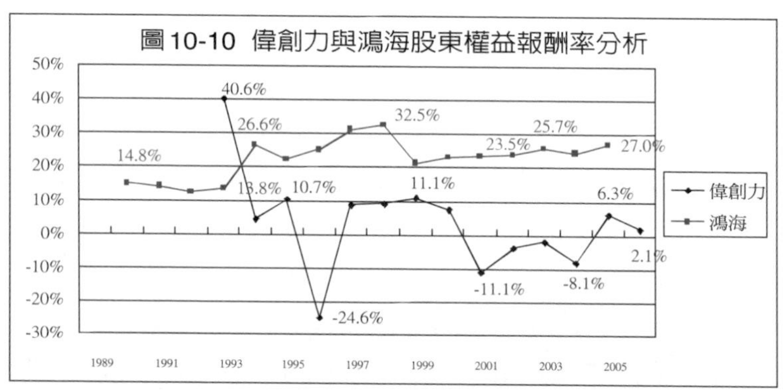

年至2003年電子資訊業景氣低迷時，旭電及偉創力都陷入虧損，鴻海卻能逆勢走揚，保持20%以上的股東權益報酬率，到2006年時，旭電與偉創力的ROE分別爲-0.5%及2.3%，遠低於鴻海的23%，從這個角度分析,鴻海比它們更有競爭力。

景氣循環型公司

接下來，我們將觀察景氣循環型公司股東權益報酬率的變化，討論範圍涵蓋半導體、液晶面板、塑化及汽車等產業的重要廠商。

⊙ 台積電 vs. 英特爾及聯電

台積電首創晶圓代工的商業模式，是台灣最具國際聲望的上市公司。在台積電的發展歷程中，一直以英特爾爲學習標竿，因此筆者將這兩家世界級的半導體公司拿來比較。自台積電股東權益報酬率的變化，可看出晶圓代工產業日益成熟，甚至也有微利化的隱憂。在 1990 年至 1995 年期間，台積電的股東權益報酬率快速爬升，曾經高達 45%；但在 1998 年的不景氣中，該比率下降到 18.3%（請參閱圖 10-11）。

在台積電股東權益報酬率的 3 個因子中，由於純益率與資產周轉率爲高度正相關，因此其股東權益報酬率的波動較沃爾瑪高出許多。爲了穩定股東權益報酬率，台積電的槓桿比率控制得十分穩健，約在 1.2 至 1.3 之間（亦即負債占資產比重約爲 17% 至 23% 之間）。

相對地，在 1990 年代的全盛時期，英特爾的股東權益報酬率不到 40%，比台積電稍爲遜色。然而，英特爾的公司規模較大，歷史也較長，屬於較成熟的公司，這種股東權益報酬率較低的情形，在較成熟的公司裡相當常見。在 2000 年和 2001 年時，英特爾的股東權益報酬率一度下降到 4% 左右，對經理人造成很大的壓力，到 2002 年之後，英特爾以裁員、精簡支出作爲改善的方式後，股東權益報酬率開始穩定增長，直到 2006 年達 26%。

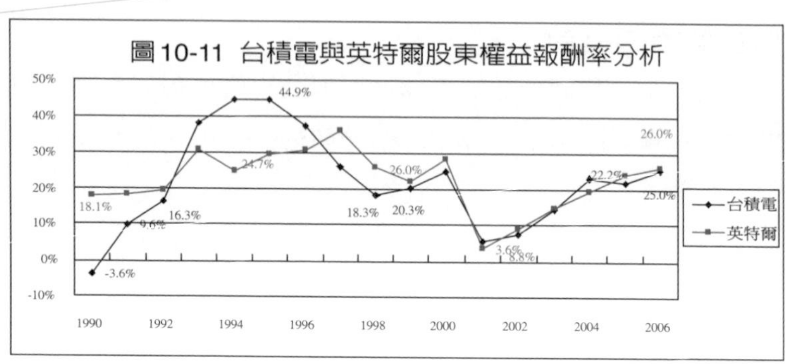

圖 10-11 台積電與英特爾股東權益報酬率分析

至於台積電走的是差異化策略，強調客戶爲了得到優質的晶圓代工服務，必須支付較高的價錢。在過去景氣高峰時，台積電的純益率可達到 52%；但在 2003 年的景氣復甦過程中，台積電的純益率只達到 23.4%，不到過去高點的一半（請參閱圖 10-12）。到了 2006 年，台積電大力擴展海外市場後，異軍突起使純益率成長至 40.5%。

特別値得注意的是，隨著景氣循環的變動，台積電的純益率與資產周轉率形成高度正相關。由於在半導體廠商的成

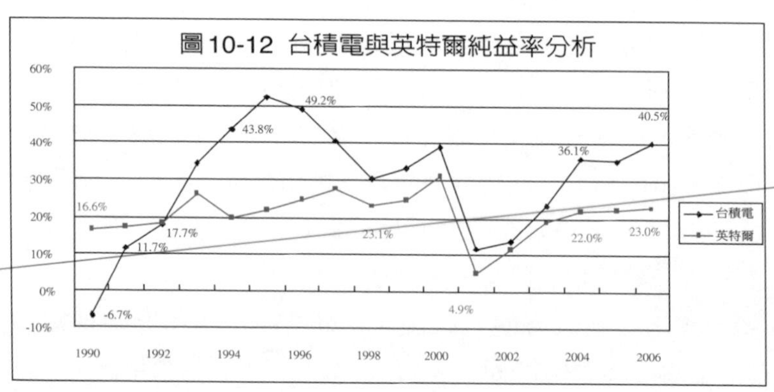

圖 10-12 台積電與英特爾純益率分析

本結構中，有相當大的部分是固定成本（例如機器設備的折舊費用），當半導體景氣循環轉佳時，在固定的產能下接單及增加生產量，造成單位成本下降，帶動純益率快速提升。通常這段時期也是股價上漲最快的時段。當景氣達到高點，產品價格又開始調漲，純益率便更加提高。由於資產周轉率與純益率同時改善，股東權益報酬率於是大幅提升。當景氣轉弱，先是價格鬆動造成純益率下滑，接著是產能閒置，造成單位成本的提高，使毛利率更加低落，進而使股東權益報酬率迅速惡化。

與英特爾相比，台積電的純益率平均較高，但是資產的周轉率（台積電約在0.3至0.7左右，英特爾約在0.6至0.8左右，請參閱圖10-13）與周轉率的穩定性都略遜一籌，唯兩者之間差距逐漸縮小。

與沃爾瑪低純益率、高資產周轉率的經營模式相比，半導體的特色是高純益率（景氣好時），但資產周轉率較低（投資金額太高），且股東權益報酬率起伏很大。不過，就財務槓

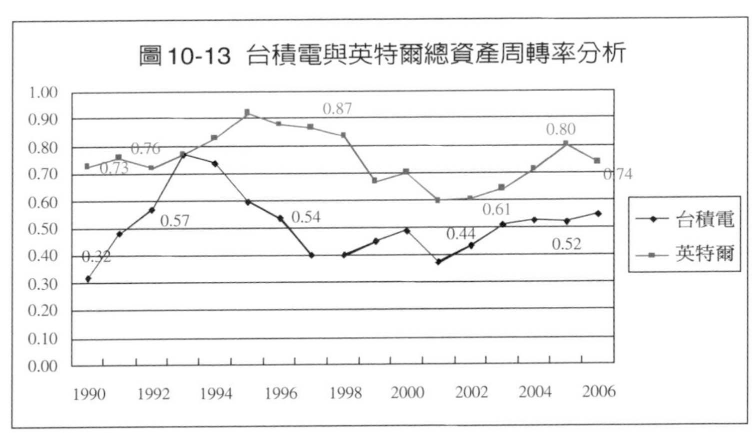

圖10-13 台積電與英特爾總資產周轉率分析

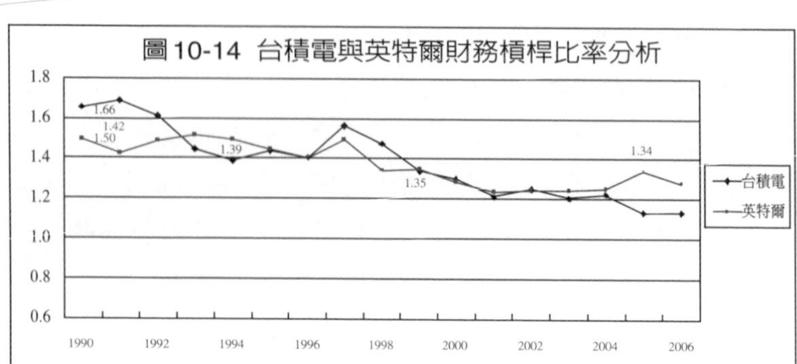

桿而言，台積電和英特爾都十分保守，只有 1.2 左右（亦即負債占資產比率約 20% 左右，請參閱圖 10-14），反映半導體產業景氣起伏較大的情形，需要有更多自有資金作爲經營後盾。

本節再以台積電及聯電兩家台灣晶圓代工大廠，進行股東報酬率的分析。聯電和台積電的股東報酬率到了 2001 年已經相當接近（請參閱圖 10-15，台積電爲 5.84%，聯電爲 2.38%，差異爲 3.46%），但由 2003 年開始，台積電和聯電股東報酬率的差異，由 7% 擴大到 2006 年的 13%。

此外，聯電若再將業外收入剔除，則其 2006 年之股東權益報酬率從將近 7% 降低到僅有 1.72%，台積電與聯電當年之的股東報酬率差異擴大到 20% 之多。這種重大差異是因爲聯電的業外收益（主要係轉投資之獲利）高達新台幣 264 億元。聯電將許多資金使用在投資上，所產生的獲利已對淨利產生相當大的影響，然而，投資活動並非晶圓代工的主要營業活動，若造成公司的損益如此龐大之影響，並不代表其本業長期競爭力。

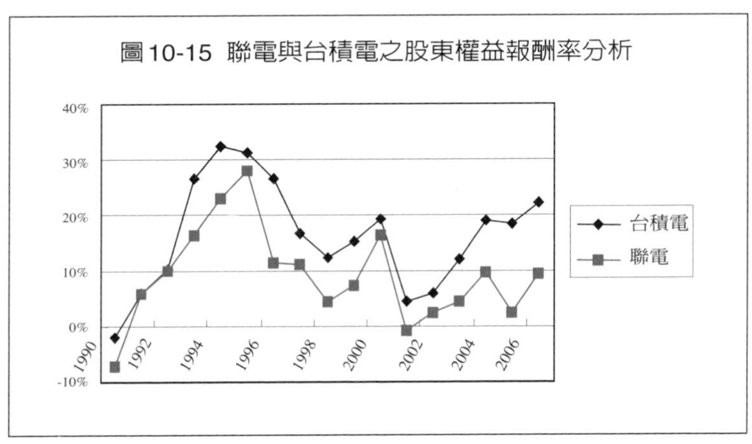

反觀台積電的淨利與營業淨利趨勢幾乎相同（以 2006 年爲例，營業利益新台幣 1,260 億元與淨利新台幣 1,270 億元差異僅 1%）。穩定的獲利能力，使台積電能夠在近 3 年來均維持 35% 以上的純益率與較低的財務槓桿比率，而聯電雖有較高之財務槓桿比率但純益率卻起伏不定（從 2004 年的 27% 降至 2005 年的 7%，到了 2006 年又暴增至 31%），在在顯示台積電的盈餘品質的確較爲穩定。

⊙Acer vs. 聯想

世界第 3 及第 4 大個人電腦生產商──聯想集團有限公司（Lenovo Group Ltd.）與宏碁公司（Acer Co.）之股東權益報酬率爲何？其變化又是如何反映出他們的經營結果呢？

從圖 10-16 顯示，宏碁的股東權益報酬率始終維持高度且超越聯想的趨勢，從 2001 年的 7.87% 到 2002 年的 13.03%，之後 3 年均維持在 11% 至 13% 之間的變化，股東

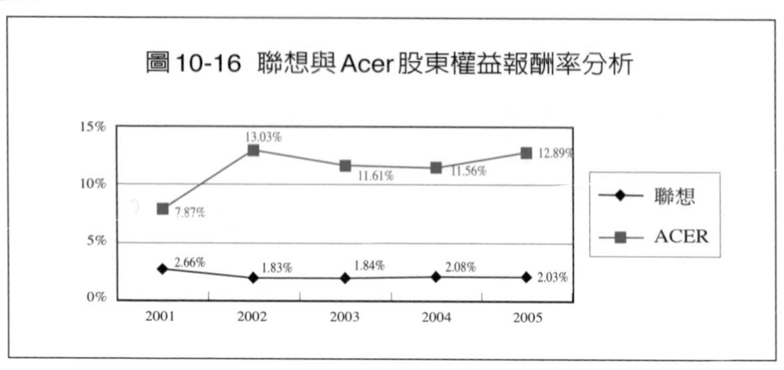

圖 10-16　聯想與 Acer 股東權益報酬率分析

權益報酬率呈現相當高的表現；另一方面，聯想在 2001 年至 2005 年間始終維持在 1.5% 至 2.5% 間的相對較低且穩定無變化之股東權益報酬率。

在純益率的部分，從圖 10-17 之呈現可以發現，聯想的純益率與其股東權益報酬率的變化趨勢相當類似，均呈現較低且穩定少變化的情況；反觀宏碁，則可以發現其純益率的變化在 2002 年有一個大幅度的升高，卻又在 2003 年之後逐年降低，甚至在 2005 年時已經降至 4.08%（比聯想的 4.69% 還要低），就是一個值得被關注的問題，因爲一般而言，一個穩定營運中的公司，各比率分析之結果，通常呈現一個比較穩定的變化，不會有太過於唐突的改變。

從圖 10-18 可以瞭解兩家公司在資產周轉率的變化，其中最顯而易見的是，聯想在 2004 年之前均高於宏碁，不過宏碁的資產周轉率在 2005 年超越聯想，且 2001 年至 2004 年的差距巨大，在 2001 年時聯想與宏碁的差距高達 1.69（聯想 3.39 及宏碁 1.70），2002 年時差額更增加到 3.19（聯想 3.66 及宏碁 0.47），後來兩家公司的差距逐年拉近，到 2005 年

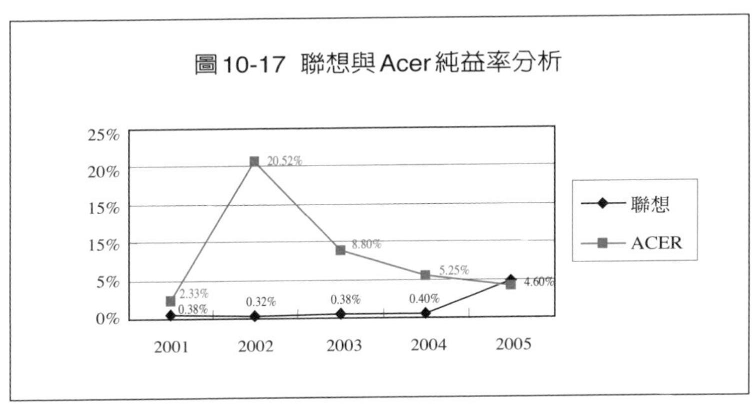

圖 10-17 聯想與 Acer 純益率分析

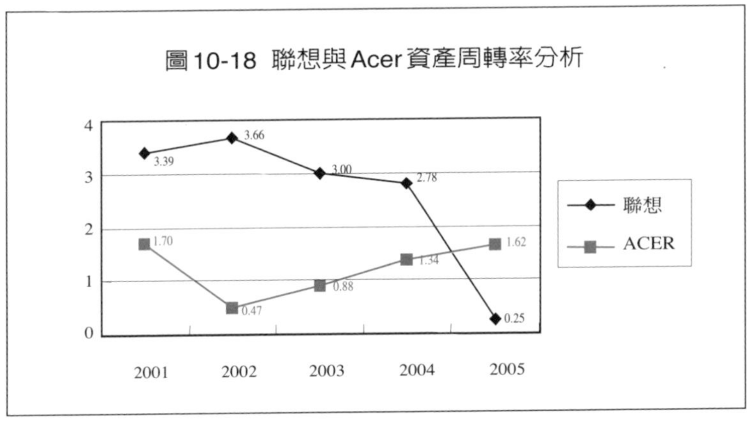

圖 10-18 聯想與 Acer 資產周轉率分析

時，宏碁已經較聯想高出 1.37（聯想 0.25 及宏碁 1.62）。

財務槓桿比率（請參考圖 10-19）則呈現非常不同的變化，聯想的財務槓桿比率從 2001 年的 1.96 暴增到 2002 年的 16.29，爾後，均維持在 10 至 15 間的槓桿比率，宏碁則呈現比較低的槓桿比率，從 2001 年的 1.99 降到 2002 年的 1.35 之後，就一直維持在 1 至 2 之間，顯示，聯想在財務運作上面

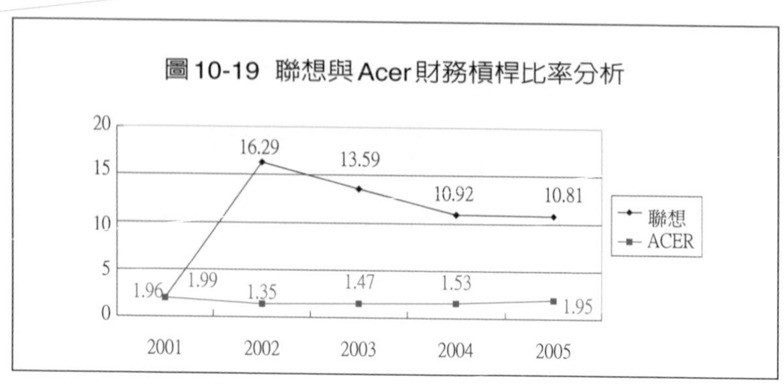

圖 10-19 聯想與 Acer 財務槓桿比率分析

的風險較宏碁要來得高。

是什麼樣的環境和經營策略，影響這些數據的變化？聯想爲擴展亞洲以外市場，強烈的企圖心顯示在其財務槓桿比率上，2001 年聯想的財務槓桿比率僅有約 2 左右，然而在 2002 年時暴增至 16，其不惜採取高風險策略以及收購國際商業機器公司（IBM），以努力追趕惠普和戴爾，同時間，聯想公司還面臨著一個新的威脅，世界第 4 大個人電腦生產商台灣的宏碁公司正在迅速發展，就在聯想積極拓展市場及洽談收購案時，ACER 已經透過在世界各國設立經銷商，已經在世界各國率先布局，在 2001 年將外銷的量從 2000 年的 7% 增加到 70%（金額從新台幣 15 億元增加至新台幣 300 億元），而內銷的金額依舊，所以使得純益率獲得巨幅的改善（2001 年的 3% 增加至 2002 年的 20%），然而，因爲 2002 年開始，高科技產品的價格無法在維持之前的水準，而且持續地祭出價格戰，所以 2003 年之後純益率逐漸趨向穩定，2005 年的時候，聯想與 ACER 的純益率代表的是電腦產業一般的比率。

2001 年起，聯想集團透過一系列國際營銷行動，來提高該公司在中國市場以外的品牌認知度，如宣布與美國的 NBA 結成營銷伙伴，不過這一連串的國際行銷策略仍然無法使 2001 年至 2004 年間聯想的純益率提升，直到 2005 年才增加至 5%。而採取保守策略的 ACER，其資產周轉率則從 2002 年的 0.47 提升至 2005 年的 1.62，此數值也遠遠超越聯想達 1.37，而在股東權益報酬率的表現上，聯想始終維持在 3% 左右，ACER 則是在 2001 年衝破 10% 之後，穩定地維持其相對較高的股東權益報酬率。

2006 年時，ACER 首席執行長誓言要在 2007 年超越聯想，到了 2007 年，宏碁電腦已經在 2007 年第 1 季搶下了世界第 3 大個人電腦廠商的位置。宏碁在全球個人電腦市場的占有率是 6.8%，聯想則是 6.3%。爲了反擊，聯想則在 2007 年 4 月宣布以「增加全球運營效率及競爭力」的全球調整策略，其中最令人注意的是將裁員約 1,400 人，並將著重新興市場的發展。聯想雖然做了很多不同的策略，但股東權益報酬率仍未能有實質的提升，資產周轉率反而在 2005 年降到 0.25，要如何提升聯想的世界競爭力，可能還有賴於確認策略之有效程度，因爲太多策略也許無法使其中一個最重要的策略聚焦。

⊙ 豐田汽車 vs. 日產汽車

汽車業是具長遠歷史的景氣循環產業。無疑地，日本的豐田汽車是最具代表性的公司之一。2004 年，《哈佛商業評論》做了一項評選，豐田汽車被選爲近 20 年亞洲地區營收成績持續力最強的公司。難能可貴的是，不論景氣如何變動，豐田汽車都能保持獲利。1998 年，豐田汽車的股東權益報酬率觸及 5.9% 之後，在全球經濟低迷的大環境下，一路向上爬升，2006 年已經到達 16%（請參閱圖 10-20）。

相對地，若檢視日產汽車的股東權益報酬率，2000 年前幾乎一直小於豐田汽車，變化相當劇烈，顯示日產汽車的經營較缺乏穩定性。自 1997 年起，日產汽車連續虧損三年，使它的股東權益減少了 30% 左右。2000 年，日產汽車終於擺脫虧損，開始獲利，它的股東權益報酬率因而由 1999 年的負 62.7%，躍升爲 2000 年的 35.1%。自 2001 年到 2003 年，日產的股東權益報酬率也有 25% 以上的水準，遠超過豐田，卻呈現一路小幅下降的趨勢。因此，就長期績效的穩定性而言，日產則遠不及豐田。

豐田的股東權益報酬率之所以提升，最主要的力量源自純益率快速上升（由 1998 的 3% 上升到 2003 年的 7%，請參閱圖 10-21），反映豐田產品組合改善的成效（如 Lexus 銷售大爲成功）。至於豐田的總資產周轉率（請參閱圖 10-22），在 1991 年達到約爲 1.09 的高峰，隨後逐漸下降到現在的 0.8

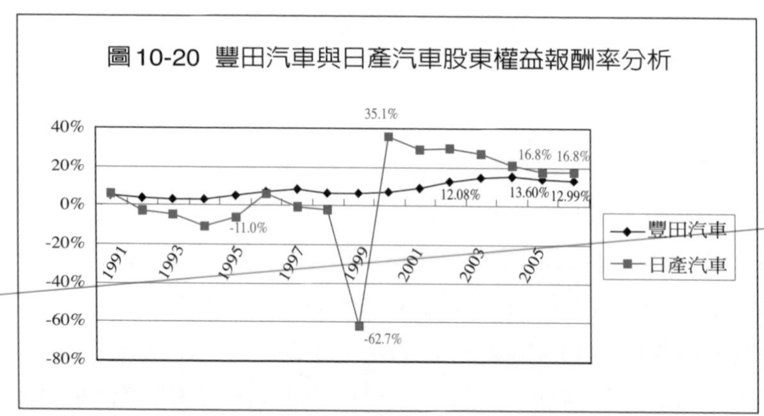

左右；豐田的財務槓桿比率（請參閱圖 10-23），則緩慢地由 1991 年的 2 增加到目前的 2.7 左右（負債約占資產的 63%）。

相較之下，日產近年來最正面的發展，是它 2000 年起純益率較過去大為改善的狀況，使它幾乎與豐田不相上下，且資產周轉率也小幅優於豐田汽車。不過，日產有個最大的弱點——財務槓桿比率雖然在 2006 年降到 3.72，仍嫌過高（負債占資產比率為 71%）。

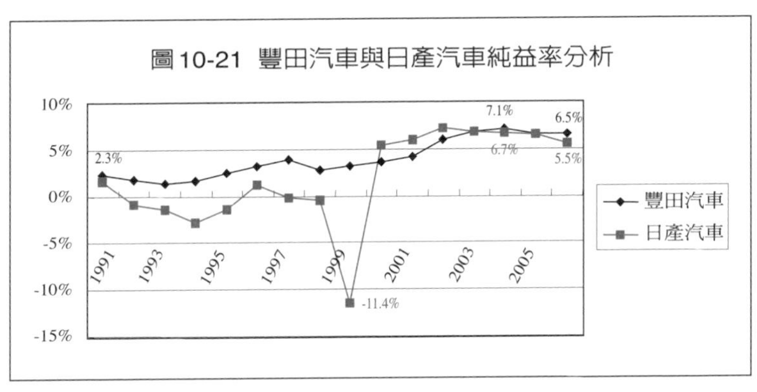

圖 10-21 豐田汽車與日產汽車純益率分析

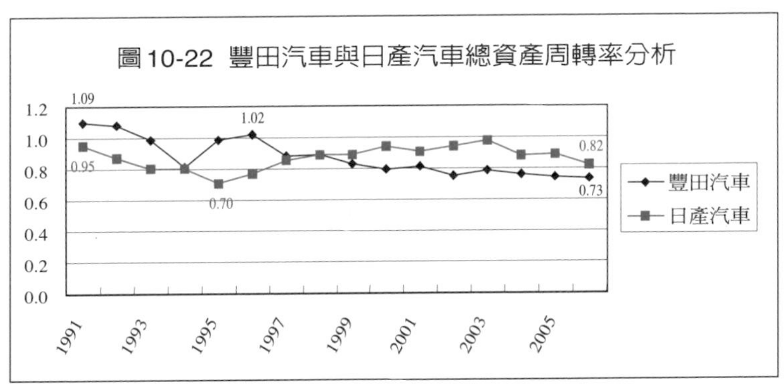

圖 10-22 豐田汽車與日產汽車總資產周轉率分析

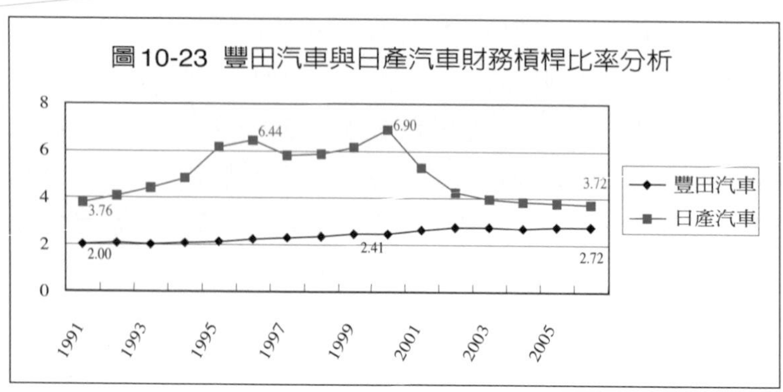

股東權益報酬率的限制

本章一再強調，股東權益報酬率可總結企業的營運、投資及融資等三大經營活動，反映企業經營品質及相對競爭力。然而，股東權益報酬率仍有它的限制。例如公司用可轉換公司債來籌募資金，在公司債還沒被轉換成股票前，這種融資方式會使股東權益看起來沒有增加，因此股東權益報酬率看起來比直接現金增資好，當然這可能只是暫時性的扭曲。

此外，企業也不宜把股東權益報酬率當作是經營的唯一目標。當經營規模擴大，企業就不易保持30%以上超高的股東權益報酬率，這是資本報酬率遞減的自然現象。若爲了保持超高的股東權益報酬率，企業因而減緩或停止營收的擴張，也會產生盲點。不成長的企業往往缺乏戰鬥力，也不易吸收新的人才，組織容易老化。但是，股東權益報酬率的概念如此簡單、清楚，無怪乎成爲一個歷久彌新的財務比率。

至於本章開頭提到的前美國銀行總裁修麥克，他在 2001 年退休後也沒閒著。除了開設管理顧問公司、提供與併購有關的商業諮詢外，2003 年他創立「企業良知論壇」（Forum of Corporate Conscience），並擔任榮譽主席。該論壇的最主要使命，便是向全美企業執行長宣導企業倫理的價值和重要性。

企業良知論壇定期舉辦演講、座談會等活動，並採取問卷方式，追蹤企業領袖參與論壇活動後，是否針對企業倫理等議題進行公司內部的必要改革。該論壇成立後的首位演講貴賓，正是以重視股東權益聞名的巴菲特。看來，如果我有機會再問修麥克一次：「在你的管理工作中，如果只能挑選一個最重要的數字，你會挑什麼數字？」我相信修麥克的回答應該不會改變：「那就是『股東權益報酬率』！」

第11章

最重要的是，要隨時保護你自己

2004年奧斯卡最佳影片《登峰造擊》（Million Dollar Baby）敘述了一個激勵人心，但又令人遺憾的故事。片中的女主角麥琪（由希拉蕊．史旺飾演，榮獲當年奧斯卡影后）出身於一個貧窮的家庭，沒受過什麼教育，從13歲起就開始在餐廳打工糊口。31歲時，麥琪決心脫離這輩子永遠當女侍的命運，她發現自己生命中最熱愛也最有潛力的是拳擊運動。於是，她以鍥而不捨的毅力，感動了個性孤僻但經驗豐富的老教練鄧恩（由老牌影星克林伊斯威特飾演），受其指導，正式開始練拳。

麥琪既有天分又肯苦練，拳技進步神速，正式參加職業拳賽後勢如破竹，總是在第1回合就把對手擊倒。但教練鄧恩對此卻大爲憂慮，因爲沒有經過多個回合的考驗，就無法顯現出拳手的缺點。當鄧恩不斷指正麥琪打拳時不懂得保護自己的缺點時，她不太服氣地回答說：「照你這麼說，我能不被擊倒，還眞是個奇蹟。」

麥琪終於等到她這一生最重要的機會——在美國賭城拉斯維加斯（Las vegas）向外號叫作「藍熊」（blue bear）的世界女子重量級拳王挑戰。

藍熊不僅拳技兇狠潑辣，更因爲背後暗算對手的骯髒伎倆而惡名遠播。在拳王爭霸戰中，麥琪在教練點醒下找到藍熊的罩門，不斷猛攻藍熊背部的坐骨神經，逐漸取得優勢。

但意想不到的是，惱羞成怒的藍熊竟在第3回合鈴響的休息時間，從背後偷襲麥琪，麥琪受傷倒地，頭部大力撞上休息區凳子的邊緣，造成脊髓嚴重受損，全身癱瘓。麥琪醒來後，充滿悔意地對教練說：「我忘了您再三的告誡——最重要的是，要隨時保護自己。」全身不能動彈的麥琪眼看著自己的身軀逐漸萎縮退化，甚至因爲血液循環不良而必須截肢。失去人生希望的麥琪一心求死，而視她如女兒的老教練鄧恩，最後萬般不捨地成全她，親手拔掉她的呼吸器⋯⋯。

這個令人唏噓的故事，對經理人及投資人有著非常重要的啓示。投資大師華倫．巴菲特曾說：「投資有兩大要訣：一，絕對不要賠錢；二，請不要忘記第1條。」以一個簡單的例子來說明巴菲特的忠告：假設你用1億元爲公司或爲自己進行投資，如果賠了50%，只剩下5,000萬元，要恢復原來的財富，必須要有100%的投資報酬率。而如果你不幸投資一個發生鉅額虧損的公司，賠了90%，只剩下1,000萬元，那麼你必須有1000%的投資報酬率，才能回到原有的財富水準。這個例子告訴我們，對於一個錯誤的投資，我們必須要創造更高倍數的投資績效才能加以彌補，這難度極高。

追求財富是經理人與股市投資人共同的目標，但別忘了資本市場就像是《登峰造擊》片中的藍熊，它兇險狡詐，不按牌理出牌，經常在你不注意時給你一記偷襲，讓你前功盡棄，不僅吐出之前所有的投資利潤，甚至造成巨額虧損。

在投資決策中，經理人必須注意由於企業競爭力衰退與投資誤判所引起的風險，而投資人則必須特別留心人爲的財報造假。當企業經理人刻意地操縱財報，甚至藉此掩飾重大的財務弊案時，財報就不再是投資人可以信賴倚重的「儀表板」，反而是造成錯誤投資決策的幫兇。由於財報數字是經營活動的落後指標（lagging indicators），因此經理人及投資人想要規避風險保護自己，必須同時注意相關的非財務報表資訊。

因此，本章將討論如何結合財報和非財報資訊，幫助經理人及投資人加強「隨時保護自己」的能力。本章首先討論經理人風險控管的問題，以明基、燦坤、大陸 TCL 等公司的投資個案加以說明。而針對投資人，本章則提出保護自己不誤踏地雷股的 5 大要訣。

經理人的防衛術——控制企業長期投資的風險

本書在第 8 章中強調一個看來有點另類的觀點——資產比負債更危險，因爲資產經常會變壞，而不是變好。在追求企業成長的壓力下，上市櫃公司財報中的長期投資帳戶，累積了越來越多轉投資及購併活動的資金。成功者藉此擴張版圖，造就了更大的企業王國（例如鴻海）。不成功者不只遭受投資失利的第 1 度傷害，更可能由於資本市場法律與審計的風險，對公司造成意想不到的第 2 度傷害。

慎防第 1 度傷害——投資案本身的風險

金車集團董事長李添財曾說：「我做事業，攏是『先想輸後想贏』，要先想好投下去 5 億、10 億元，如果輸了，不會影響原來的事業！」這的確是經理人面對風險的深沉智慧。此外，任何投資決策都應考量企業本身財務的承擔能力，設立適當的停損點，並在投資過程中盯緊財報數字的變化。

⊙ 弱併弱，難變強——明基投資西門子個案

2002 年起，明基電通企圖將 BenQ 打造爲世界級的品牌。2004 年，BenQ 的手機銷售量僅有 200 餘萬支，全球市占率僅 0.5%，排在 10 名之外。2005 年上半年，明基營收衰退 34%，第 1 季及第 2 季的營業虧損各爲 9,900 萬及 4,000 多萬台幣。

2002 年，西門子手機的銷售占全球 13%，是當時手機市場的第 4 大品牌。但其市占率此後節節下滑，2003 年爲 8.5%，2004 年爲 7.2%，2004 年第 2 季西門子更首度發生虧損。2005 年第 1 季，西門子手機市占率再降至 5.5%，虧損額度增加到 1 億 2,500 萬元歐元。

2005 年 10 月，本業已呈虧損的明基不費分文收購了陷入財務危機的西門子行動電話部門，並獲得了 5 年使用西門子商標的權利。此外，西門子除了將技術、品牌讓給明基外，還需補貼約 6 億歐元給明基，並將西門子手機部門的淨值轉正。而就在合併案將滿 1 週年之際，明基宣布無力負擔營運虧損，並向德國政府申請無力清償保護，停止投資德國 BenQ Mobile 子公司。

合併前，明基及西門子手機部門的本業都雙雙呈現虧損，明基卻想藉由併購市占率衰退的西門子，搶攻國際手機市場。然而，併購前明基未深入瞭解西門子營運不佳的原因，高估自己扭轉頹勢的管理能力，終究遭西門子拖累，無法發揮企業合併的綜效。全球手機龍頭 Nokia 對此合併案「兩隻火雞不能變出一隻老鷹」的批評，一語成讖。弱併弱極難變強，值得經理人於投資前再三審慎思量。

緊盯財報虧損擴大或縮小——再看明基購併西門子一案

在併購案之後，明基本業不但繼續虧損，更認列了鉅額的投資損失，2005 年共認列 56 億投資損失，2006 年為 296 億。

為了支撐德國子公司產生的鉅額虧損，明基舉債也大幅增加。由於併購生效後，明基信用評等屢次調低，不利長期貸款，一直到 2006 年第 3 季，才貸得 100 億台幣，在取得長期貸款之前，明基主要靠流動負債取得資金，2005 年第 2 季的流動負債為 241 億，之後，每季攀升，至 2006 年第 2 季達 422 億，併購西門子手機部門約 1 年左右，明基產生 367 億台幣的帳面虧損，共增加 180 億的流動負債。

合併過程中，財務報表上的數據也隨之在股價上反映出來。明基投資西門子一案初期，市場上對此一投資案的看法不一，股價尚能維持平穩。隨著投資時間拉長，投資結果在財務報表上一一顯示，股價也因而變化。到 2005 年財報發布時，股價有較大幅度下跌，顯示投資人對合併這半年來的成績並不滿意，2006 年後，股價更是隨著各季的財報資料逐漸下滑。

併購西門子前，明基雖已預期虧損，然而，投資一年以來，虧損持續擴大，明基在無法控制投資虧損的情況下，遂決定斷尾求生，終止投資。

由於西門子虧損速度相當驚人，平均一天虧損 1 億新台幣，因此，即時的財報資訊對明基而言相當關鍵。然而，10 月份明基入主後的帳目，德國子公司耽擱到 12 月份才結算出來，延遲許多做決策的空間。可見及時掌握投資案的財務資

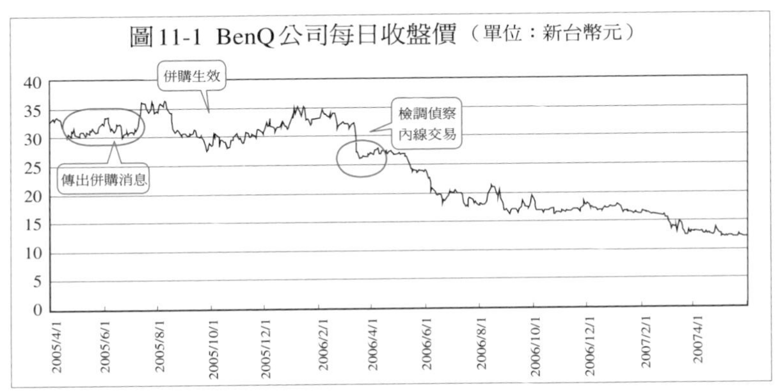

圖 11-1 BenQ公司每日收盤價（單位：新台幣元）

訊，也是保護自己的重要方法。

⊙能否複製成功的商業模式——燦坤投資大陸 3C 通路個案

以製造小家電起家的燦坤，於 1978 年成立。成立初期是以家電產品爲主力商品。1998 年燦坤開始經營燦坤 3C 流通事業，2006 年底達到 192 家連鎖店的規模，是目前台灣最大的 3C 業者。燦坤集團 3C 事業台灣營運成功後，燦坤將台灣擴店經驗複製到大陸，以實現其「世界通路」的企圖心。2003 年 4 月，廈門燦坤轉投資 3C 通路業，於上海開立 19 家 3C 賣場「燦坤 EUPA」，不到 1 年時間，燦坤也在華東、華北、華南、東北及大西部等地區密集展店，目前在大陸門市總數已達到 51 家，集中分布在上海、廈門、福州、廣州、成都及瀋陽等城市。

由於兩岸 3C 零售通路業的經營模式迥異，礙於大陸地區法令限制，在大陸擴店必須成立許多不同的公司（如上海燦實、南京燦坤等 13 家公司），而非像台灣只要以一家公司「燦坤 3C」及其下連鎖店的方式進行，由於企業個體的定義會影響會計帳務的處理，大陸地區設立眾多公司的情況下，聯屬公司間以及和供應商間的應收應付等帳務處理更加複雜。此外，中國大陸的政治風險高，許多利害關係的企業經常倒閉，產生營運風險。因此保障應收帳款的收回，減少呆帳比率變得非常重要。由於燦坤對當地的商業環境瞭解程度不高，應收帳款回收率又低，因而導致經營失敗。

再者，由於法令規範及市場環境等差異，使得複製台灣經驗的方式遇到阻礙，燦坤大陸流通事業發生嚴重虧損，財務壓力漸大，不但廈門燦坤受到波及，台灣燦坤的股價也因此受到影響。燦坤集團遂於 2005 年 7 月 1 日以 1 億 4,380 萬人民幣出售給上海第 1 大家電連鎖通路「永樂生活電器」，燦坤於大陸 3C 通路事業的投資即告失敗。

⊙ 大陸 **TCL** 與法商湯普生（**Thomson**）聯姻案

中國企業爲了想登上國際舞台而併購次佳國際大廠的故事同樣也在對岸發生。TCL 集團股份有限公司是目前中國大陸最大的、全球性規模經營的消費類電子企業集團之一。和明基相同的，爲了將自有品牌推向國際，集團旗下的 TCL 多媒體科技於 2003 年 11 月時，與法國湯普生合資成立 TCL-Thomson Electronics（簡稱「TTE」），共同研發、生產、分銷及銷售彩色電視機及其相關產品和服務。

TCL 與明基一樣皆犯下對未來過度樂觀的錯誤。TCL 多媒體科技原本預計成立 TTE 後，2010 年營業額可達 1.5 億港幣。然而，2004 年至 2006 年中，歐洲及北美市場的營業利益一直呈現虧損的狀態，且其虧損占淨資產之比重有增加的趨勢，使得管理階層不得不作出結束歐洲業務之決定。

TCL與明基併購西門子一案有許多類似的地方，兩家中國企業都想藉著與世界級二軍企業合作以打國際市場，然而，事前的評估不足，以致於疏忽文化差異所導致的成本及利潤預估錯誤，這些都是造成兩個投資案失敗的原因。

這個世界不是平的——宏碁併購阿圖斯（Altos）

20多年前，劉英武先生頂著美國第1代電腦博士（名校普林斯頓畢業）的光環，加入當時資訊產業龍頭國際商業機器（IBM）。幾年內，他負責領導研發日後成爲所有資料庫標準語言之SQL，並擔任IBM Santa Teresa實驗室的負責人，因而得到「IBM史上職位最高華人」的美譽。後來，他更在美國及台灣幾間重要的高科技公司出任執行長等重要職務。

但劉英武看似一路順遂的工作經歷中，卻有著一段慘痛的教訓。1989年，他出任宏碁集團總經理時，併購美商阿圖斯（主要業務爲伺服器研發銷售），企圖讓宏碁打進北美市場。劉英武雖然有掌管IBM全球研發業務十數年的經歷，但這個併購案卻造成鉅額虧損，險些讓宏碁集團陷入財務危機。

歸咎投資失敗的原因，劉英武有個簡單的結論，那就是：「世界是有階級的！」雖然當時宏碁挾著資金優勢入主阿圖斯，但卻萬萬沒有想到，不論是台灣的經營團隊或是他本人，都無法突破美國人根深蒂固的民族優越感。因此，即便是隸屬於宏碁集團之下，阿圖斯的團隊卻是依然故我、難以管理，最終導致財務吃緊，也造成劉英武的去職。2007年他在接受媒體採訪時，語重心長地說：「世界是有等級的，等級低的國家去併購高的國家的公司，要多想想！」本章中，明基併購西門子手機部門，大陸 TCL 併購法國湯普生，都是「世界不是平的」之寫照，其中風險值得經理人警惕！

再防第 2 度傷害——資本市場的法律與審計風險

通常投資案失敗造成股價大幅波動時，會引起利害關係人，包括貸款銀行、簽證會計師以及政府單位等的特別注意，貸款銀行可能因此緊縮貸款額度；簽證會計師可能因此提高查核標準；政府單位也可能因此深入調查是否有人爲操縱，這一連串的動作將使得企業背負更沈重的壓力，甚至損及企業聲譽，對企業造成比投資失敗本身更嚴重的傷害。

⊙明基後續的內線交易風波

這樁 2005 年受到全球手機產業關注的跨國併購案，不到 1 年的時間便宣布破局。明基斷尾求生的決定，固然爲台灣母公司財務損失設立一道防火牆，但接踵而來的還包括德國員工聘雇、BenQ-Siemens 品牌使用、西門子挹注的現金與服務費用、甚至是專利權使用等問題，這一連串的國際仲裁官司，嚴重衝擊明基在海外市場的品牌形象，更嚴重的是，此樁投資失敗造成股市大幅波動，引起檢調單位懷疑公司異常持股狀況。

我國業界多採海外公司的方式處理海外員工分紅 2002 年 6 月，明基爲處理海外員工分紅而設立海外公司 CREO。2005 年 10 月明基正式併購西門子，2006 年初明基爲了準備西門子 4,000 多名員工拿到股票分紅，將 CREO 的股票賣出，在 2006 年 3 月時明基再補買回股票儲存在 CREO。

由於併購西門子後虧損的速度比預期更快，2006年9月明基公布不再繼續投資西門子，但由於鉅額的投資虧損影響明基股價甚深，2006年3月明基公布2005年財報後，股價因此大跌。明基在股價劇烈波動之際大幅買賣股票引起檢調單位的懷疑，檢調單位認爲海外公司CREO有洗錢之疑，明基在財報公布前大舉出脫股票有內線交易之爭議，於2006年3月份股價下跌之際，又大幅買回股票，意圖鞏固經營權。這3項爭議讓檢調單位因此起訴明基董事長李焜耀及財務長游克用等人，對公司形象造成重大負面影響，更嚴重耗損了高階經理人整頓公司的時間與精力。

⊙燦坤打入全額交割

台灣燦坤集團廈門子公司轉投資的大陸3C通路「燦坤EUPA」雖已於2005年7月1日將資產轉讓予上海永樂家用電器，且停止營業。2006年初廈門燦坤實業（股）有限公司的簽證會計師，爲驗證大陸3C關係企業帳上的應付帳款約人民幣6,200萬元，採取大量函證的方式，然而大陸3C關係企業已結束營運超過10個月，供應商回函比率不足，以致會計師仍在進行必要的審計程序來驗證應付帳款的合理性，延遲出具廈門燦坤實業（股）有限公司及其子公司合併財務報表的查核報告書，連帶影響台灣母公司2005年度財務報告審核程序，致台灣燦坤的簽證會計師對2005年度之財務報告出具保留意見，2006月5月5日，證交所隨即將燦坤改列全額交割股。

雖然，燦坤當時大陸關係企業的應付帳款爲人民幣6,200萬元，僅占台灣母公司總資產的1.5%，且大陸關係企業已結束營業並進行註銷工商登記中，對廈門燦坤及母公司之財務及業務應無重大影響。然而，一個單純的投資失敗，卻造成一連串審計風波。燦坤大陸主簽會計師事務所未查簽大陸轉投資閩燦坤2005年度財報，最後竟然導致會計師對台灣母公司年度財報簽發保留意見，打入全額交割的窘狀，於2006年5月11日恢復正常交易。

一般打入全額交割的企業往往都是陷入財務危機或是爆發財務弊案，燦坤並無上述情事，陷入這種窘境實在有點冤枉，但這仍必須歸咎於財報體系風險控管之不足。

⊙ 英雄貴在斷腕時——鴻海鳳凰計畫

一般人只看到鴻海集團前進的勇猛，卻忽略了它斷腕時的果斷。鴻海集團於2000年6月，宣布30億美元的「鳳凰計畫」，投資於光通訊產業。當時，董事長郭台銘預期該計畫將營造2至3倍的營收。然而，隨著全球經濟不景氣，對於光通訊相關設備與元件的需求漸轉低迷，鴻海預備30億美元的「鳳凰計畫」，在投入10億美元後遂告停止。高薪徵才、轉投資公司以及購置機器設備是鴻海這1年來花錢最多的地方。不僅當初高薪聘請的光通訊博士多已離職、20名國防役被解散，鴻海子公司鴻準精密的陶瓷套圈（Ferrule）技轉計畫也已取消。2001年初，鴻海正式宣布釋出光通訊事業。鴻海鳳凰計畫10億美元的投入雖然造成相當的虧損，但「及時喊停」可避免投資失敗的傷害不再擴大。因此，設立一道停損防線才是保護自己的最佳方法。

投資人的防衛術——避開地雷股的 5 大要訣

對投資人而言，如何在股票市場中保護自己，在地雷爆發之前全身而退，是需要學習的重要能力。本節首先彙整 2004 年至今較著名的 5 大財務弊案如下表，供讀者參考。

許多投資人也許好奇，在地雷爆發之前，究竟該如何早期發現以保護自己？雖然財務報表可以提供許多資訊供投資人參考，但是在財務報表發布之際，投資人往往已遭遇巨額損失，因此如何在弊案發生與財務報表發布之前，以非財報的資訊提前偵測地雷，是投資人應該學習的能力。本章以非財務的觀點，提供 5 大要訣供投資人參考。

表11-1　2004年至2007年7月台灣5大財務弊案

爆發時間	企業名稱	事　　由	股價變化
2007年4月	雅新	2007年4月9日，由於雅新無法釐清自結盈餘重大錯誤、期末應收帳款大幅增加、應收帳款差異懸殊等疑義，證交所將雅新列為全額交割股。而5月7日雅新因為未能及時繳交財報，其股票停止交易。	2005 年8月最高價為31.58元，2007年5月股價跌落至5.96元。
2007年1月	力霸	力霸及嘉食化於2006年12月29日向法院聲請重整，但直到2007年1月4日才公告此消息，導致1月5日其關係企業中華銀行發生擠兌現象。自1月5日到1月10日共4個營業日中華銀行的存款一共被提領了470億元。力霸於2007年4月11日終止上市。	2004年4月最高價為20.62元，2007年1月5日股價跌為4.52元。

爆發時間	企業名稱	事　　由	股價變化
2004年9月	皇統	皇統科技董事長李皇葵坦承，自2001年度起即虛設行號，做假帳美化報表，公司簽證會計師對此事全無知悉。證交所宣布該股票將變更交易，自2004年9月17日起打入全額交割股，2004年12月16日終止上市。	1999年12月最高價為105.1元，2004年9月皇統董事長坦承做假帳當日，股價跌落至3.07元。
2004年9月	訊碟	訊碟2004年半年報顯示，上半年虧損近45億元，其中投資損失高達42.7億元，董事長呂學仁辭職。證交所宣布2004年9月8日訊碟股票列為全額交割股，直至2006年9月2日恢復一般交易。	2000年6月最高價為566.69元，2004年9月初跌至2.72元。
2004年6月	博達	由於無法償還即將到期之巨額公司債，博達無預警向法院聲請重整，證交所並宣布博達自2004年6月17日列為全額交割股，2004年9月8日終止上市，2005年3月23日不繼續公開發行。	2000年3月最高價為157.16元，2004年6月聲請重整當日股價為9.05元。

要訣 1　注意董監事持股比例下降及質押比例上升的警訊

過去的管理文獻中皆發現董監事持股比率之重要性，董監事爲公司之決策單位，對於公司之營運狀況最爲清楚，故該等人對公司之持股比率通常被視爲一重要參考指標。

若我們取得雅新上市以來董事及監察人之持股比例，可以發現持股比例明顯地持續減少（詳圖 11-2），若配合其股價走勢相比較，不免令人懷疑董監事持續出脫持股之原因。就力霸而言（詳圖 11-3），雖董監持股並未與股價呈現明顯的反

圖 11-2 雅新股價與董監持股比率圖

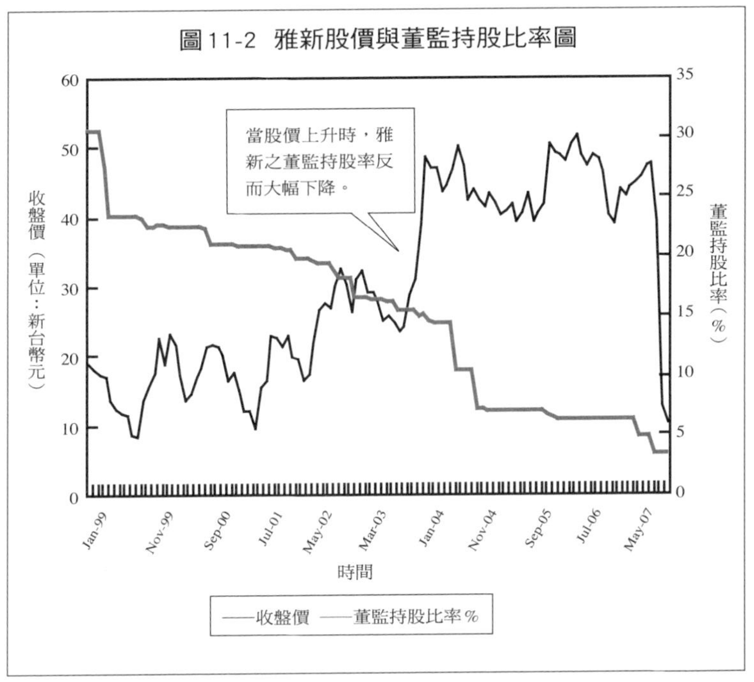

向走向，但是若我們討論股價與董監質押比率，可以發現早在 1998 年董監事的股票質押比率就開始增加，且其幅度相當可觀，到達 2007 年初時，質押比率更是高達八成，這些舉動都值得投資人注意。

當公司董監事等內部人開始拋售股票時，背後隱含的原因多是負面的消息，尤其當該公司股價開始飆漲，董監事卻出脫手中持股，很明顯的他們可能認爲股價已超過公司該有的價值。投資人遇到此種狀況更應審慎評估該公司的狀況。

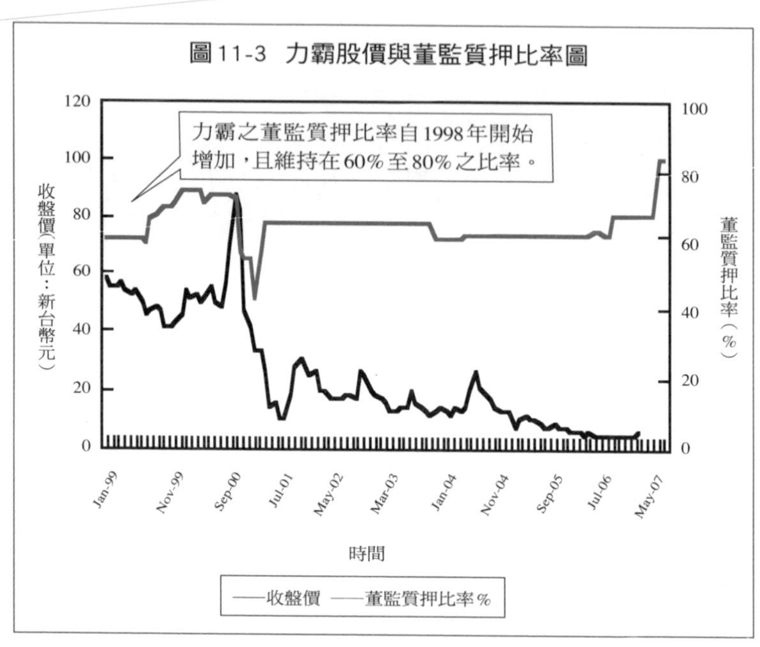

要訣2 注意大股東與機構投資人大幅出脫股票的警訊

大股東及機構投資人因為較一般投資人具備專業知識和人脈，容易察覺公司的變化及獲得相關資訊，故他們的股票買賣行為，也可作為一般投資人參考的指標。在證交所對雅新作出處分之前，外資法人就曾在3月底僅數個交易日內賣超大量持股，股價也從27元急速下跌，外資大賣、股價下跌這些警訊似乎都提醒著投資人地雷股的發生。多年前的3大地雷股，博達、訊碟、以及皇統也有著大股東、機構投資者持續出脫持股的情形發生，投資人應保有警覺心，提早自保。在公開資訊觀測站中有揭露公司公告訊息，依證券交易法規定，公司之董監事及經理人轉讓持股時皆須公告申報。

另外，在公司的半年報及年報當中也會揭露董監事、大股東及機構投資人的持股狀況，投資人應注意該等持股的轉讓情形及趨勢。

要訣 3 注意董監事結構異常的警訊

若我們探討雅新上市至今之董監持股變化，可以發現雅新一直沒有獨立董事、獨立監察人的席次，且 2007 年 5 月時，6 位董監事名單中，家族個人董事就占了 2 個席次，其中擔任董事的莊寶玉（董事長夫人）兼任總稽核，直到 2007 年 6 月初雅新因爲爆發錯帳欲積極強化內控，莊寶玉才請辭總稽核。而由 2004 年資料顯示，力霸與嘉食化的董事會、監察人幾乎完全由王氏家族掌控，以至於整個集團缺乏獨立監督與制衡的力量。2004 年爆發的博達、訊碟、皇統，也有董事會趨於家族與內部化的問題，家族成員或利害關係人占據的大多數的董事席次，這樣的內部治理結構令投資人無法接受。

雖然家族企業是台灣企業十分普遍的形式，惟近年來我國引進獨立董監事的概念，譬如證券交易法鼓勵企業設置獨立董事，該法第 14 條之 2 第 1 項規定已依該法發行股票之公司，得依章程規定設置獨立董事。但主管機關應視公司規模、股東結構、業務性質及其他必要情況，要求其設置獨立董事。同條第 2 項更進一步規範獨立董事應具備專業知識，其持股及兼職應予限制，且於執行業務範圍內應保持獨立性，不得與公司有直接或間接之利害關係。

事實上，獨立董監制度於國外行之有年，一項調查新加坡、香港等地之大型上市公司的研究發現，獨立董監與財務報表可信度與透明度有著正向的關聯性，若公司審計委員會之獨立性與專業性越高，其財務報表之可信度亦越高，使得投資人越加相信公司之報表數字，並願意支付較高價格購買其股票。臺灣企業中的台灣積體電路製造股份有限公司，在董事會10席成員之中，獨立董事就占了4席（2006年年報資料），如此高比例的獨立董事代表著公司治理結構十分良好，也順應著主管機關對於企業之鼓勵。

要訣4 注意審計意見及更換簽證會計師事務所的警訊

會計師的工作是依據查核後的結果對公司財務報表出具意見，會計師若認爲財務報表允當表達公司狀況則會出具無保留意見，反之，會依情節輕重出具修正式無保留、保留或否定意見，若會計師因故無法對公司的財務報表進行查核，則會出具無法表示意見。通常，會計師在簽發意見之前必須與公司管理當局溝通，當管理當局不同意會計師的看法時，可能採取行動之一即爲更換會計師。另外，公司出現舞弊嫌疑時，會計師爲求自保，亦可能採取拒絕查核的行動，造成公司被動更換會計師。

力霸自1983年至2005年這23年來，更換了四家會計師事務所，而最後一次更換是因爲其簽證會計師單思達退出原本之鼎信聯合會計師事務所，加入廣信益群會計師事務所。在共23年之年報查核中，力霸的年報共獲得了9次保留意見、7次修正式無保留意見，以及7次無保留意見。皇統於2001年、2002年、及2003年分別由3家不同的會計師事務所簽證。如此頻繁地更換簽證會計師，實爲投資人可觀察到的警訊之一。有關公司更換會計師的說明，可於各大財經報章雜誌或證交所網站內公司重大訊息處觀看。

要訣 5 注意公司頻繁更換高階經理人或敏感職位幹部的警訊

高階經理人是公司的重要資產，學術研究顯示公司頻繁更換高階經理人隱含著負面訊息。除更換高階經理人外，更換財務長或是相關敏感職位也是一個警訊。此類敏感性職位像是董事長秘書等，最能了解公司實際狀況的關鍵人物，如果是被迫換人，或許隱含著一些不為人知的問題，投資人應詳加查證。

博達自從上市後，1998 年、2002 年、及 2003 年都有更換財務長的紀錄，訊碟則是於 1999 年至 2000 年間有更換 4 位財務主管紀錄。

探險切莫忘記避險

納森（Fridtjof Nansen，1861 ～ 1930）是挪威 19 世紀末最著名的探險家。1888 年納森率領一隻 6 個人的小型探險隊，進行有史以來第 1 次由西到東橫跨格陵蘭島（Greenland）的科學探測。他們在 2 個月內克服零下 45 度的酷寒氣候，9,000 英呎的冰凍險峰，及充滿陷阱裂縫的冰原，舉世轟動。1926 年，65 歲的納森分享了他探險生涯的心法：「為任何一個探險計畫準備一條退路反而是個潛在陷阱，我會燒毀自己的船（burn his boat behind him），亦即自斷退路，讓自己除了向前沒有別的選擇。」

但別以為納森是個有勇無謀的人，他極端重視同行夥伴的生命安全，對探險前任何的細節，要求近乎苛求的計畫與準備。納森最著名的探險是企圖攻克北極點（North Pole）。他相信由俄國西伯利亞有一條洋流可以直通北極點。因此，他提議建造一艘足以承受強大冰山壓力的船隻，進行北極點的探險。由 1890 年起，納森花了 3 年時間與當時挪威最著名的造船家亞爵（Lollin Archer）切磋琢磨，終於造成堅固異常的「前進號」（Fram）。1893 年，納森率領一隻 13 個人的探險隊離開奧斯陸（Oslo）港口向北極航行，他知道此行十分兇險，非常可能會長期被困在北極圈，他預期探險時間可能是 2 到 3 年。但為了預防萬一，他準備了 6 年份的糧食及 8 年份的油料。經過 3 年漫長的奮鬥，納森仍無法達到計畫目標攻克北極點，但他所到達的北緯 86.14 度，仍然創下當時的世界紀錄。而沿途對北極圈地理、生物的探測紀錄，也是科學界一大成就。

2006 年 8 月，我利用訪問挪威的機會，參觀位在奧斯陸郊區的極地博物館，並踏上早已退休的「前進號」。儘管船齡已經超過 100 歲，「前進號」主要以橡木和綠心木（greenheart）作成的船板與甲板，依然強韌堅固。前進者號談不上造型優美，為了抵抗冰山擠壓的力量，它的船身渾圓鼓脹，每根木材都仔細的作防水處理，每根鐵釘接榫都井然有序。為了排解被困在冰原上的枯燥沉悶，納森還為探險隊員設計了圖書館與遊樂室，心思極端慎密。

經營企業就像是探險，而有些重大投資案更像是納森的極地之旅。納森成功之道在於勇於面對風險，採取果斷行動。但納森從不低估風險，一直以「臨事而懼，好謀而成」（〈論語．述而篇〉）的態度面對風險，因此能存活並且成功，值得企業經理人效法學習。

而對一般投資人而言，投資上的「極地之旅」是遭遇作假帳的公司。中國前總理朱鎔基是中國經濟發展的重要推手之一，他曾爲自己約法三章 「不題詞，不剪綵，不受禮」。但2001 年 4 月 16 日，朱鎔基破了戒。當他視察上海國家會計學院時，爲該校題寫一句話作爲校訓—「不做假帳」。而同年10 月 29 日，朱鎔基視察北京國家會計學院後，他更進一步題字詮釋他的理念 「誠信爲本，操守爲重，遵行準則，不做假帳」。這說明他對維持財務報表的誠信的高度重視，朱鎔基說：「市場經濟的基礎是信用文化，一個沒有信用文化的國家怎麼能夠建市場經濟？」。

但有人開玩笑地說：「不做假帳」只是上聯，而沒有寫出來的下聯是「那做什麼」，這個笑話說明許多中國投資人對其上市公司編製財務報表的高度不信任。部分中國上市公司的財務報表的確有相當嚴重的品質問題，但連號稱財報品質冠於全球的美國，近年來以安隆爲首的諸多財報弊案，也叫人深刻了解資本市場無處不作假帳的現象。最後，請經理人與投資人千萬別忘了本章的叮嚀「最重要的是，要隨時保護您自己」。

參考資料

❶台灣經濟新報資料庫。

❷陳良榕，2007，〈劉英武，打造軟體業的台積電〉，《天下雜誌》第 375 期。

❸葉銀華，2007，《公司治理與家族企業的研究》，行政院國家科學委員會。

❹葉銀華，2005，《蒸發的股王——領先發現地雷危機》，商智文化。

❺劉順仁，2007，《財報就像一本故事書》（簡體字版本），山西人民出版社。

第12章

聚焦聯結，武林稱雄

2004年6月，我率領台大EMBA歐洲產業經濟參訪團，前往義大利和法國考察創意設計產業。在米蘭的史佛拉城堡（Sforza Castle），我們看到了文藝復興時期藝術家米開朗基羅（Michelangelo Buonarroti, 1475-1564）雕製的聖殤像（Pieta，即一般所謂的「聖母慟子像」）。米開朗基羅一生中共雕製了4座聖殤像，世人最熟悉的那一座（也是他雕的第一座），收藏於梵蒂岡的聖彼得大教堂，該座雕像在1972年曾被狂徒以鐵鎚毀損，造成舉世震驚。

米蘭收藏的則是最後一座聖殤像，它仍然是個粗胚，若非有米開朗基羅的落款，一般人很難相信是出自他之手。由它所呈現的樣貌與線條，可以斷言這座雕像絕對和他以前的作品不同。

我在雕像前佇立良久，內心充滿感動與尊敬。這尊作品雕製於1564年，米開朗基羅臨死前5天，還在這塊堅硬的白

色大理石上孜孜不倦地工作。因為對藝術的熱情與專注，使這位年紀已高達 89 歲的老人，臨死前仍不懈地工作，並持續地追求創新。

熱情、專注與創新，正是米開朗基羅一生創作的寫照。1508 年至 1512 年之間，在離開地面約 18 公尺高的鷹架上，他獨自一人繪製梵蒂岡西斯汀教堂（Sistine Chapel）的屋頂壁畫「創世紀」，時間長達 4 年半之久。當他平躺身子仰天作畫時，畫筆的顏料不斷地滴落在他的身上、臉上、甚至眼睛裡。完成「創世紀」後，米開朗基羅的背脊挺不直，眼睛也已經昏花了，那年他才 37 歲。從 1538 年到 1544 年的 6 年之間，在相同的創作環境中，他又完成了西斯汀教堂另一幅高 70 米、寬 10 米的壁畫「最後的審判」。由於他的藝術天分與工作紀律，500 年之後，我們才能欣賞他留下來的不朽傑作。

身為一個專業經理人，承擔著股東與其他管理團隊成員的期望，當你心態開始有所懈怠或是變得墨守成規，不妨緬懷米開朗基羅所留下的典範！

專注才能創造競爭力

本書的主要目的，在於探討財務報表如何顯現企業競爭力的強弱。簡單地說，能賺錢並不見得就有競爭力，因為許多企業賺的是偶發性或短期性的機會財。然而，能持續地、穩定地賺錢的企業，一定具有競爭力。對有競爭力的公司而言，獲利是結果，從事具高度附加價值的管理活動才是原因。獲得 2004 年「亞洲年度經理人獎」（Asian Businessman of the Year Award）的豐田汽車執行長張富士夫（Fujio Cho），在致得獎感言時幽默地說：「我在豐田工作時，前輩們教我如何把成本降低，如何把製程弄得有彈性以避免存貨堆積，但是他們從沒教過我，當公司營收及獲利遠超過預定目標時，我到底該怎麼辦。我打算在下一輩子好好地向他們討教這個問題！」豐田汽車能成為全球汽車業的領導廠商，絕不是靠著非經常性的交易來粉飾財務報表，而是如張富士夫所敘述的——不懈怠地在汽車設計、生產、行銷等核心管理活動上下功夫。**不管是個人或企業，專注都是創造競爭力最基本的原則**。

著名的運動心理學家韓森（Tom Hanson）與拉費沙（Ken Ravizza），曾在2002年提出「一次專注一球」（one pitch at a time）的概念，強調專注對運動員績效的重要。所謂「**一次專注一球**」包含下列兩個重點：

1. **運動員要專注於目前必須處理的事件**，不要因為已經無法改變的事實而分心。例如一個打擊者最緊張的處境，是在第九局最後一個打席、面對兩好三壞滿球數，而且落後對手一分。雖然他這時背負著決定比賽勝敗的沉重壓力，他所必須面對的，其實只是投手投出的下一個球，不是那時球場上的緊張情況。
2. **運動員要實踐完全的自我控制**，包括控制自己的注意力及情緒。例如當揮棒落空後，打擊者必須控制自己的情緒，不要讓前一次打擊成果不佳的失望心情，影響了下一次的揮棒。

傑出的運動員都具備專注的本領。美國大聯盟全壘打紀錄保持人漢克阿倫（Aaron Hank, 紀錄為 755 支）曾做過以下的自我評估：「我能每天全神貫注於打球的能力，造就我成為一個成功的球員，我想我是有點天分。但只靠天分，成就十分有限。我學會專注，這並不是與生俱來的能力！」

以「一次專注一球」獲得成功的還有鈴木一朗。一個身高 175 公分、體重 74 公斤的東方人，在美國大聯盟裡顯得單薄瘦小。他究竟是靠什麼出人頭地？鈴木一朗的成功之道也在於專注聚焦。因為了解自己的體型限制，鈴木一朗有著清楚的策略定位——打出連續的安打，不執著於打出全壘打。

鈴木一朗以左邊打擊，本來就有離一壘距離較近的先天優勢，為了增加安打的機會，鈴木一朗特別加強跑壘的速度。在擊出滾地球的情況下，鈴木一朗跑到一壘的平均時間是 3.7 到 3.8 秒，大聯盟裡沒有任何一個選手有這樣的速度。因此，鈴木一朗打擊出的內野滾地球，不論落點好壞，都有 50% 的機會成為安打。為了適應美國職棒選手更快的投球和傳球速度，鈴木一朗到美國大聯盟後，刻意減輕球棒及釘鞋的重量，使自己能揮棒得更快、跑壘時更輕盈。

此外，鈴木一朗隨時隨地改進自己的打擊技巧。1999 年台灣 921 大地震後，鈴木一朗當時所屬的日本歐力士隊來台進行慈善友誼賽。比賽結束後，所有的大牌球星都忙著收拾球具，只見鈴木一朗還待在球場上，持續進行揮棒練習，並思考今天在球場上的表現。

在自己的事業上，一個高階經理人必須具備鈴木一朗的熱情與專注，也必須聯結所有與策略目標相關的優點及技能，才能不斷地交出每季、每年營收及獲利成長的好成績。

靠績效才能保住飯碗

競爭時若無法聚焦聯結且超越對手，會讓經理人丟掉飯碗！2005年2月9日，惠普董事會宣布菲奧莉娜（Carly Fiorina）即日起辭去執行長職務。導致菲奧莉娜被「開除」的主要原因，在於董事會對她改造惠普的績效不滿意。

1999年7月，惠普禮聘菲奧莉娜擔任執行長，次年又讓她同時兼任董事長。身爲國際級企業的第一位女性執行長，加上她優雅果決的形象，立刻讓菲奧莉娜成爲媒體注意的焦點。眞正使她聲名大譟的，是她在2002年透過全體股東投票，擊敗由惠普創始人家族帶頭的反對力量，以190億美元購併了康柏電腦。她之所以逐漸失去董事會的信任，是因爲始終看不到明顯改善的營運績效。根據著名行銷調查機構iSuppli所統計，2004年的全球個人電腦市場成長了13.4%，惠普的成長率則不到11%。在惠普2004年的獲利中，73%仍來自傳統的印表機及影像業務，而寄望甚深的個人電腦業務則利潤微薄。

蘋果電腦執行長賈伯斯說得一針見血：「在個人電腦產業中，蘋果和戴爾是少數能賺錢的公司。戴爾能賺錢是向沃爾瑪看齊，蘋果能賺錢則是靠著創新。」惠普的營運效率不如戴爾，而創新能力則比不上蘋果。蘋果不僅非常成功地進入MP3隨身聽市場，還將MP3隨身聽與手機結合，2006年更在電腦軟體上做了與微軟相容的系統，試圖以創新方式進入手機市場並進攻龐大的電腦軟體市場。正如第六章所分析的，在1994年至2003年之間，戴爾透過直銷經營模式，使管銷費用占營收的比例較惠普少了5%至8%。菲奧莉娜在1999

年上任後，並未改善惠普缺乏競爭力的成本結構。在一個淨利率不到 6% 的產業，這種成本落後的幅度，使惠普在定價與銷售上處於挨打的局面。

以股東權益報酬率而言，戴爾一直保持在 30% 以上，2004 年時更高達 46%。相形之下，購併康柏後，惠普的股東權益報酬率一直低迷不振，2004 年才好不容易地回到 9% 左右。雖然蘋果 2004 年的經營績效仍比不上惠普，股東權益報酬率爲 6% 左右（2003 年只有 2%，進步驚人），但是它成功地踏入數位音樂領域，iPod 於 2004 年及 2005 年持續熱賣，讓資本市場對蘋果的創新能力信心大增，認爲蘋果是未來個人消費電子時代的領導廠商。2002 年到 2004 年，科技產業只算是溫和復甦，蘋果的股價卻大漲 5 倍。同一期間，戴爾的股價漲幅爲 80%，惠普的股價漲幅卻只有 30%，明顯落後於競爭對手。雖然菲奧莉娜也不斷強調創新，但是惠普研發費用占營收的百分比，始終比蘋果低了 1.5% 到 2% 之間。

惠普撤換菲奧莉娜後，聘任精於成本控制的馬克．赫德（Mark Hurd）爲執行長。赫德一上任，就以快刀斬亂麻的方式處理惠普的問題，以精簡人員作爲控制成本的手段，不管是有什麼背景的人或部門，一切以數字說話。從 2005 年 7 月至今，惠普全球已經裁減了 1.5 萬名「非銷售人員」，節約下來的近 10 億美元成本將有一半用於強化業務運營的再投入。截至 2006 年第 3 季，惠普的市場占有率提升了 1.5%，並從 2005 年第 3 季獲利率僅 2.33%，逐漸攀升至 2006 年第 3 季的 3.82% ，終於擺脫了過去 PC 事業獲利率僅有 1.2% 的狀況，在全球 PC 市場低迷，甚至虧損的情況下還有增長的幅度。根據國際知名市場調查研究機構 IDC 的報告，2006 年 10

月時，惠普更是以17.2%的市占率，重新奪回世界最大個人電腦廠的榮銜，截至2007年4月底，惠普的股價更在連續9季獲利超過市場分析師預期的情況下，較菲奧莉娜離職前，有著超過一倍的成長。更在2006會計年度時，40年來首次在年營收上超越IBM，而成爲全球資訊產業的龍頭。

總之，菲奧莉娜並未把鎂光燈的能量轉化成實質經營成果。惠普所面臨的競爭對手——不論是強調經營效率（例如戴爾）、強調產品創新（例如蘋果），或是強調高階軟體諮詢服務（例如IBM）——每個對手的策略定位都比惠普專注、清楚。因此，惠普未來的挑戰除了加強執行力，恐怕還得更精確地定位經營聚焦點，並把所有與聚焦點相關的管理活動聯結起來。

競爭力要靠綿密的企業活動網絡

著名策略學者波特教授曾大力倡導，好的策略必須聚焦，而且能取捨。事實上，要經理人「取」（例如擴張新的事業版圖）比較容易，要「捨」（處分不具競爭力的事業或部門）比較困難。試想，1994年諾基亞（Nokia）的新任執行長歐里拉（Jorma Ollila），若沒有魄力把通訊部門以外的投資全數處分掉，這樣一個同時擁有大規模紙漿及家電事業的芬蘭公司，日後可能成爲全球頂尖的無線通訊廠商嗎？歐里拉曾感嘆地說：「當一個矽谷發明家打開車庫，展示他最新的點子時，他面對的是全世界50%的市場機會。當一個芬蘭發明家打開自家車庫，他面對的只是3呎白雪！」在芬蘭惡劣的地理條件下，諾基亞全力發展無線通訊業務並獲得成功，再次驗證了聚焦專注的威力。杜拉克（Peter Drucker）說得好：「眞正的紀律，來自於對錯誤的機會說『不』！」簡單地說，**要先「捨」，才能聚焦**。

圖12-1 西南航空企業活動系統圖

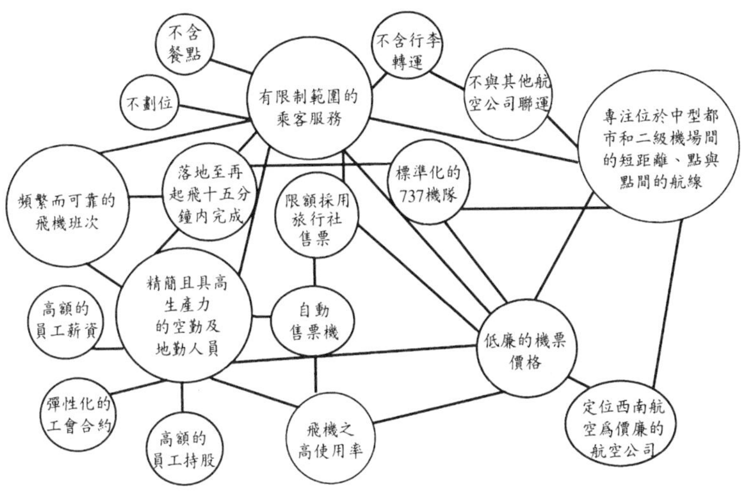

資料來源：作者整理

在策略聚焦之後，個人或企業必須把所有活動有系統地聯結於聚焦點。波特以西南航空爲例，他指出，西南航空能在美國航空業持續保有競爭優勢，在於它能形成一個綿密、互相支援的企業活動網絡。簡單說明如下：

1. **擁有獨特的市場定位**：西南航空的市場聚焦，在於中型都市間「點對點」飛行的商務客人，捨棄以休閒度假爲主要目的之一般客人。

2. **進行飛航服務內容的取捨**：不事先劃位、不提供餐點、不提供行李轉運、不與其他航空公司聯運。每刪除一項活動，西南航空就能省下一筆可觀的成本。對於一般的商務客人，這些被刪除的活動並沒有什麼附加價值。
3. **創造固定資產的高度經營效率**：西南航空只購買波音737機隊，以便減少飛機零件採購、維修及駕駛員飛行訓練的各種成本。它以頻繁的起飛降落次數（要求做到落地後15分鐘內必須完成再次起飛的準備），來產生足夠的規模經濟，降低每次飛行的平均成本。
4. **訓練精簡而有效率的空勤及地勤人員**：西南航空以高額的員工薪資、高百分比的員工股票擁有率、與工會簽訂彈性化的勞動合約，來增加員工的生產力。

以上所看到的活動，是西南航空以一系列「成本領導策略」爲聚焦點的管理活動，並不是單一活動，或是幾項所謂的「關鍵性成功因素」（key success factors）而已。除此之外，西南航空的董事長凱勒赫（Herb Kelleher）也不斷強調無形資產的重要：「競爭對手可以購買和我們一樣的飛機，但是無形資產遠比有形資產重要。」高齡76歲的凱勒赫常說，他所得到最受用的觀念是：「尊重且信任別人，但不是因爲他們的職位或頭銜。」這種眞誠地以顧客及員工爲尊的思想，是其他對手短期模仿不來的組織文化。競爭對手若想跟上西南航空，就必須學會它善用無形資產與有形資產的整套功夫，而不是只學一招半式就期待能發揮功效。

事實上，波特教授的企業競爭策略精華，就在「**聚焦聯**

結」這四個字。「聚焦」要求企業找到獨特的定位；「聯結」則要求企業的活動要與策略相連，活動與活動間也要聯結成互相支持的網絡，才能造就持續性的競爭優勢。這種持續性的競爭優勢，最終可轉化爲高度的盈餘品質（如獲利的持續性、低變異性及可預期性等），以及令投資人滿意的股東權益報酬率。

相對地，若企業採取「差異化策略」，那麼其企業活動的重點，必定與以成本領導爲主要策略的企業大不相同。以擁有世界頂尖消費品牌的路易威登集團爲例，該集團商業活動的重點是維護品牌價值，它所進行的主要活動包括：

1. **持續不懈地打造精品品牌**：路易威登同時兼顧商品高度的實用價值，並創造新的流行時尚趨勢。
2. **嚴格控管產品的製造與配銷品質**：路易威登要求近乎完美的手工技藝與近乎苛求的品管監控。它不採取批發方式營運，要求所有產品在法國製造（已經關閉了美國的製造設施），以維護純正歐洲皇室御用的高貴形象，同時也要求所有產品都由巴黎直接運出。
3. **創造行銷活動的獨特性**：路易威登投下巨資禮聘著名建築師參與規畫，使全球的旗艦店都具有高度的建築特色，成爲營造當地城市文化的領導指標。路易威登也舉辦令人永生難忘的宴會及行銷活動，創造它的獨特性。
4. **培養高素質的人力資源**：路易威登不斷發掘新設計師及知名的合作對象（如日本藝術家村上隆），並舉辦具高度人文精神與創意的員工教育訓練活動。

圖12-2　路易威登企業活動系統圖

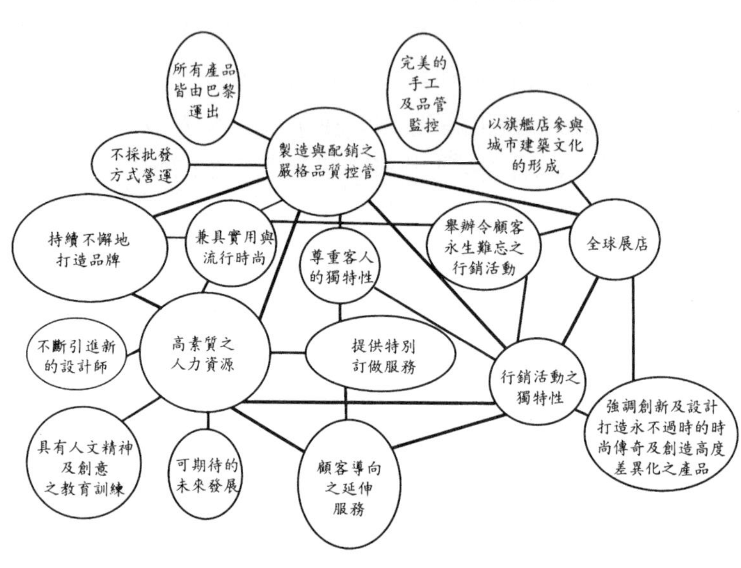

資料來源：作者整理

路易威登對品牌的呵護極端細膩，令人印象深刻。當旗艦店整修時，它會運用巨大優美的皮箱造型，把整個施工樓層包覆起來，即使在施工期間，過往行人都看不到路易威登紊亂粗糙的一面。當然，頂級精品形象的呵護，反映在財務報表上就是高比例的營銷費用了（2006年，路易威登管銷費用占營收的43.5%左右）。路易威登這些維護品牌價值的管理活動，依然環環相扣，互相支援。

除了西南航空和路易威登之外，本書經常討論的沃爾瑪也是聚焦專注的典範。沃爾瑪成立迄今，所有的投資都圍繞在低價促銷爲主的通路事業。除了沃爾瑪本店，該集團還經營山姆俱樂部（Sam's Club）——專門針對大盤商需求的通路商。也由於高度的聚焦專注，沃爾瑪才能在存貨管理、供應鏈管理、資料倉儲、流通運輸等領域達到爐火純青。

沃爾瑪除了以低價爲主要競爭武器，它也強調給予顧客鄉村小鎮特有的人情味（沃爾瑪發跡於美國的鄉下地區——阿肯色州）。在沃爾瑪的年報中，曾刊登過一封溫馨的顧客投書。話說這位顧客在沃爾瑪的某個賣場購物，結帳時才發現皮包遺失了。他焦急地請客服人員協助找尋，但是一無所獲。這位顧客告訴賣場經理，皮包裡除了私人證件之外，還有 100 美元現鈔。

幾個星期後，這位顧客收到賣場經理的一封信，內附一張 100 美元支票。店經理在信中寫道，店內員工爲了他在賣場遺失皮包感到十分遺憾，因此他們在星期天發起「糕點義賣」活動，拿出看家本領，做出一道道可口的私房點心，義賣所得的 100 美元隨信附上，希望他不要留下不愉快的購物經驗。這是沃爾瑪溫馨體貼的「經典小品」，卻也是最犀利的行銷手法。

一位長期與沃爾瑪及 Kmart 做生意的企業執行長，曾與我分享他的經驗：沃爾瑪的採購人員不拿回扣，也不接受供應商設宴招待；相較之下，Kmart 採購人員的操守平均起來較差。當然，羊毛可是出在羊身上，操守的差異自然反映在 Kmart 較高的採購成本上。正因爲建構整套企業活動網絡如此困難，即使西南航空、路易威登、沃爾瑪等企業早就廣爲媒體報導，成爲許多商業個案討論、學習的目標，更是許多競爭對手拆招解招的假想敵人，能眞正創造相同競爭力的企業卻相當少見。**對經理人而言，最重要的任務就是下足「聚焦聯結」的苦工。**

避開無法競爭的困境

當企業無法規畫與執行屬於自己的獨特活動，就只能和競爭對手打效率戰、價格戰。在沃爾瑪的賣場，顧客到處可看到「每日低價」（everyday low price）的大幅標語；在 Kmart 的賣場，顧客隨目可見「每天低價」（low price everyday）的廣告。說穿了，兩家公司的策略定位幾乎沒有差異，但是 Kmart 的管銷成本相對於營收的比率，長期以來比沃爾瑪高出 4% 至 5%（請參閱第 5 章）。在一個利潤率通常不到 4% 的產業中，Kmart 處於劣勢的成本結構及營運效率，無疑是缺乏競爭力。這種競爭力的不足，很清楚地反映在 Kmart 營收及獲利長期衰退的趨勢中。

欲躲開沃爾瑪砲火的零售業同行，必須有獨特的定位及獨特的活動。例如美國另一家零售商 Target 便採行差異化路線，以女性顧客爲強調重點，聚焦在高品質、流行性強的產品上。2006 年會計年度，Target 的毛利率比沃爾瑪高了將近 10.4%，但是管銷費用占營收的比率也比沃爾瑪高出 3% 以上，最後淨利率比沃爾瑪高不到 1.5%。Target 的營收雖然只有沃爾瑪的 1/6，獲利卻約爲沃爾瑪的 1/4，於 2006 年達到約 28 億美元，股東權益報酬率則在 17.8% 左右。更難能可貴的是，Target 能避開與沃爾瑪直接競爭的「不可能任務」，保持中長期獲利的穩定成長。

至於美國最大的電子通路商 Best Buy，則專注於個人電腦周邊產品與消費電子軟硬體的產品零售。2006 年時，Best Buy 的營收只有沃爾瑪的 1/10，淨利率也只有 3.8% 左右，但是自 1997 年以來，Best Buy 因爲有其利基市場定位，並持續提升管理消費電子產品庫存的能力，因此營收與獲利能持續成長，創造了約 22.2% 左右的股東權益報酬率。而全美第 2 大通路商的家居倉庫，則專注於家庭 DIY 用品的經營，它的淨利率在 2006 年爲 6.3%，股東權益報酬率則達到 23% 左右。

以上這些零售業者，不僅能避開沃爾瑪的陰影籠罩，更能在自己獨特的聚焦點上，建構一套綿密的企業活動網，因而能創造各自專門領域的競爭力。

招式已老，風華不再——績優公司的成長困境

由於美國本身經濟成長趨緩的壓力下，來自美國的世界零售業巨人沃爾瑪，一早就將目光瞄準在年成長率超過 15% 的海外新興市場，然而，抱持著量販包裝、低價促銷策略的沃爾瑪，卻屢屢在海外市場慘遭滑鐵盧，例如，在香港、印尼、南韓以及德國市場，都因爲經營績效不佳，而宣布撤點，10 年前進軍的大陸市場，也是連虧 10 年。2006 年底，沃爾瑪更進一步試圖將未來寄望在印度接近 2,500 億美金市場規模的零售業市場，然而，沃爾瑪能否擺脫過去在歐亞市場上屢戰屢敗的陰影，複製其在美國的成功經驗到海外市場新興市場上，卻還是個未知數。

另一方面，被稱爲 PC 業界模範生的戴爾電腦，在這個消費電子日益重要的時代，也出現了成長趨緩的危機，首先是在 2006 年第 3 季時，將過去穩坐 3 年多世界個人電腦業霸主寶座拱手讓給惠普科技。近來，戴爾電腦更連續好幾季獲利未能達到預期，又因會計報表問題被美國證期會調查，而被迫重編財報，一連串的負面新聞以及沈重的市場壓力，

終於使得戴爾電腦在 2007 年 2 月宣布將原來的執行長羅林斯（Kevin Rollins）解職，而由原創始人麥可．戴爾復出重掌兵符。

在麥可．戴爾復出後，立即首次表示過去戴爾堅守 23 年之直銷模式將有所改變，戴爾將開始在全球與各地的零售通路商建立伙伴關係，例如，戴爾宣布將在 2007 年 6 月起於沃爾瑪的各級通路上架，開始販售戴爾的消費性個人電腦產品，並且爲了降低成本，戴爾電腦也將從 2007 年 6 月起，在 1 年內裁減 10% 的人力。戴爾數年前也曾建立本身的零售通路，但因與當時奉爲圭臬的直銷模式有所衝突且績效不佳，而宣布全面撤點。此次戴爾電腦又再次宣布進軍零售通路，此項新戰略的成果雖然仍有待觀察，但可預見的是，戴爾憑藉其先前積累下來的雄厚實力，相信將會再度讓 PC 產業的戰火，一路連綿至相關的零售通路等產業。

企業活動網絡與平衡計分卡

波特教授的企業活動網絡觀念，並實可和目前極爲盛行的「**平衡計分卡**」（balanced scorecard）架構接軌。1992 年，哈佛大學著名會計學教授克普蘭（Robert Kaplan）與管理顧問諾頓（David Norton）將此概念發展出來，它也是目前 EMBA 管理會計課程的重要教材之一。克普蘭與諾頓認爲，企業活動可分爲「財務」、「顧客」、「內部程序」及「學習成長」四個構面，其中財務績效是企業經營的成果，通常是落後指標。財務績效的領先指標，來自於顧客的滿意；而顧客的滿意，來自於企業完善的內部作業程序；至於內部作業程序的完善，則來自於卓越的人力資源，特別是員工學習、成長能力的培養。企業若想追求長期競爭優勢與財務績效，必須在顧客、內部程序及學習成長等構面進行投資，不能急功近利地想得到短期獲利。

如果把波特教授描繪的企業活動圖（請參閱圖 12-1）加以轉換，就能變成平衡計分卡中所謂的「**策略地圖**」（strategy map，請參閱圖 12-3）。

平衡計分卡和波特的企業活動圖一樣，強調企業競爭力主要建立在「聚焦」與「聯結」這 4 個字。此處所看到的策

圖 12-3　策略地圖

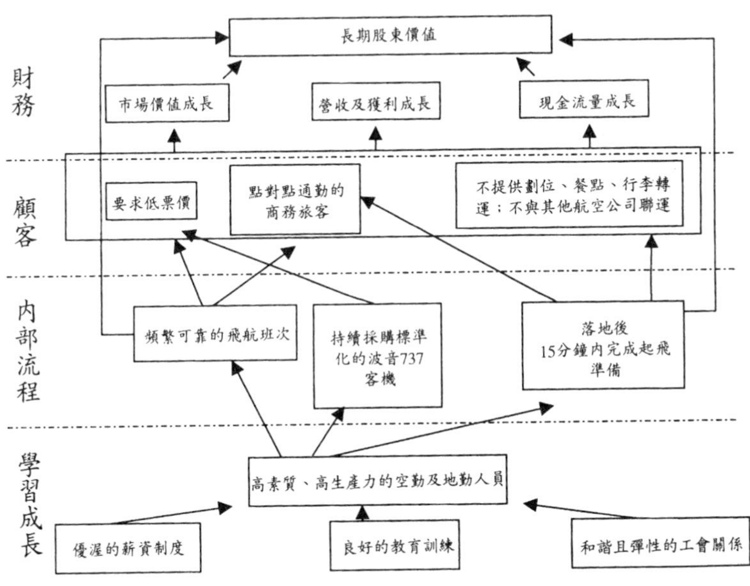

資料來源：作者整理

略地圖，其主要目的是要求經理人了解一件事：企業價值的創造，是由學習成長、內部流程、顧客價值、財務成果等四大構面的「活動」，互相緊密聯結而成的。由平衡計分卡的架構，我們可清楚地看出：財務報表衡量的是財務構面的結果，競爭力的來源則是其他 3 個構面的「非財務」活動。管理這些活動所需的資訊與相關誘因機制，「管理會計學」課程會有進一步的討論。

追求優質成長要有優先順序

2004 年，夏藍透過《成長力》一書疾呼企業應追求優質成長。所謂企業的優質成長，主要反映在同時且持續地達到**營收成長、獲利成長、營運活動現金流量的成長**。這三者的相對優先順序，隨著企業的策略定位及發展階段有所不同。經理人以財務報表進行自我評估或分析其他公司時，必須區分 3 種不同的優質成長類型。

1. **重視獲利成長甚於營收成長**：此類型的代表性公司是沃爾瑪。沃爾瑪的一貫策略是以降低成本及「每日低價」創造競爭優勢。它最重要的經營目標之一，便是追求獲利成長率高於營收成長率，如此才能確認成本控制的績效。
2. **重視營收成長甚於獲利成長**：此類型的代表性公司，是目前亟欲改造企業文化的奇異電器。奇異在充滿個人色彩的前任執行長威爾許（Jack Welch）領導下，一直是個紀律嚴謹、以達成獲利目標為重心的優質企業。然而，新任執行長英梅特（Jeffrey Immelt）卻發現，由於過分強調獲利，使奇異高階經理人對開發新事業不夠積極、害怕犯錯，並傾向於改善作業流程、降低成本或利用財務操作來達成獲利目標。因此，目前英梅特把提高營收成長率（希望由 5% 提高到 8%）的優先性放在達成獲利目標之前；而奇異高階經理人績效評估的最主要指標，也調整爲「開創新事業的構想」、「顧客滿意度」與「營收成長」，希望藉此提高衝刺業務的動能。

3. **重視營運活動現金流量的成長，甚於獲利及營收成長：** 此類型的代表性公司，爲全球個人電腦龍頭戴爾。總裁戴爾面對公司 1993 年的嚴重虧損時，才警覺到過去一直把注意力擺在損益表的獲利數字，卻鮮少討論現金周轉的問題，但是現金周轉才是企業能否存活的最後關鍵。從此以後，他將戴爾營運的優先順序改成：「現金流量」、「獲利性」、「成長」。正如第 6 章所分析的，2000 年以來，戴爾電腦每 1 美元的獲利，平均可創造 1.3 美元的營運活動現金，成爲全世界營運資金管理最有效率的電腦資訊公司。

不論是沃爾瑪、奇異或戴爾，它們長期都能同時且持續地達到營收成長、獲利成長與營運活動現金流量的成長，因此三者都是優質成長的典範。企業領導者的重要任務之一，便是依公司策略定位及發展階段，動態地調整營收、獲利、現金流量的相對優先順序。

相對地，企業劣質成長的指標有下列常見的兩種，它們是經理人應極力避免的：

1. **營收成長，但獲利不僅沒有成長，甚至是負成長**。這種情況顯示企業在追求成長的過程中，失去對成本的控制，甚至陷入「爲了成長而成長」的迷思中。
2. **營收及獲利成長，但營運活動流入的現金持續萎縮，甚至成為現金淨流出**。快速成長型的企業若未好好控管應收帳款或存貨的增加，往往會陷入這種劣質成長的陷阱，甚至造成財務危機。

10 大建議：應用財報增加競爭力

在本書的結尾，筆者總結了 10 大建議，協助企業應用財務報表達到「武林稱雄」的目的，也協助投資人辨認具長期競爭力的公司之特質。

1. 你是對是錯，並不是建立在別人的認同之上，而是建立在正確的事實。

2005 年春天，74 歲的巴菲特接受《財星》專訪時，引述這句來自其師〔人稱「現代投資學之父」的葛拉漢（Benjamin Graham）〕的告誡，他認爲這句話是他這輩子得到最棒的忠告。身爲一個經理人，你之所以對，是因爲財務報表的事實不斷顯示你做得對、想得對，不是因爲公司股票的漲或跌（代表投資界同意與否）。短期內股票超漲或超跌的現象十分常見，但是長期下來股價終究會回到「事實」。著名的基金經理人林區（Peter Lynch）說得好：「公司市場價值能成長，有 3

個要素——那就是盈餘成長、盈餘成長、盈餘成長。」當經理人能創造盈餘成長的事實，就不怕得不到別人的認同。太容易屈就於市場的看法，會讓經理人失去獨立判斷。對於投資人而言，如果只見公司股價持續上漲，卻看不到經營「正確的事實」（獲利、現金流量等），則可能是有財務弊案的公司。

2. 你必須讓公司的財務報表，盡可能快速地顯示「經濟實質」，減少「衡量誤差」，並拒絕「人爲操縱」。

財務報表的會計數字並非完美的溝通工具。首先，它存在著「衡量誤差」。由於未來的不確定性，無人能完全去除估計壞帳、保固維修等項目的誤差。値得注意的是，發生衡量誤差並非都是會計部門的職責。例如部分公司會要求業務人員，運用面對客戶的第一手觀察資料，協助會計部門決定合理的壞帳費用。這樣不僅是爲了減少衡量誤差，也加強了企業內部溝通協調的功能。但是切記，千萬不要進行「人爲操縱」，它將使經理人迷失在「做帳」而非眞正解決問題的惡性循環裡。務必記住，「公開欺人者，必定也會自欺」。對於投資人，避開有做帳嫌疑的公司，則是保護自己的第一要務。

3. 財務報表是你問問題的起點，不是問題的答案。

財務報表的數字加總性太高，通常無法直接回答經理人關心的管理問題。然而，當你反覆追問「事實是什麼？爲什麼變成這樣？」的問題時，你終究會找出解決問題的關鍵。財務報表無法告訴你該怎麼做，經理人才是解開「波切歐里密碼」的偵探。此外，不要輕信一般人宣稱的「合理」數字。我們看到沃爾瑪與戴爾的流動比率都小於1，這並不代表它們有財務危機，反而顯示它們具有以「負」的營運資金推動企業的卓越競爭力。經理人必須有能力找出一組「合理」的關鍵財務數字，有效地管理企業。相對地，投資人雖然無法如此深入地分析公司的財務數字，但質疑財報合理性的習慣，絕對是必須具備的自保功夫。

4. 企業像是一個鼎，靠著三隻腳（三種管理活動）支撐，任何一隻腳折斷，鼎就會傾覆。

企業的「三隻腳」就是營運活動、投資活動及融資活動。經理人須利用財務報表尋求這三種活動的健全平衡，而四大報表之一的現金流量表，就是以這三種活動說明現金流量的來源與去處。就企業的經營而言，短期要看營運活動的順暢，中長期要看投資活動的眼光。在整個企業運轉時，必須確定融資活動資金供應的穩定。

5. 活用財務報表吐露的競爭力密碼，建構你的「戰情儀表板」。

企業隨時處於戰鬥當中，因此必須利用財務報表建構一套戰情儀表板。這套儀表板要能「究天人之際」——顯示公司與主要競爭對手在市占率、營收、獲利、現金流量及股東權益報酬率等重要指標的相對位置；這套儀表板也要能「通古今之變」——顯示公司與競爭對手過去至今各項關鍵指標的變化。本書第 2 篇及第 3 篇的第 10 章，比較了沃爾瑪與 Kmart、戴爾與惠普的各種財務比率，可作為建構企業戰情儀表板的參考例子。而投資人則應養成習慣，經常比較投資標的與其競爭對手的相對優劣點。

6. 企業的競爭力主要來自「貫徹力」、「成長力」與「控制力」三種力量造成的優質成長。

營運活動現金流量的成長，代表企業具有「貫徹力」，因爲收回現金是所有商業活動的最後一道考驗。沒有現金，就沒有企業存活的空間。營收成長代表企業具有「成長力」，能不斷地在新產品、新市場、新顧客之上攻城掠地。營收不能成長，只靠著成本控制擠壓出獲利的企業，會變得沉悶、沒有生機，也會流失優秀的人才。獲利成長代表企業具有「控制力」，能在營收成長的同時，控制成本的增加，如此才能確定企業有「成長而不混亂」的本領（grow without chaos，英特爾前總裁葛洛夫名言）。這種「**三力彙集**」的企業才能創造持續的優質成長。

7. 除了重視財務報表數字金額的大小，也要重視財務報表數字品質的高低。當經理人面對資產品質的問題時，要能「認賠」、「捨棄」及「重新聚焦」。

金額再高的資產，若品質不佳，可能會迅速地由磐石變成流沙。數目再大的獲利，若盈餘品質不佳，會使企業的績效暴起暴落，變成「一代拳王」。當經理人面對資產品質不佳時，要克服「認賠難，捨棄更難」的心理障礙（請參閱第1章關於「心智會計」的討論），在投資失利中學習「重新聚焦」（例如諾基亞聚焦於無線通訊）。要經理人「取」比較容易，要經理人「捨」比較困難，但是不捨棄就不能重新聚焦。

8. 讓財務報表成爲培養未來企業領導人的輔助工具。

由史隆模型來看，企業領導人必須具備五種關鍵能力（包括形成願景、分析現況、協調利益、嘗試創新及激勵賦能，請參閱第 2 章），這些能力都能透過對財務報表的認識加以鍛鍊。企業應培養可能成爲領導幹部的經理人（尤其是沒有會計、財務背景者），使其具有檢視財務資料來判斷企業競爭力強弱的能力。

9. 經理人必須養成閱讀「經典企業」年報的習慣。

在學習成長的過程中，經理人往往太過依賴所謂「管理大師」的企管著作，這些「大師」通常是管理顧問或學者身分。然而，眞正的管理大師，其實是創造一個個卓越企業的執行長和其經營團隊。這些卓越企業所編製的年報，是這些管理大師「原汁原味」、坦誠的自我檢討，並不只是例行的法律及公關文件而已。找出你心儀的企業，閱讀它們從過去到現在的年報，尤其是面臨重要策略轉折前後期的討論。持之以恆地閱讀，你會看出財報數字背後更深沉的管理智慧。而投資人若能捨棄只聽明牌的習慣，多看看好公司的財務報表，自然可以逐漸培養辨識優質企業的能力。

10. 別忘了正派武功的不變心法——財務報表必須實踐「課責性」。

一個令人尊敬的企業，是一個能創造「**多贏**」及「**共好**」的組織。檢驗企業實踐課責性的最好方法，便是觀察公司對待小股東的態度。小股東在資本市場中處於財富弱勢與資訊弱勢，當弱勢團體在財務資訊公開透明等領域也被妥善照顧，這個公司對實踐課責性的努力就無庸置疑。

財報就像一本故事書，經理人寫它，必須聚焦聯結才會寫得精采；投資人讀它，必須確認所託得人（經理人），才會讀得安心。

【參考資料】

❶ Lynch, Peter and John Rothchild, 1989, *One up on Wall Street*, New York: Simon & Schuster.

❷ Porter, M. E., 1996, "What Is Strategy?" *Harvard Business Review*, November-December.

❸ Niven, Paul R., 2002, *Balanced Scorecard Step-by-Step: Maximizing Performance and Maintaining Results*, John Wiley & Sons, Inc.

❹ Niven , Paul R., 2005, *Balanced Scorecard Diagnostics: Maintaining Maximum Performance*, John Wiley & Sons, Inc.

❻ 瑞姆·夏藍（Ram Charan），2004，《成長力》（*Profitable Growth is Everyone Business*）。李明譯。台北：天下文化。

美中台各界專業推薦

《財報就像一本故事書》把策略與競爭力的觀念數量化，並利用財務報表生動地比較競爭對手的強弱，這與我目前在哈佛商學院教學的重點不謀而合。我認爲這種整合策略與會計觀點的分析，對經理人非常有用，而採用這種寫法的書籍，連美國也找不到！

——麥可．波特／管理大師、哈佛大學教授

本書將財報與競爭力聯結，這在會計學的教學及研究都是嶄新且重要的觀點。作者重新詮釋部分傳統的財務比率，並賦予它們「競爭力」的意涵。在當前無時、無處不競爭的經濟社會中，這些討論十分發人深省。

——柯承恩／台大管理學院教授、中華經濟研究院董事長

本書結合會計理論、財務報表及優質企業的個案分析，藉以檢視企業的體質與競爭力，實爲企業經理人及經營者必讀的好書。

——馬玉山／冠德建設董事長

劉教授運用自身專業與豐富學養所撰寫的《財報就像一本故事書》，非常令人震撼，讓會計學界及業界耳目一新，值得一讀再讀！

——賴春田／亞太固網寬頻公司董事長

本人在中國大陸和臺灣地區以及美國從事會計師及管理顧關工作二十多年，發現這是一本結合財務及企業競爭力的好書，也是一本輕鬆易懂的故事書，無論您是企業經理人、投資人、學生或會計專業人士，這都是一本值得一讀的好書。

——顏漏有／德勤華永會計師事務所中國北方區主管

在中國大陸的股市，不讀財報的投資者是大多數，不讀財報而持續盈利的投資者則肯定是少，其實，枯燥的財報一定是悲歡離合的財富故事的起點。讀不下財報，可以先讀一下這本書，像讀故事一樣讀財報。

——《證券市場周刊》主編　方泉

BIG叢書⑰③

財報就像一本故事書——這樣看就對了！

作　　者—劉順仁
責任編輯—吳瑞淑
美術編輯—許立人
插　　畫—誌鈺
副總編輯—陳旭華

總編輯——余宜芳
發行人——趙政岷
出版者——時報文化出版企業股份有限公司
10803 台北市和平西路三段二四〇號4樓
發行專線—（02）2306-6842
讀者服務專線—0800-231-705　（02）2304-7103
讀者服務傳眞—（02）2304-6858
郵撥—19344724 時報文化出版公司
信箱—台北郵政79-99信箱
時報悅讀網—http://www.readingtimes.com.tw
法律顧問—理律法律事務所　陳長文、李念祖律師
印　　刷—盈昌印刷有限公司
初版一刷—二〇〇五年六月六日
二版一刷—二〇〇七年七月二十三日
二版二十二刷—二〇一八年二月八日
定　　價—新台幣三五〇元
（缺頁或破損的書，請寄回更換）

時報文化出版公司成立於一九七五年，
並於一九九九年股票上櫃公開發行，於二〇〇八年脫離中時集團非屬旺中，
以「尊重智慧與創意的文化事業」爲信念。

ISBN 978-957-13-4708-0
Printed in Taiwan

財報就像一本故事書／劉順仁作. -- 二版. --
臺北市：時報文化, 2007〔民96〕
面；　公分. --（BIG叢書；173）

ISBN 978-957-13-4708-0（平裝）

1. 財務管理　2. 財務報表

494.7　　96013307